PRACTICE IN OIL/GAS FIELD DEVELOPMENT

광구개발실무

기세일, 이근상, 천영호, 최종근

도서출판 구미서관

머리말

석유개발사업에서 광구 확보 후 탐사에 성공하면 탄성파 및 탐사시추로 확보된 저류층 및 지층 자료를 이용하여 개발정 시추, 생산 원유 및 가스의 처리/저장을 거쳐 소비지까지 운반되는 전 과정을 포함하는 광구개발을 하게 된다. 국내기업이 참여한 석유개발의 역사가 수십 년에 이르게 됨에 따라 광구개발에 대한 다양한 경험을 축적하였음에도 불구하고 이를 체계적으로 정리하려는 노력은 부족한 것이 사실이다. 따라서, 석유광구 개발과 관련한 실무 및 사례 중심의 교재 개발과 광구 개발/운영 절차서의 표준모델 개발이 시급한 상황이다. 이에 따라 국내외 유가스전 개발에 참여하였거나 대학에서 다양한 수준의 석유공학을 가르친 저자들이 뜻을 모으고 해외자원개발협회의 지원을 받아 본 도서를 집필하고 발간하게 되었다.

본 교재는 크게 6개 장으로 구성되어 있다. 제1장은 석유개발단계, 석유개발사업의 참여자 및 조직을 설명한 석유개발의 개요를 다루고 있다. 2장에서는 개발관리시스템 및 개발진행 개요를 설명하는 광구개발 개요를 다루고, 3장에서는 개발계획을 작성하기 위한 탐사자료 평가, 지질 모델 및 저류층 시뮬레이션 모델 개발을 기반으로 생산계획 및 시추, 완결작업, 생산설비 및 이의 시운전 등에 대하여 설명하였다. 4장에서는 승인된 개발계획을 기반으로 개념설계, 기본설계, 상세설계, 설비의 설치 및 시운전까지 어떤 방식으로 광구를 개발하게 되는지 기술하였다. 5장에서는 광구개발을 위한 경제성평가와 옵션 선정의 예를 보여주고 6장에서는 광구개발사례로서 동해-1 가스전 개발과정을 소개하여 광구개발에 대한 이해를 돕고자 하였다. 또한 타당성조사, 개념설계, 기본설계(FEED), 설계/조달/제작/설치/시운전(EPCIC) 단계의 성과품 목록의 별도의 부록으로 정리하였다.

저자들은 본 교재가 기업체 기술인력을 재교육하고 향후 해외 광구개발 사업에 참여할 수 있는 신규인력들을 위한 교육자료로 활용되기를 바란다. 이를 통하여 다음과 같은 성과가 도출되기를 기대하고 있다.

- 국내외 석유개발광구를 취득, 평가, 개발하여 운영할 때 기초자료로 사용할 수 있는 현장중심적 광구개발 실무서로 활용
- 국내 기업체의 기술인력 교육을 통하여 유가스전 개발의 최적 가이드라인을 제공하고 의사결정에 영향을 미치는 불확실성 분석 및 기획업무에 활용
- 탐사를 통한 개발대상 유가스전의 최적 개발을 위한 기본적인 이론과 불확실한 환경에서 합리적이고 타당한 의사결정 체계 구축에 기여
- 광구개발 운영조직, 역무의 정의, 사업성 평가과정을 포함하며 공학자료에 기반한 의사결정 실무를 중심으로 수요기업체의 기술인력 교육용으로 활용

이 책이 발간되기까지 많은 영감을 주고 원고를 검토해 준 산업계 및 학계 전문가들과 출간에 도움을 준 해외자원개발협회에게 감사드린다. 저자들의 능력이나 시간의 부족으로 많은 분들을 만족시킬 수 있는 도서가 되지 못함에 아쉬움을 느끼지만, 독자에게 자그마한 도움이라도 된다면 필자들에게는 더할 수 없는 영광이 될 것이다.

2023년 2월

저자대표 이근상

목차

CHAPTER 01 석유개발 개요

CHAPTER 02 광구개발 개요

CHAPTER 03 개발계획

목차

CHAPTER 04 기본설계·상세설계·설치·시운전

CHAPTER 05 광구권 계약 및 경제성평가

CHAPTER 06 제6장 광구개발 사례

APPENDIX 부록

CHAPTER 01 석유개발 개요

1.1 석유개발단계

탐사단계

석유개발은 일반적으로 탐사, 개발, 생산단계로 구분된다. 탐사단계에서는 지하에 석유가 있는지 여부를 판단하고 그 양이 얼마나 되는지를 시추를 통해서 확인한다. 석유가 매장되어 있는 구조를 찾기 위해서는 분지에 대한 조사가 선행되어야 한다. 이는 지표 지질조사, 항공사진 등으로 지표 사진을 판단하고 분지를 구성하는 지형과 지질 구조 등을 파악하는 것이다. 이후 해당 분지에 석유를 함유할 만한 구조의 존재 여부 및 그 크기를 판단하기 위하여 탄성파탐사 작업을 하게 된다. 탄성파탐사는 지표면에서 파를 발생시키고 그 파가 반사면에 도달해서 갔다 오는 시간과 파장을 분석해서 지하 구조를 이미지화할 수 있게 한다. 해상에서는 해수면에서 에어건을 이용하여 음파를 발생시켜 지하에서 반사되어 오는 신호를 분석하게 된다(그림 1.1). 육지에서는 화약을 사용하거나 바이브로사이즈(vibroseis)라는 송신원을 이용하여 파를 발생시켜 지하 이미지를 그릴 수 있게 한다.

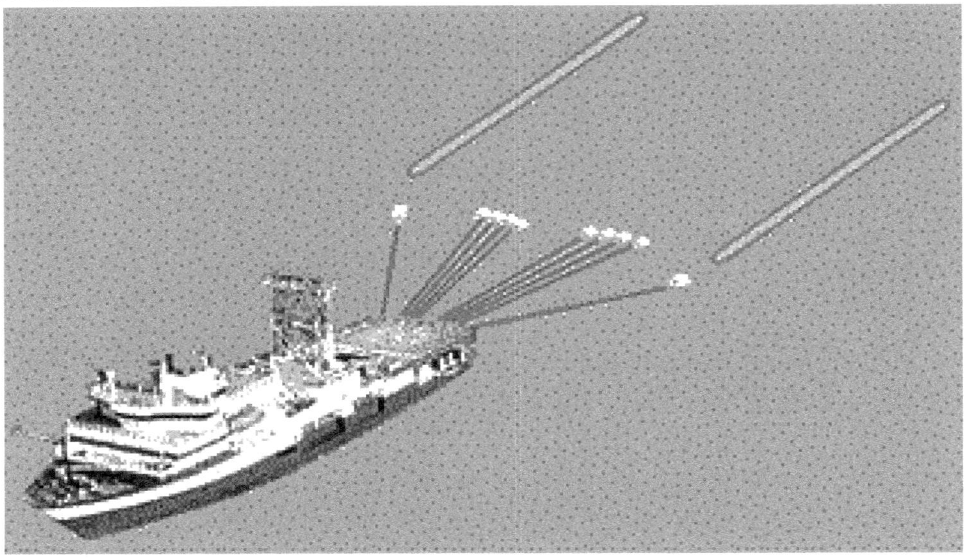

그림 1.1 해상 탄성파탐사 (출처: 한국석유공사 사이버홍보실)

탄성파탐사 기법에는 2D와 3D 탐사가 있다. 2D 탐사는 탄성파 음원으로부터 일정 방향으로 동일 간격의 수진기가 달린 1개 라인(line)의 스트리머(streamer)를 설치하여 자료를 획득하는 기법으로 수직방향의 지층 단면도를 구할 수 있다. 주로 광역탐사에 행해지며 측선 간격은 보통 1 km 이상에서 수십 km까지 다양하다. 3D 탐사는 탄성파 음원으로부터 여러 개 라인의 스트리머를 설치하여 자료를 획득하는 기법으로 수직 및 수평 단면도를 구할 수 있다. 주로 정밀탐사를 위해 행해지며 탐사측선 간격은 경우에 따라 다르나 최대 50 m를 넘지 않는 것이 일반적이다. 구조가 도출되었을 때 비로소 구조 내에 탄화수소의 부존 여부를 확인하기 위해 탐사정(exploration well)을 시추하게 된다. 시추과정에서 암석분석, 물리검층 작업 등을 실시하며 탄화수소가 존재하면 생산성을 판단하기 위해 산출시험(drill stem test, DST)을 수행한다. 이러한 작업들을 통해 얻은 자료들을 분석하면 석유의 부존량, 물성, 유동성 등을 판단할 수 있다. 시추 이전의 스터디 결과와 시추 자료들, 특히 산출시험의 결과들을 분석하여 해당 구조의 탄화수소 개발의 경제성이 확보되면(commercial) 개발단계에 진입할 수 있다. 대상 구조가 상대적으로 대규모인 경우에는 불확실성을 줄이기 위해 평가정(appraisal well) 시추를 진행하기도 한다.

탐사단계에서 개발가능성이 높은 경우, 추후 개발옵션들에 따른 생산예측 및 경제성평가를 수행하기 위한 지질모델(geological model), 저류층 시뮬레이션 모델(simulation model) 구축에 착수하기도 한다. 구조모델링(structure modeling)과 물성모델링(property modeling)을 통해 구축된 지질모델로부터의 업스케일링(upscaling)과 생산정 자료, 유체특성 자료, 상대투과도 등의 공학자료를 결합하여 시뮬레이션 모델을 구축한다.

개발단계

개발단계에서는 탐사 결과에 대한 해석을 바탕으로 개발옵션들을 선택하게 된다. 개념설계, 타당성평가, 유전개발계획(field development plan, FDP) 제출 및 승인 작업, 설계/조달/제작/설치/시운전(engineering, procurement, construction, installation, and commissioning, EPCIC) 등의 작업이 이뤄진다. 특히, EPCIC에서 막대한 규모의 자본지출(capital expenditure, CAPEX)이 이뤄지므로 subsurface, 지상시설(surface facility), 경제성평가 등 모든 분야의 인력(혹은 부서)과 긴밀한 협력관계를 구축하여 협업을 시스템적으로 진행한다.

개발단계에서는 막대한 자본지출 전후의 두 단계로 작업이 이루어진다. 자본을 지출하기 전에는 기술적으로 타당한 다양한 개발옵션들을 검토한 뒤, 최종적으로 하나의 개발방안을 도출한다. 이를 위해 개념설계, FDP 제출 및 승인, 기본설계(front end engineering design, FEED) 등이 이뤄진다. FDP는 참여사들과 산유국 정부 혹은 정부기관의 승인을 통해 이뤄지며 이는 곧 자본투자 개시에 대한 허락의 의미라고 볼 수 있다. 경우에 따라서 FEED 이후 최종투자결정(final investment decision, FID)에 대한 승인 단계를 설정하여 대규모 막대한 투자에 대한 신중함을 더하기도 한다.

FDP 승인 이후 자본지출이 이루어지며 주로 두 방향으로 개발작업이 진행된다. 우선 도출된 개발개념에 따른 생산시설물 건설을 위해 개발계획, 상세설계, 구매, 건설작업, 시운전 등의 작업이 이루어진다. 흔히 해상에서 볼 수 있는 생산 플랫폼도 이 단계에서 제작되어 설치 및 시운전을 통한 생산준비 작업이 이루어진다. 뿐만 아니라 생산된 탄화수소의 처리시설, 부유식 저장하역설비(floating storage and offloading, FSO) 등의 저장시설, 파이프라인 등의 운송 등 전 과정에 관련된 모든 시설물에 관련된 작업이 수행된다. FDP 승인 이후로 개발정(development well) 및 생산정(production well) 시추가 이뤄진다. 탐사정과 마찬가지로 다양한 지하 구조에 대한 시추 관련 자료들이 취득되며 지속해서 지질 모델/시뮬레이션 모델 업데이트가 수행된다. 지질학적/저류 공학적 불확실성을 감소시키기 위해 최적의 자료취득 계획과 실행이 수행되면서 생산단계에서의 최적 운영에 대한 가이드라인들을 수립해 나가는 단계이다. 본 교재에서는 개발단계에서 이뤄지는 주요 작업에 관한 내용을 구체적으로 설명하고자 한다.

생산단계
생산단계에서는 말 그대로 생산이 개시되며 생산개시일 기준으로 계약상 생산에 해당하는 이윤과 비용에 대한 분배가 이뤄진다. 이 단계에서는 저류층의 압력과 생산 거동에 대한 면밀한 모니터링을 통해서 FDP 당시에 수립한 생산 최적화, 저류층 관리에 대한 계획들을 지속해서 유지 혹은 업데이트한다. 일반적으로 유전의 경우 최대한 빨리 투자비 회수 및 이윤을 극대화하는 방향으로 저류층을 운영하는 것이 목적이고, 가스전의 경우 장기적/안정적 가스 공급을 목표로 저류층을 운영하는 것이 관건이다. 두 경우 모두 언급한 목적에 부합하며 최적의 경제성을 보장하는 개발방안을 선택하였다고 하더라도 실제로 지하에 존재하던 탄화수소를 생산하게 되면 FDP 당시의 예상과는 다른 현상들이 나타날 수 있다. 따라서, 시간에 따른 생산량과 압력의 변화 등을 저류층 모니터링(reservoir surveillance)하면서 저류층의 다양한 불확실성을 해소하며 생산거동 특성을 규명해나가는 작업을 수행하게 된다. 이를 위해 상시적으로 저류층 시뮬레이션의 히스토리 매칭(history matching) 및 모델 업데이트를 수행한다. FDP 당시의 분석을 바탕으로 예측한 생산거동 대비 변화가 있을 경우 적절한 분석을 통해서 계획을 수정하는 작업이 필요하며 이 또한 초기 FDP나 FID처럼 참여사 및 정부기관의 승인을 통해서 공신력을 얻을 수 있다.
생산물분배계약(production sharing contract, PSC), 가스판매구매계약(gas sales and purchase agreement, GSPA) 등 생산에 관련된 다양한 계약들의 요건들을 충족하며 생산을 수행한 뒤, 더 이상 경제성이 없는 경우 생산을 종료하게 된다. 이때는 철거비용(abandonment expenditure, ABEX)을 지불하고 사업을 종료하며 때로는 사업의 포트폴리오 분석에 따라 지분 및 운영권을 양도(farm-out)하면서 사업을 종료하기도 한다. 두 경우 모두 참여사 및 정부기관의 승인이 필요한 작업이다.

1.2 석유개발사업의 참여자

석유개발사업의 고위험 고수익 특성으로 인해 사업의 참여자는 기타 여느 산업에 비해 제한적인 것이 현실이다. 일반적으로 운영권자, 지분투자자 혹은 참여사, 서비스회사, 그리고 산유국 정부 혹은 정부기관으로 이뤄진다. 탐사/개발/생산의 단계, 그리고 정부기관과의 이해관계에 따라 운영권자, 참여사, 그리고 각 회사의 지분은 변경될 수 있다. 경우에 따라 한 회사가 주도적으로 운영권을 가지고 운영하기도 하고 여러 회사가 공동운영을 위한 현지법인인 공동운영사(joint operating company, JOC)를 설립하여 운영하기도 한다.

개발단계에서는 앞서 언급한 바와 같이 막대한 자본투자가 이루어지고 운영권자와 참여사들은 자체 기술인력과 서비스회사의 도움으로 사업을 진행한다. 특히 개발단계의 경우 타당성평가, FEED, EPCIC, 시추 등 각 단계별로 전문성을 갖는 서비스회사와의 협업이 활발히 이뤄진다.

관련된 자본투자는 지분별로 부담하게 되며 대부분의 경우 산유국 정부기관은 생산단계부터 지분을 할당받는 것이 관례이다. 산유국의 정부기관과 서비스회사는 외국의 석유기업이 자본투자를 더 많이 하길 바라고 운영권자는 자본투자를 최적으로 운영하는 것이 목표이므로 석유개발사업의 참여자 간 다양한 이해관계가 발생하게 된다. 이 부분은 다양한 회의를 통한 합의와 타협으로 해결한다. 제도적으로는 운영권자 및 참여사의 초기투자를 보상하기 위해 PSC 환경에서는 일반적으로 생산물에 대해 우선적으로 투자비 회수(cost recovery)량을 보장한다. 서비스계약(service contract)에서는 운영권자/참여사가 정부 지분의 사업비 대납(cost carry) 방식으로 부담하되 생산단계에서 정부 몫의 생산량 판매수익에서 우선 회수하는 방식으로 진행된다.

단계별 기술자료에 대한 분석 및 계획 관련하여 운영권자/참여사/정부기관 간에 기술자문회의(technical committee meeting, TCM)를 수행하며 이후 운영권자와 참여사 간 운영위원회의(operating committee meeting, OCM)를 통해 주요 의사결정에 대해 합의한다. 이를 바탕으로 산유국 정부기관과 관리위원회 회의(management committee meeting, MCM)를 통해 최종적으로 다양한 작업들의 필요성과 투자 규모에 대한 합의를 도출한다.

1.3 석유개발조직

1.3.1 조직 구성

석유개발사업의 조직은 크게 탐사사업 단계와 개발/생산(운영) 단계의 조직(그림 1.2, 1.3 참조)으로 나눌 수 있다. 탐사단계의 조직에서는 효율적인 탐사 즉 탐사지역에 존재할 것으로 예상하는 석유 및 가스 매장량을 판단하기 위한 최적의 탐사작업을 설계하고 향후 개발단계로 진입 시 필요한 자료들을 확보하는 것을 목표로 한다.

탐사 결과의 정확한 분석 및 정확한 생산량 예측이 필요하고 이에 상응하는 적절한 개발작업들이 이루어져야 하므로 다양한 전공들이 협업하게 된다. 적절한 개발작업은 개발부서 또는 프로젝트 부서에서 전담한다. 이러한 부서 내에는 다양한 인력들이 있거나 다른 부서와의 긴밀한 협업을 통해서 작업을 수행하게 된다.

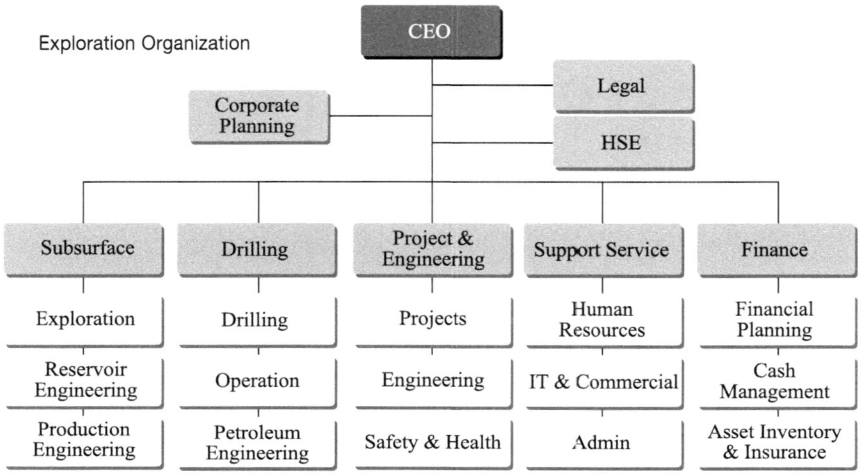

그림 1.2 탐사단계 조직도

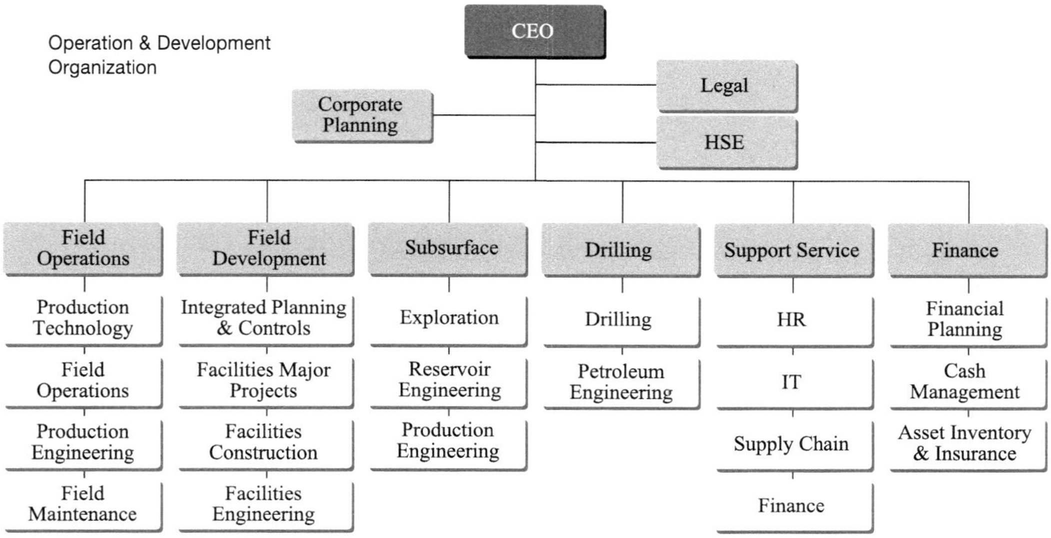

그림 1.3 개발·생산단계 조직도

개발·생산단계에서는 생산이 진행됨과 동시에 추가적인 개발작업을 실시하게 되므로 생산운영(production operation) 및 개발(development)이 주요 조직이 된다. 생산운영 조직은 저류층에서 생산된 유가스를 중앙 처리설비로 이송하여 물 및 오염물질을 제거하고 파이프라인 또는 트럭을 통하여 운송하고 판매하는 지점까지 관리하게 된다. 허가받은 생산량 및 판매 스케줄에 따른 생산량 조절 및 생산시설의 관리를 담당하게 된다. 개발조직은 기발견된 유가스층에 대한 최적 개발 및 기생산시설과의 연결작업(tie-in) 등에 대한 계획을 세우고 지상 생산설비 작업에 대한 책임을 지게 된다. 탐사를 통하여 발견된 유가스층의 개발을 위해서 석유개발조직은 P&E(project & engineering) 또는 지상설비(surface facility) 팀을 운영하게 된다. 이 조직은 생산설비의 설계/조달/제작(engineering, procurement and construction, EPC) 업무를 위하여 EPC 조직을 별도로 구성하게 된다.

1.3.2 조직별 역할과 책임

석유개발과 관련한 주요 조직별 역할과 책임(role & responsibility, R&R)은 다음과 같다.

기획(planning)

사업계획을 전담하며 탐사/저류층, 시추, 개발/설비 등의 기능 부서로부터 사업계획을 접수 및 조정하여 매년의 사업계획과 이에 따른 예산을 준비한다. 또한 사업 진행과 관련된 위험요소(risk factor)를 사전에 파악하여 위험을 최소화하는 작업을 진행하고, subsurface 및 지상 작업에 대한 스케줄 조정, 사업 전체 및 탐사, 개발 및 설비 각각의 작업에 대한 경제성평가를 실시하여 최적의 실행방안을 제시한다. 준비된 예산은 이사회 또는 운영위원회의에서 협의하여 수정, 보완을 거쳐 확정된다. 이사회와 운영위원회는 사업계획의 타당성을 회의 전에 깊이 있게 논의하기 위하여 TCM 및 FCM에서 주요 안건을 미리 협의하고 조정하는 것이 일반적이다.

지구물리학(geophysics)

지구물리 분야는 탐사시추 이후 취득한 시추공 자료와 기존의 물리탐사 자료들에 대한 분석을 바탕으로 저류층 구조에 대한 초기 규명작업을 수행한다. 기하학적 형상(geometry)과 단층, 균열 등에 대한 정보들을 규명하여 지질 모델 구축에 반영하는 작업들을 수행한다. 또한, 지구물리 자료와 관련된 불확실성을 규명하여 저류층 관련 불확실성을 감소하기 위한 개발의/생산정 시추 및 자료취득 계획 작성에 관련한 역할을 수행한다. 그 외 다른 분야와의 협업을 통해 FDP 작성 및 개발작업에 다양한 방면에서 참여한다.

지질학(geology)

탐사 성공 이후 개발단계에서는 취득된 자료들에 대한 분석을 바탕으로 지질 모델 구축 작업을 수행한다. 이 과정에서 취득한 시추공 자료에 대한 해석을 수행하며 다양한 지질학적 스터디 결과의 확인 및 검증이 선행된다. 지구물리 분야와 마찬가지로 불확실성을 감소시키는 방향으로 개발의/생산정 시추 및 관련 자료취득 계획 수립에 참여하게 된다. 시추공의 예상 지층도 작성(well prognosis), 시추공 설계(well design) 협업, 시추작업(drilling operation)의 관리 관련 협업 등을 수행하게 된다. 검증된 내용을 바탕으로 FDP 해당 분야를 작성하고 지속해서 취득되는 자료들을 바탕으로 지질 모델 업데이트 작업을 관장한다.

저류공학(reservoir engineering)

탐사작업 중 DST를 수행하고 해석하여 저류층의 생산성에 대한 정보를 담당한다. 또한, 시추로부터 취득한 저류공학 자료들에 대한 분석을 수행하여 개발개념 설계 시 다양한 개발옵션들에 대한 검토를 수행한다. 이 과정에서 장기적 저류층 관리 계획을 수립하고 그에 따라 생산공학/유정완결 분야와 협업하여 생산정 운영에 대한 방안들을 분석하여 개발계획에 반영한다. 시추과정에서 취득한 자료들과 지질모델을 결합하여 저류층 시뮬레이션을 수립하여 다양한 개발옵션에 따른 생산량 예측 작업들을 수행한다. 앞서 지질 및 지구물리(geology and geophysics, G&G)와 마찬가지로 개발의/생산정 시추에서의 자료취득 계획을 협업하며 시추 결과 및 유정시험(well test)을 바탕으로 모델을 검증 및 업데이트하는 작업을 수행한다.

시추(drilling)

개발과정에서 개발정/생산정 시추작업에 대한 모든 내용을 관장한다. 시추작업, 예산의 수립 및 조정, 실제 시추 운영작업 감독 등을 수행한다. 다양한 분야의 요구를 반영하고 시추에 따른 다양한 서비스업체에 대한 관리가 이뤄져야 하며 경우에 따라 위험한 상황이 발생할 수 있으므로 철저한 계획이 필수적이다. 특히 생산정의 경우 유정완결에 대해서도 안전성, 효율성에 대한 판단을 수행하는 경우들이 빈번하게 발생한다.

생산공학(production engineering)
탐사정에서의 산출시험 결과를 바탕으로 노달분석(nodal analysis)을 수행한다. 이를 바탕으로 유정완결과 관련된 생산정 튜빙설계 작업을 수행한다. 생산정을 효과적으로 운영하기 위한 방안들, 즉 펌프 설치, 가스리프트(gas lift) 등의 적용가능성 및 효과를 판단하여 최적 생산정 운영설계에 대한 분석을 수행한다. 경우에 따라 유정개보수(well intervention work, WIW)에 대한 계획 및 분석도 수행하여야 한다.

P&E(project & engineering)
지상의 각 설비(facility)의 기본설계부터 상세설계, 관리, 제어, 및 시공 및 시험운전까지의 단계에 대하여 인허가, 서비스회사들의 선택, 계약, 비용추정, 리소스 관리, 운영에 대한 업무를 담당한다. 작은 회사의 경우 생산/운영 설비의 건설 이후 설비 인력을 유지하기 힘들 수 있으므로 프로젝트 관리 컨설팅(project management consultant, PMC) 회사로부터 일부 또는 대부분의 인력을 빌려서 배치하기도 한다.

지원부서(supporting)
석유개발사업의 단계와 규모에 따라 서비스회사들과의 계약, 자금관리, 회계, 인력관리, 총무, 정보기술(information technology, IT) 지원 등의 역할을 하는 팀 또는 인력이 필요하다.

1.4 교재의 구성

앞서 언급한 바와 같이 광구개발은 다양한 전문 인력 및 조직들이 협업을 통해 준비하고 주주사 간의 토론과 회의를 통해 승인받고 실행하게 된다. 본 교재의 2장에서는 개발관리시스템 및 개발진행 개요를 설명하는 광구개발 개요를 다루고, 3장에서는 개발계획(field development plan, FDP)을 작성하기 위한 지질 모델 및 저류층 시뮬레이션 모델 개발을 기반으로 생산계획 및 시추, 완결작업, 생산설비 및 이의 시운전 등에 대하여 설명하였다. 4장에서는 승인된 FDP를 기반으로 개념설계, 기본설계, 상세설계, 설비의 설치 및 시운전까지 어떤 방식으로 광구를 물리적으로 개발하게 되는지 기술하였다. 5장에서는 광구개발을 위한 경제성평가와 옵션 선정의 예를 보여주고 6장에서는 광구개발사례로서 동해-1 가스전 개발과정을 소개하여 광구개발에 대한 이해를 돕고자 하였다.

참고문헌 Reference

한국석유공사 공식블로그 석유이야기 '생산을 위한 필수단계, 석유 개발과정' 2018. 10. 11

CHAPTER

02 광구개발 개요

2.1 개발관리 시스템

2.1.1 개발관리 시스템 목적

광구개발의 최상위 개념인 개발관리 시스템(development management system, DMS)은 대상 광구의 탐사, 개발, 생산 과정을 "개발" 관점에서 총괄하는 프로세스(그림 2.1)를 의미하며 오일 및 가스광구의 개발에 대한 체계를 제공한다. DMS에는 메이저들을 비롯한 석유개발 관련 회사들과 산유국 국영석유사가 수십 년간 수행해온 광구개발에 대한 노하우(know-how)가 녹아있으며 아래의 목적을 가진다.

- 프로젝트 과정 표준화
- 효율적 프로젝트 진행을 위한 지침과 가이드라인 개발
- 총괄 개발 사이클 일정 제시
- 조직 내 프로젝트 과정의 노하우 취합, 통합, 전파

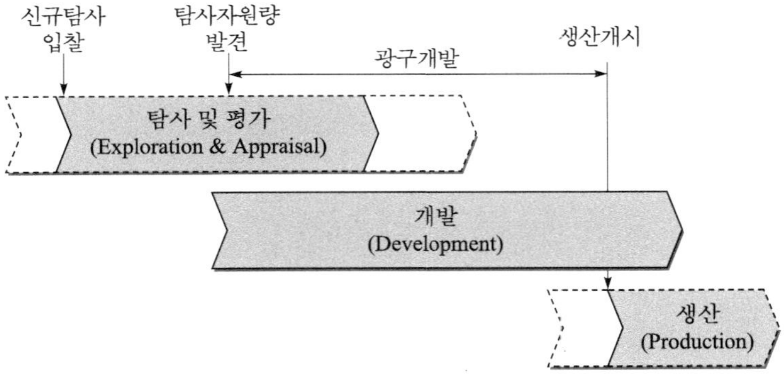

그림 2.1 광구개발 단계

일반적으로 석유사업은 신규탐사 입찰부터 생산개시까지 10년 이상의 장기간이 소요되고 막대한 자본지출(CAPital EXpenditure, CAPEX)이 발생한다. 이 분야는 일반 제조산업과 달리 탐사, 평가 및 개발단계별 불확실성이 매우 높아 치밀한 계획 및 실행이 요구된다. 그러므로 DMS와 같은 표준화/정형화된 시스템이 필요하고, 프로젝트 과업 완수를 위한 내용들이 포함된다.

2.1.2 개발관리 시스템 내용

2.1.2.1 프로젝트 통합관리 시스템

프로젝트관리 시스템은 프로젝트관리 지침, 변경관리 지침, 계약전략 지침, 비용산출 지침, 프로젝트 위험관리 지침, 프로젝트 조직지침 등 많은 요소로 구성되어 있고 각 분야를 통합하여 효율적으로 프로젝트를 관리한다.

프로젝트관리 지침(project control guideline)

프로젝트 관리의 4요소는 비용, 일정, 범위 및 품질이며 이외 팀워크, 자원도달 등도 포함될 수 있다. 타당성평가, 설계, 개발, 생산단계로 구분하며 업무의 정의, 순서를 정하고 효율적으로 프로젝트가 완수될 수 있도록 지원하는 것이다. 프로젝트 관리에는 기획(planning), 위험관리(risk management), 가용자원 산정 및 효율적 배치(estimating available resources & effective deployment), 작업분류체계(work breakdown structure, WBS) 작성, 프로젝트의 방향성 유지 등의 활동이 수반된다. 최소의 비용과 최단 일정으로 최고의 품질을 획득할 수 있도록 프로젝트 관리방안을 수립하고 각 분야를 유기적으로 통합 관리하여 성공적으로 프로젝트를 완수하는 데 그 목적이 있다.

변경관리 지침(management of change guideline)

큰 범위에서는 기업의 경영, 작은 범위에서는 시설물 설계 등에 발생하는 변경요소를 기업의 성과가 개선되는 방향으로 관리하는데 필요한 지침을 말한다. 프로젝트 진행 중에 발생하는 기술, 안전환경, 정책 등의 변경으로 인해 해당 프로젝트에 발생하는 추가비용, 프로젝트 일정 지연 최소화 등의 문제를 우회 또는 개선하기 위한 지침을 작성하여 효율적으로 프로젝트 목적을 달성하는데 목적이 있다.

계약전략 지침(contracting strategy guideline)

개발 프로젝트의 주요 요소 중 하나인 구매·계약 전략 수립은 아래와 같은 다양한 요소를 고려하여 프로젝트의 목적을 달성할 수 있도록 지원한다. 프로젝트의 예산 내 집행, 일정 준수, 품질확보 및 광업완수를 위하여 다른 분야와의 긴밀한 협력이 이뤄져야 한다.

프로젝트 목적 (비용, 시간, 품질, 범위, 안전 등)
전략개발 (계약, 장납기 자재, 가격, 조건 등)
프로젝트 환경 (사업, 시장, 주주, 불확실성 등)
프로젝트 범위 (자본투자비용, 일정, 설비 등)
시장조사 (제조사 풀(pool), 제조사 신뢰도, 납기 등)
전략선정 (계약 및 구매전술, 마일스톤, 입찰, 인적자원 등)

비용산출 지침(cost estimation guideline)

광구개발의 타당성평가 내용 중 주요 요소인 경제성평가를 위해 소요되는 비용을 산출해야 한다. 개발단계별로 다양한 비용산출 방법 및 단계별 정확도를 정의함으로써 동일한 지침을 활용하여 비용산출의 설계성과품이 일관성을 가지도록 한다. 개발단계별 비용산출은 가용한 자료의 정확도에 따라 정해진다. 일반적으로 아래 표 2.1과 같이 Association for the Advancement of Cost Engineering(AACE)의 분류 또는 Shell, BP, ExxonMobil 등과 같은 메이저 석유기업의 자체 분류에 따라 개발단계별 비용산출의 정확도를 예측하게 되며 개발비용은 아래와 같이 다양한 방법을 복합적으로 사용하여 산출된다.

경험이 풍부한 설계기업의 내부 데이터(in-house data)
유사 프로젝트의 비용을 활용한 설비의 종류별, 용량별 Capacity factor 활용
S/W 활용
제조사의 견적 등

표 2.1 개발단계별 비용 불확실성 분류 사례

분류	개발관련 작업	비용 불확실성 범위
Class 5	사전 타당성 조사(pre-feasibility study)	-50%/+100% or ±100%
Class 4	타당성조사(feasibility study)	-30%/+50% or ±50%
Class 3	개념설계(conceptual design)	-20%/+30% or ±30%
Class 2	기본설계(front end engineering design)	-15%/+20% or ±15%
Class 1	상세설계(detailed engineering)	-10%/+15% or ±5%

프로젝트 위험관리 지침

개발계획은 대규모 투자가 수반되며 수많은 위험요소 및 불확실성이 존재한다. 성공적인 광구개발을 위해서는 위험요소 및 불확실성을 사전에 파악하고 이들 요소가 현실화될 때 대처 방법을 작성하여 효율적인 위험관리가 되게 하는 것이 필요하다. 예를 들어, 탐사정 시추 과정에서 획득한 유체분석 결과가 잘못되었다면 프로젝트 진행 중에 프로젝트 범위 및 시설물 사양 변경이 필요할 수 있고 이는 비용증가와 일정 지연 등으로 이어진다. 예상할 수 있는 위험요소를 사전에 최대한 파악하고 분석해서 효과적으로 위험요소에 대응하는 것은 프로젝트 관리에 꼭 필요한 요소이며 위험관리지침의 목적이다. 일반적인 위험관리 업무흐름은 아래 그림 2.2와 같이 진행된다.

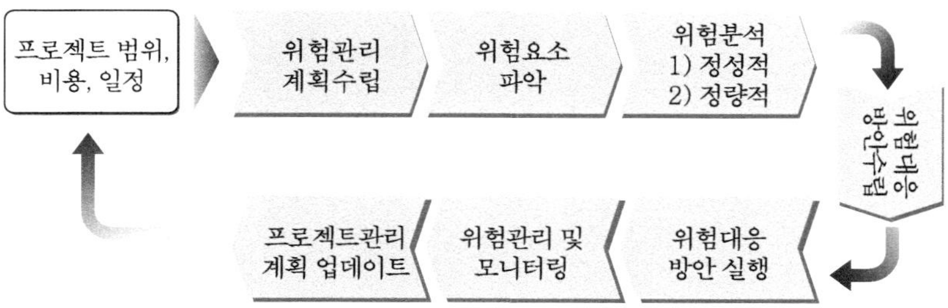

그림 2.2 위험관리 절차

프로젝트 조직 지침

광구개발 단계별로 요구되는 작업이 달라지므로 이에 따른 조직구성도 유연하게 대처되어야 한다. 개발단계의 초기인 탐사평가 및 타당성조사 단계는 지질, 지구물리, 저류분야에 많은 작업이 이루어짐으로 개발 초기 조직은 지질, 지구물리 및 저류분야 인력이 주를 이루게 된다. 개념설계 단계가 되면 개발 시나리오 선정 및 개념설계가 진행됨으로 지질, 지구물리, 저류분야에 시설분야의 인력이 증원되어 조직을 이루게 된다. 기본설계 단계에서는 시설분야의 작업이 증가하여 분야별(화학공학, 기계공학, 전기공학, 토목공학 등)로 다양한 시설분야 인력이 충원된다. 상세설계 및 건설단계에서는 시설분야 인력이 주를 이루게 되고 지질, 지구물리, 저류분야 인력은 최소한으로 운영된다. 따라서, 개발단계별 조직은 필요 분야의 작업량에 따라 유연하게 구성한다.

2.1.2.2 가치 관리시스템

가치 관리시스템(value management system)은 프로젝트 관리와 병행하여 수행하게 되며 다양한 방법을 통해 비용 대비 수익을 개선하는 데 목적이 있다. 아래와 같은 지침을 수립하여 체계적으로 프로젝트 가치가 극대화될 수 있도록 업무를 수행한다.

제3자 프로젝트 검증 지침(independent project review guideline)

개별 주주사 및 외부 전문가를 활용하여 프로젝트 개념에 대한 제3자 검증을 단계별로 수행하여 해당 프로젝트 개발개념의 타당성, 기술적 적정성 및 경제적 가치의 정도를 검증하고 프로젝트 개선 방안을 찾아 적용함으로써 경제성을 극대화하는 데 목적이 있다.

비용대비 수익 개선 지침(value improvement practices guideline)

최적화 연구(optimization study), 밸류엔지니어링(value engineering) 등 최소의 비용으로 프로젝트 과업 범위 완수 및 수익 최대화 방안을 가이드한다. 밸류엔지니어링은 프로젝트에 필요한 기능을 최저 비용으로 제공하기 위한 체계적이고 조직적인 접근법으로 기능성은 살리면서 자재와 대안을 통해 비용을 절감할 수 있도록 한다. 예를 들면, 주변 인프라 사용 최대화, 시설물 최적화 등을 통해 비용 최적화를 수행한다.

프로젝트 성공 실패사례 작성 및 공유 지침(lessons learned guideline)

프로젝트 완료 후 공종별 성공 및 실패사례 공유(lessons learned) 문서를 작성한다. 변경요소 또는 지연요소에 대한 면밀한 원인 분석 및 평가가 이루어진다. 차기 프로젝트 진행 시 백서로서 동일하거나 유사한 문제로 인한 프로젝트 지연을 방지하는 데 목적이 있다.

품질관리 지침(quality management guideline)

품질관리의 목적은 프로젝트를 안전하게 일정을 준수하여 목표한 과업을 달성할 수 있도록 관리하는 데 있다. 품질확보를 위해 독립검증기관(independent verification body, IVB), 제3자검증기관(third party agent, TPA)과 같은 외부감리 및 내부관계자를 통한 내부감사 등을 수행하도록 명기해야 한다. 또한 계약자(contractor), 하위계약자(sub-contractor) 및 판매자(vendor)에 대한 감리 등 품질 감사를 수행하고 감시하여 품질을 확보함에 있다.

2.1.2.3 설계 및 기술관리시스템

설계 및 기술관리시스템(engineering and technology management system)은 설계성과품, 적용 기술표준, 신기술적용 지침 등을 포함하는 시스템으로 내용은 아래와 같다.

설계성과품 지침(engineering deliverables guideline)

단계별로 서비스회사가 제출해야 하는 시설물의 분야별 설계성과품을 명시한다. 개념설계(conceptual design) 단계, 기본설계(front end engineering design, FEED) 단계, EPCIC(engineering, procurement, construction, installation and commissioning) 단계별로 설계성과품은 상세하고 종류 또한 많아진다.

기술표준 지침(engineering standard guideline)

기술표준 지침은 크게 공정, 전기, 기계, 제어, 안전, 장비 등의 설계, 시공, 예비시운전/시운전 등 각 요소에 대한 지침이 수립되어야 하며 해당 작업 수행 시 준용된다. 예를 들면, 공정제어 시설 또는 설비 설계 시 적용되어야 하는 코드 및 표준(codes and standards)은 IEEE(Institute of Electrical and Electronic Engineers), ISA(International Society of Automation), BSI(British Standards Institute), IEC(International Electro-technical Commission) 등의 국제통용지침과 기업에서 정하는 사양 등을 준용하여 작업을 수행하게 된다.

신기술 적용 지침(technology deployment guideline)
각 분야별 신기술 동향 파악과 효율적이라고 증명된 검증된 기술(proven technology)에 대한 적용을 지침으로 작성한다. 각 프로젝트가 진행되는 시점에 분야별 신기술 파악을 통해 적용가능성을 검토하도록 한다. 신기술의 적용은 아래와 같이 4단계로 운영된다.

Identify	기업의 사업에 challenge나 사업 개선방안 도출
Qualify	기업의 기술 관리시스템을 통해 신기술 선별
Ensure	기술의 통합 및 적용
Validate	기업전략과 기술개발의 가치와의 부합성 분석 및 지속가능성 파악

2.2 개발진행 개요

탐사작업이 성공하고 탐사계약이 종료되면 새로운 협상과 계약을 통해서 개발단계가 진행된다. 일반적으로는 탐사에 성공한 운영권자가 개발 및 생산에서도 운영권을 갖는데 경우에 따라서는 탐사/개발/생산 각각에 특화된 회사들이 운영권을 갖기도 한다.
개발이 진행되면 크게 두 영역에서 과업들이 진행된다. 흔히들 지하와 지표, 즉 subsurface와 facility로 표현되는 영역인데 시설의 개념설계/기본설계/설치/시운전, 개발정/생산정 시추작업, 참여사 및 산유국의 개발계획 동의 및 승인, 생산준비를 위한 시운전 및 생산정 테스트 등의 다양한 작업들에 대해서 서로 협업하게 된다. 그림 2.3은 이 과정을 개괄적으로 표현한 것이며 각각의 세부 단위업무마다 유관 기술인력들이 긴밀하게 협업하면서 개발과정을 진행한다.

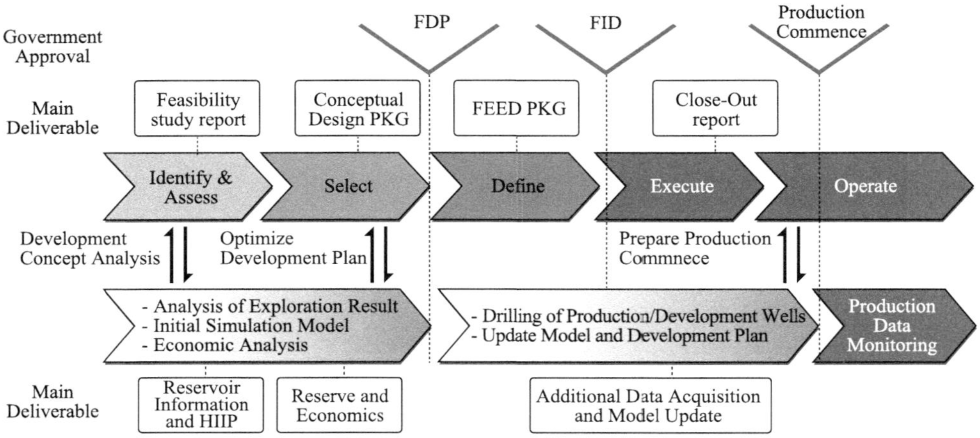

그림 2.3 개발진행 개요

여기서 중요한 점들은 각각 정부승인에 해당하는 개발계획, 최종투자의사결정, 생산개시이다. 여기에서는 FDP 승인 이전의 작업에 대해 간략히 설명하고 3장에서 FDP의 내용과 관련 작업에 대한 전체적인 설명, 4장 이후에서 FDP 승인 이후의 작업에 대해서 설명하도록 하겠다. subsurface 기술인력은 탐사 결과에 대한 분석을 수행하고(2.2.1) 시설분야 인력은 (예비)타당성평가 및 개념설계를 수행한다(2.2.2).

2.2.1 개발개념 도출

탐사단계에서는 지질학적 연구 결과와 지구물리학적 분석을 바탕으로 분지, 필드, 저류층 단위로 스터디 대상을 점점 좁히면서 줄이면서 구조의 탄화수소 부존가능성을 확인한 이후에 탐사시추를 통해서 부존을 확인한다. 이때, 다양한 물리검층 자료를 취득하고 또한 유정시험을 통해서 저류층 유체의 유동에 관련된 특성을 파악한다. 이와 같은 과정을 거친 이후에 개발단계로 넘어가게 된다.

개발단계에서는 탐사시추의 결과와 기존 연구결과들을 통합적으로 해석한다. 석유시스템, 구조지질학, 퇴적학, 층서지질학 등의 다양한 연구 결과와 탐사시추에서 취득한 결과와의 일관성을 확인하여 상업적 개발가능성을 평가한다. 이를 위해서 구체적으로 지질모델과 저류층 시뮬레이션 모델 등을 구축한다. 지질모델로부터 부존량과 관련된 불확실성을 도출할 수 있으며 시뮬레이션 모델을 활용하면 다양한 개발 시나리오들에 대해 생산 프로파일을 도출할 수 있다. 이 생산 프로파일은 개발 시나리오에 따른 비용과 결합하여 경제성평가에 활용될 수 있다.

취득 자료의 결과해석에 따라 지질모델이나 시뮬레이션 모델을 구축하지 못했거나 관련 불확실성이 커서 생산 프로파일을 신뢰할 수 없는 경우에는 유정시험 자료를 바탕으로 간략하게 생산 프로파일을 도출하기도 한다. 유정시험 결과 혹은 인근 유사필드로부터 추론한 최대생산량 및 감퇴율, 시설 분야에서 정해지는 생산유체 처리용량 등을 고려하여 각 생산정별 최대생산량을 비롯한 생산 프로파일을 결정한다. 여기에 인근 유사필드의 유추 등을 통해 회수율에 대한 정보와 배유면적(drainage area) 등을 고려하여 필요한 생산정의 개수와 관련 시추 스케줄에 대한 대략적인 계획을 세울 수 있다.

이처럼 시뮬레이션 모델 혹은 인근필드 유추를 통한 방법을 통해서 생산과 시추 스케줄에 대한 계획 수립의 방법이 정해지면 이 도구를 가지고 시설분야와 협업하여 개발에 대한 타당성평가 등을 수행하게 된다. 여기서 기준이 되는 중요한 점은 저류층 운영에 대한 철학(reservoir management philosophy), 법과 안전환경 관련 규제라고 할 수 있다. 이에 따라 개발계획의 방향은 다양하게 확장될 수 있다. 이에 대한 자세한 설명은 이 교재의 범위를 넘으므로 다음의 사례 등을 통해 개발에 대한 subsurface의 다양한 방향성을 보여주고자 한다.

산유국 정부가 제도적으로 CO_2-EOR을 장려하는 유전의 경우

이 경우 CO_2를 언제 얼마나 많이 주입하면서 증진회수(enhanced oil recovery, EOR)를 수행하느냐에 대한 논의가 중요하게 될 것이다. 일반적으로 1, 2차 생산 이후에 3차 생산에서 CO_2를 주입하는 경우라면 불확실성이 상대적으로 작은 1, 2차 생산에서 가능한 많은 탄화수소를 생산하는 것이 바람직하다고 할 수 있다. 이 경우 2차 생산에서 일반적으로 많이 사용하는 수공법(water flooding)에서 저염수공법(low-salinity water flooding) 등의 최적화된 방법을 도출하는 것이 바람직할 것이다. 즉, CO_2-EOR 관련 변수들에 대한 실험 및 현장 테스트 등을 통해서 불확실성이 줄어들기 전까지는 상대적으로 검증된 기법을 활용하는 것이 타당하다고 판단할 수 있다.

가스-오일비가 낮은 균열저류층

물리탐사, 코어분석, 물리검층 및 유정시험 등을 통해서 많은 균열이 확인된 저류층의 경우 1차 생산 이후에 수공법 등의 접촉(sweep)하는 기법을 적용하는 것이 타당하지 않을 수 있다. 이 경우 저류공학 기반의 2, 3차 생산에 치중하기보다는 생산공학 기반의 적절한 인공채유 기법을 적용하는 것이 subsurface 입장에서의 중요한 개발개념이 될 것이다. 특히, 가스-오일비(gas oil ratio, GOR)가 높다면 전기수중펌프(electric submersible pump, ESP)를 사용할 경우 유지보수 측면에서 효율성이 떨어질 수 있다. 높은 가스양으로 인해 펌프 내 단계(stage)별 공회전이 발생할 수 있고 이로 인해 오일전달(oil deliver) 효율이 떨어질 수 있기 때문이다. 탐사시추에서 취득한 유체샘플의 분석에서 GOR이 낮다고 확인되면 ESP를 설치 운영하는 것이 효율적인 개발개념이 될 것이다.

컨덴세이트-가스비가 높은 가스-컨덴세이트 저류층

저류층 내 고온고압 조건에서 단상으로 존재하던 유체가 압력이 떨어지면 기체와 액체로 분리되어 2상(two phases)으로 존재할 수 있다. 이 경우 유체의 임계점(critical point)에 따라 유체가 기체라면 압력감소 및 상변화를 통해 생기는 컨덴세이트는 가스 유동을 방해할 수 있는데 이를 컨덴세이트 축적(condensate-banking)이라고 한다. 이 경우 컨덴세이트 축적에 따른 생산성 감소를 충분히 고려하여 개발계획을 수립해야 한다. 일반적으로 컨덴세이트-가스비(condensate gas ratio, CGR)가 100 bbl/MMscf 이상이면 부가스 컨덴세이트(rich gas condensate)라고 하며 상변화에 따른 컨덴세이트 생성으로 인한 생산성 감소의 위험성이 크다고 할 수 있다. 경우에 따라서 CGR이 상당히 높다면 처리시설을 적절히 활용하여 유전처럼 개발할 수도 있다.

가스전 내 CAPEX 투자 최적화

일반적으로 가스전 개발의 주요 목적은 안정적인 가스공급이다. 이에 따라 가스매매계약(gas sales and purchase agreement, GSPA) 상의 최대 계약물량을 생산할 수 있는 능력을 갖추고 있어야 한다. 크게 두 가지 방법으로 생산능력을 확보할 수 있는데 지상 또는 상부시설(topside)로의 인입압력을 낮추거나 추가시추를 수행하는 것이다. 두 가지 방법 모두 수천만 달러 이상의 막대한 자본지출이 필요하므로 이에 대한 스케줄을 정확하게 잡는 것이 매우 중요하다. 가령, 최적시기보다 1년 먼저 작업을 수행했다면 수천만 달러의 조기 지출에 대한 이자비용만큼 손해를 보는 것이다. 1년 늦게 작업을 수행했다면 생산량 미달에 대한 수백만 달러 단위의 위약금(penalty)이 발생할 수 있다. Subsurface에서 조율하는 스케줄링에 따라 광구의 1년 영업이익이 크게 좌우되기도 하므로 특히 가스전에서는 개발계획의 일정에 대해서 신중하고 정확하게 접근해야 한다.

앞서 내용들은 개발개념을 subsurface 관점에서 언급한 것이며 이는 그림 2.3과 같이 시설분야, 시추분야와 긴밀하게 협업되어야 하는 부분이다. 특히, subsurface에서 설명하는 개발개념들은 이들 분야와의 피드백을 통해서 타당성을 상호 검증하게 된다. 여기서 도출되는 몇 가지 개발개념들은 타당성평가 (feasibility study, FS)를 통해서 1차적으로 검증된다.

2.2.2 타당성평가

2.2.2.1 타당성평가 개요

주변 광구 자료(analogy data)에 의존하여 평가하는 타당성평가는 비교적 정확도가 높지 않은 자료를 이용하여 수행한다. 즉, 인근 광구 또는 프로젝트로부터 유추되는 기초자료(매장량, 예상 생산 프로파일, 탐사시추 자료 등) 및 국가별 제도 및 국가 정책(탐사, 개발, 생산)을 이용하게 된다.

과거 탐사이력에 대한 자료가 충분히 존재한다면 더욱 정확한 평가가 가능하다. 예를 들어 DST 결과 해석 및 유체, 암석 자료가 있다면 이를 바탕으로 저류층 관리방안을 설정할 수 있다. 이러한 자료를 활용하여 저류 모델링을 통한 생산 프로파일 예측, 시추계획 특성 및 생산정별 생산능력을 고려하여 생산정/주입정 수를 도출하게 된다. 또한, 도출된 예비 개발계획 간의 장단점을 파악하고 경제성평가를 수행한다. 개발 타당성평가의 주요 목적은 개발사업의 필요조건을 파악하고 주어진 개발 기회에 대한 경제적 가치, 사업전략과의 부합성 및 구현 기술을 평가하는 데 있다.

일반적으로 광구개발의 타당성평가는 그림 2.4와 같은 순서로 진행된다.

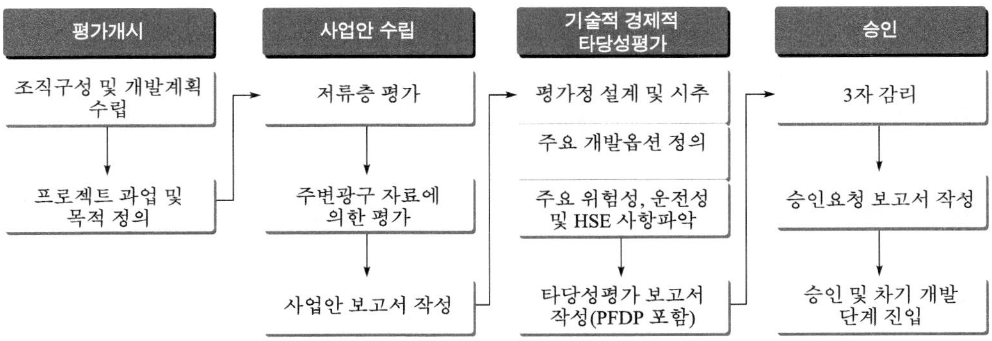

그림 2.4 타당성평가 진행순서

먼저 평가개시 기간에 타당성평가를 위한 조직별 과업범위 작성. 역할 및 책임, 일정, 비용 및 소요인력 등을 산정하게 된다. 또한, 프로젝트 과업 및 목적, 사업전략과의 연계성 및 총괄일정을 확정하게 된다. 개발을 시작하는 단계이므로 해당 프로젝트에 대한 정의가 부족하여 사용하는 자료에 많은 불확실성을 가지므로 주변 생산광구의 자료 활용 및 가정 사항을 필요로 한다. 다음으로 사업안 수립 작성이 필요하다. 사업안은 전체 개발에 대한 체계(framework) 수립을 위해 예비광구개발계획(pre-field development plan, PFDP)을 포함한다. PFDP는 타당성평가 단계에서 수행되는 내용으로 mini-FDP라고도 하는데 FDP에 포함되어야 하는 내용을 개략적으로 이해하기 쉽게 설명하는 문서이다.

- 예비광구개발계획 주요 내용
  · 사업안 : 전반적인 광구개발 개요
  · 광구설명 : 탐사자원량, 생산기간 및 지분 현황 및 광구도 등 포함
  · 기술적 불확실성 : 탐사단계에서의 기술적 불확실성 도출
  · 개발자의 중장기 전략과 부합되는 개발 연계성
  · 통합 subsurface 스터디 (지질, 지구물리, 저류공학) 내용
  · 예비 생산 프로파일 등 : 오일, 가스, 물 생산량 예측
  · 통합 subsurface 스터디 (지질, 지구물리, 저류공학) 업데이트 계획: 개발단계별로 진행될 스터디에 대한 업데이트 시기 및 방법에 대한 계획 명시
  · 추가 개발 예정 시 단계별 개발 전략
  · 개발 조직도 등 포함

타당성평가 단계는 불확실성이 높으므로 지질, 지구물리, 저류층, 시설, 시추를 모두 아우르는 통합개발 사업안(integrated development plan)을 작성해서 내포된 위험성을 도출하고 파악해야 한다. 개발 일정은 분야 간에 긴밀히 상호 연관되어 있어 통합일정의 면밀한 검토 및 확인이 없으면 전체 프로젝트 일정에 지연발생 가능성이 매우 크다. 통합개발 사업안의 주요 내용은 subsurface 평가 과업 및 저류층 평가, 주변광구 자료 및 경험에 기반한 광구개발 평가, 주요 프로젝트 위험성 및 불확실성 파악, 프로젝트 비용산출 (±50%), 프로젝트 스케줄 작성 등(Level 1)으로 주주사에 보고되어야 한다. 전형적인 Level 1 프로젝트 스케줄은 그림 2.5와 같다.

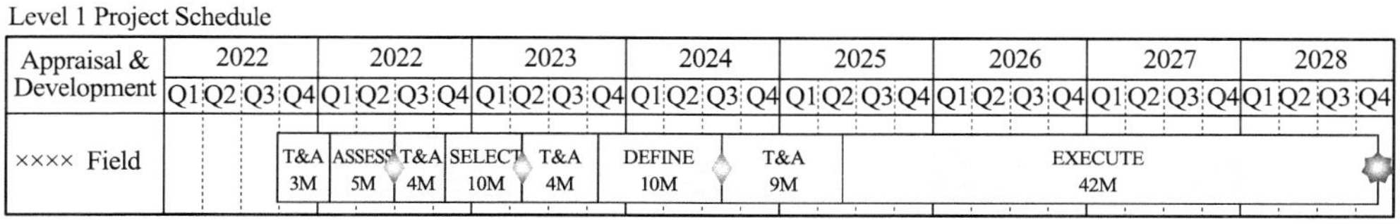

T&A : Tendering & Award(입찰 및 승인)
ASSESS : Feasibility study(타당성 평가)
SELECT : Option selection & Conceptual design(옵션선정 및 개념설계)
DEFINE : FEED study(기본설계)
EXECUTE : EPCI(상세설계/설치/시운전)

그림 2.5 Level 1 프로젝트 스케줄 예시

프로젝트 스케줄

프로젝트 스케줄은 개발일정 파악 및 마일스톤 관리를 통한 프로젝트 관리를 가능하게 하는 주요 요소이다. 개발단계별로 작성되는 프로젝트 스케줄의 수준별 구분 및 정의는 표 2.1과 같다.

표 2.1 AACE Schedule Development - Project schedule의 구분

Level 1	경영진을 위한 요약 공정표로 일반적으로 프로젝트별 주요 마일스톤이 명기되는 수준으로 경영진 의사결정 시 활용 (FS 단계, 개념설계 단계)
Level 2	관리 요약 공정표로 보통 4~5페이지로 구성되며, Level 1 공정표를 확장한 것이다. 프로젝트 참여자 간 각 성과물에 대한 전체 작성 일정 중 개별 일정 간 인터페이스(interface)가 반영된다. 통상 발주자, 관리자 및 프로젝트 매니저(project manager, PM) 등이 활용 (FEED 단계)
Level 3	주요 마일스톤, 설계, 구매, 시공, 시운전의 주요 요소가 포함되고 작업단계 간 인터페이스를 파악하는 데 활용된다. 통상 PM 또는 project controller가 활용 (EPCIC 단계)
Level 4	세부 팀에서 설계성과품 생성을 위한 상세 작업 일정으로 통상 1주일 단위로 일정을 표시한다. 통상 단위작업 담당자가 활용 (EPCIC 단계)
Level 5	상세일정에서 식별된 작업의 달성을 위해 작성된 세부 일정이다. 통상 시간단위, 일단위, 혹은 주단위로 세부적으로 일정이 작성되며 각 작업의 필요자원(인력, 장비, 자재 등)이 표시된다. 통상 작업 감독관이나 단위작업 담당 팀원 등이 활용 (EPCIC 단계)

프로젝트 실행계획

프로젝트 실행계획(project execution plan)은 프로젝트를 실행, 모니터링 및 통제하는 방법을 정의하는 관리 문서로 통상적으로 다음과 같은 주요 내용을 포함한다.

- 프로젝트 목적 및 과업범위
- 프로젝트 이해관계자의 책임과 임무
- 작업 범위
- 작업분류체계(work breakdown system, WBS)
- 예상비용 분석방식
- 가능한 위험 목록 및 완화방법(mitigation measures)을 포함한 위험관리 계획
- 변경 관리방안 등

기술적 경제적 타당성평가

- 개념 개발계획 작성 (개발사업안 내용에 대한 업데이트 포함)
- 업데이트된 subsurface 평가 작업, 설계 및 실행계획
- 저류모델 및 생산 프로파일 작성
- 다양한 지상시설(surface facility) 개발옵션 도출
- 광구개발 구조 작성 (예비 공정 블록다이어그램 등)
- 하이레벨 경제성-기술성 평가
- 주요 HSE 위험인자 파악
- 예비 환경영향평가
- 예비 프로젝트 일정 (Level 1)
- 예상비용 (±50%)

승인

- 주주사 및 정부승인 요청자료 작성
- 승인요청자료 제출 및 승인
- 차기 단계로 이동

2.2.2.2 타당성평가 내용

타당성평가는 매장량, 예상 생산량, 시추공 수, 생산유체의 조성, 주변 생산인프라 및 인근 생산시설 현황을 종합적으로 고려하여 광구개발 옵션을 도출한다. 도출된 개발옵션은 비용, 일정, 안전, 환경측면에서 평가되고 개별 옵션에 대한 장단점, 기술적, 상업적 평가 결과가 도출된다. 발주사의 사업전략 및 방향에 따라 개발옵션을 선별하는 과정이 진행된다. 개별 개발옵션에는 개략적 개발개념 및 비용, 일정 및 아래 내용을 포함해야 한다.

생산유체 수송방식
광구 위치 및 주변 생산시설에서 생산되는 생산물을 고려한 처리설비 구성
생산물 수송 판매 루트 검토
유틸리티(전기, 수도 등) 공급가능성 검토
개발 시나리오 도출 및 약식 경제성평가
개발 시나리오별 위험과 기회 (국가위험도, 환경안전규제 및 주변 생산인프라 활용 등) 평가 등

저류층 모델링을 통해 도출된 오일, 가스 및 물의 생산 프로파일 및 예상 생산유체의 성상을 기준으로 각 유체에 대한 생산용량별 처리시설의 규모와 구성을 결정한다. 타당성평가 단계에서는 가용한 기초 데이터를 사용하여 일반적으로 육·해상 광구 모두 10개 내외의 다양한 개발옵션을 브레인스토밍을 통해 도출하고 그중 기술적-경제적으로 개발가능성이 높은 옵션을 4~5개가량 선별한다.

다음 단계인 개념설계 단계(conceptual design stage) 중 옵션선정 스텝(option selection step) 과정 후 최종적으로 1개의 최적 개발옵션을 도출하게 된다.

평가를 위한 자료 부족 및 높은 불확실성으로 인해 타당성평가 단계에서 목표하는 산출비용의 정확도는 ±50% 수준으로 낮은 편이다. 이는 개념설계, 기본설계 단계에서 업데이트된 지질, 지구물리, 저류 모델링 및 지형조사(geotechnical & topography survey)를 통해 정확도가 높은 개발비용을 산출할 수 있게 된다. 즉, 개발단계가 진행됨에 따라 보다 정밀한 경제성평가가 가능해져 광구개발 주체가 사업수익성을 보다 세밀히 파악할 수 있게 된다. 발주자는 수익성 극대화를 위해 개념설계에서 선정된 생산시설물의 구성, 종류 등을 기본설계(FEED) 초기 단계에 재검토한다. 일반적으로 생산시설물 최적화(facility optimization study)를 수행하여 비용 절감이 가능한 부분을 검토, 도출하고 기본설계에 반영하게 된다.

2.2.2.3 타당성평가 주요 설계성과품

광구개발 개요(executive summary of field development)
탐사, 개발, 생산, 안전·환경·보건 등 광구개발에 대한 주요 사항을 기술하며 광구개발에 대한 전반적 사항을 한눈에 파악할 수 있어야 한다. 일반적으로 작성되는 사항은 광구도, 위치, 수심, 탐사실적 및 탐사계획, 지분관계 및 계약방식과 광구개발도 등이다.

기술적 불확실성(technical uncertainty)
개발을 위해 필요한 생산, 프로젝트 분야의 기술적 불확실성을 사전에 파악하고 대책을 수립하는 내용이며 신기술이 적용될 경우 실패 시 대안에 대한 검토가 포함된다.

타당성 보고서(feasibility report)

- 지질, 지구물리 및 저류모델

  탐사정 및 평가정 결과를 활용하여 저류층 모델을 구축한다. 많은 가정 사항을 반영하여 오일, 가스, 물의 생산 프로파일, 생산정 및 수주입정의 수, 정두 운전조건, 폐쇄압력(shut-in pressure), 공당생산용량(string capacity) 등이 산출되고 그 결과는 시추 및 시설물 설계에 반영된다.

- 생산시설물 설계

  생산시설물의 종류는 생산물(well stream)의 성상, 생산량 및 생산물의 판매사양(sales specification)에 따라 결정되며 생산물의 사양을 만족시키기 위한 다양한 시설물에 대한 기술적 검토 및 적용방안이 검토된다. 이해를 돕기 위해 생산시설물의 종류 및 용량을 선정하는 사례를 아래와 같이 설명하고자 한다.

[최대생산량 및 판매 요구사항 등 정보]

생산 초기	오일/가스/물 (50,000 bopd, 10 MMscfd, 1,500 bwpd)
생산 중기	오일/가스/물 (50,000 bopd, 10 MMscfd, 5,000 bwpd)
생산 말기	오일/가스/물 (5,000 bopd, 1 MMscfd, 20,000 bwpd)
H_2S	1,000 ppm
오일 판매사양 (예)	리드 증기압(Reid vapor pressure, RVP): 10 psia 수분함량(water contents): 500 ppm 도착압력(arrival pressure): min 30 barg

처리시설물의 설계용량은 오일의 경우 통상 실제 최대생산량에 20%의 여유를 두어 설계를 진행한다. 상기 생산량을 기준으로 하면 오일 처리용량은 60,000 bopd, 가스 처리용량은 12 MMscfd, 수처리시설은 24,000 bwpd로 설계를 진행한다. 다만, 수처리시설은 통상적으로 생산의 진행 및 수주입으로 인해 생산량이 증가함으로 설계는 최대수처리 처리용량은 24,000 bwpd로 하되 생산 시기를 고려하여 단계별로 수처리시설을 증설하여 초기 투자비를 절감할 수 있다.

초기에는 3000 bwpd, 중기 6000 bwpd, 말기 24,000 bwpd까지 증설되는 개념으로 설치를 진행하는 경우가 대부분이다. 대표적인 산성가스(sour gas)인 H_2S가 생산물에 포함되어 있을 경우 독성가스이며 부식성이 높은 생산물의 특징을 고려하여 아민 유닛(amine unit) 등 H_2S 제거시설을 설치하여 생산물의 판매사양을 맞추게 된다. 생산물을 판매하기 위하여 수송 파이프라인을 설치하는 경우에도 시설물과 유사하게 통상 최대 수송량에 20% 여유를 두어 설계를 진행한다.

육상광구의 경우 시설 설치를 위한 장소에 크게 구애받지 않으나 생산 진행에 따른 생산수 처리 증가를 예상하여 생산수 처리시설을 위한 공간을 사전에 확보해야 한다. 해상광구의 경우 제한된 공간 내에 시설을 설치해야 하므로 사전에 추후 필요한 장비나 설비의 설치 공간을 확보해야 한다. 예를 들면, 해상 가스전의 경우 생산에 따른 저류층 압력감소에 대비하여 필수적인 승압압축기(booster compressor)를 설치할 공간을 해상 플랫폼 또는 해상부유식 생산, 저장, 출하시설(floating production, storage and offtake, FPSO) 등에 확보해야 한다.

투자비용 및 프로젝트 경제성 산출

해당 광구에 대한 실제 자료보다는 주변 광구의 지질, 저류층 자료 등을 사용하여 평가하므로 많은 가정과 추측을 통해 개발계획이 수립된다. 따라서, 투자비용의 정확도가 낮고 경제성평가의 정확성 또한 낮다. 일반적으로 타당성평가에 산출되는 투자비용의 정확도는 약 ±50% 수준이다. 앞서 언급한 바와 같이 개발단계에서 실제 취득한 자료를 기반으로 지질, 지구물리, 저류 모델 업데이트 등이 반영됨에 따라 산출되는 비용의 정확도는 높아진다.

예비 공정 블록 다이어그램(preliminary process block diagram)
시설물의 구성을 간단한 블록 형태로 표현하여 전체적인 공정 흐름을 파악할 수 있도록 작성되며 이후 공정흐름도(process flow diagram, PFD) 및 열 및 물질수지(heat & material balance, H&MB) 작성을 통해 보다 상세한 공정처리 흐름도를 작성한다. 열 및 물질수지는 공정흐름별 조성, 유량, 온도, 압력 등과 물질수지 및 에너지 수지가 작성된다. 그림 2.6은 가스처리 시설의 블록 다이어그램을 나타낸 것이다.

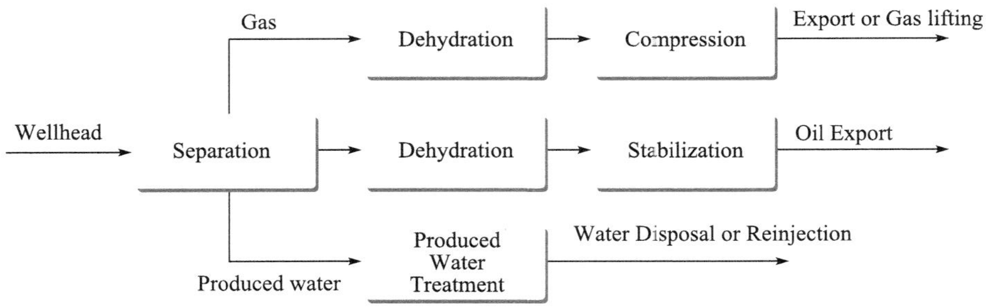

그림 2.6 가스처리 시설 블록 다이어그램

예비 HSE 평가
주요 안전·환경·보건상의 위험요소를 개략적으로 파악하고 위험 발생 시 신속하게 대응할 수 있도록 사전 검토 및 평가내용이 포함된다. HSE 평가 결과는 이후 진행되는 개발단계를 통해 업데이트 및 업그레이드가 진행된다.

예비 환경영향평가

현장조사(site survey) 등 실제 환경에 기반한 평가가 아닌 데스크탑 수준의 환경영향평가 결과가 포함된다. 기존 파이프라인, 진입로(access road), 송전선로, 환경보호구역 등 정보를 취합하여 환경영향평가를 수행하게 된다.

위험 및 불확실성 도출

프로젝트 전반의 위험요소를 파악하고 위험 발생 시 신속한 대응이 이뤄질 수 있도록 사전 검토 및 평가한 내용이 포함된다.

예비 개발일정

Level 1 수준의 개발 일정으로 관리 요약공정표로 정의된다. 프로젝트 참여자 간 산출물의 전체 일정 간의 연계를 반영해서 작성된다. 통상 발주자, 관리자 및 프로젝트매니저(project manager, PM) 등이 활용하는 개략적인 수준의 프로젝트 일정을 작성한다.

프로젝트 실행계획(project execution plan, PEP)

프로젝트의 목적, 범위 및 주요 마일스톤, 프로젝트 관리 조직도, HSE, 품질관리(quality management), 위험성 및 도전관리(risk & challenge management) 등에 대한 개략적 실행계획이 포함된다.

모든 설계가 동일하게 발주사가 요구하는 설계성과품의 수량에 따라 용역비용이 산출되므로 타당성조사 입찰단계에 제공되는 입찰문서에는 설계성과품이 포함되어 계약자에게 제공된다. 설계성과품의 종류 및 수량에 따라 입찰비용 및 설계기간 등이 변동되므로 발주사는 타당성조사 단계에서 기본적으로 어떤 설계성과품이 작성되어야 하는지 알고 있어야 한다. 아래 표 2.2의 리스트는 타당성 단계에서 작성되어야 하는 주요 설계성과품으로 발주사의 결정에 따라 가감할 수 있으며 전체 설계성과품 리스트는 부록에 첨부하였다.

아래 표 2.2의 리스트는 타당성 단계에서 작성되어야 하는 주요 설계성과품으로 발주사의 결정에 따라 가감할 수 있다. 발주사가 작성한 설계성과품 목록은 입찰 시 입찰참여사에게 제공되며 입찰참여자가 해당 목록에 근거하여 입찰금액 및 용역기간을 산정하고 입찰제안서를 발주사에 제출한다. 발주사가 정확한 목록을 제시하지 못할 경우 필요 설계성과품의 누락 및 미비 등으로 다음 개발단계로 진입 시 필요자료를 추가 작성하는 등 프로젝트가 지연될 가능성이 높아진다. 따라서, 발주사는 설계단계(타당성조사, 개념설계. 기본설계 및 상세설계)별로 최적화된 설계성과품 목록을 작성하여 관리한다. 본 교재에서는 해외 주요 석유개발사들의 설계단계별 통합 설계성과품 목록을 부록에 첨부하였다.

표 2.2 타당성조사 주요 설계성과품 리스트

1	Technology
1.1	Technology Selection report
2	HSE
2.1	Project HSE Plan
3	General Engineering
3.1	List of Applicable Standards
4	Process Engineering
4.1	Description of existing & New Facility
5	Civil Engineering
5.1	Civil Engineering Design Basis
6	Structural Engineering
6.1	Structural Design Basis
7	Mechanical-Piping
7.1	Preliminary Plot Plan
8	Pipeline (Onshore & Offshore)
8.1	Drawings
8.1.1	Pipeline field layout Drawings
8.2	Specifications / Reports
8.2.1	Pipeline Route Selection Report
9	Instrumentation & Control
9.1	Philosophy
9.1.1	Instrumentation & Control Philosophy
10	Electrical
10.1	General
10.1.1	Electrical design basis
10.2	Other Relevant Documents
10.2.1	Tie-in Identification
10.3	Drawings

10.3.1	SLD (Overall, General)
11	Pipeline Submarine
11.1	General
11.1.1	Offshore Pipeline Design Basis
11.2	Specifications/Reports
11.2.1	Comparative techno-economic study on optional items (flexible vs rigid pipe etc.)

타당성조사가 완료되면 주주사, 내외부 이해관계자(internal & external stakeholder)들에게 타당성조사의 결과를 보고하고 승인 시 선정단계(select stage) (concept selection & conceptual design) 단계로 진입하게 된다. 일반적으로 오일 및 가스 광구개발의 타당성조사는 입찰 및 승인기간 약 3~4개월을 제외하고 약 4~5개월의 기간과 USD 300,000~500,000 정도의 비용이 소요된다.

2.2.3 개념설계

2.2.3.1 개념설계 개요

타당성조사 단계에서 스크리닝된 기술적, 상업적으로 유망한 4~5개의 옵션을 검토한다. 발주사의 사업전략에 대한 부합성 및 기술성, 경제성을 평가하여 기술적, 경제적으로 가장 우수한 1개의 개발옵션을 도출한다. 이 스텝을 선정단계의 개발옵션 선정스텝(option selection step)이라고 하며 1개 도출안에 대한 개념설계(conceptual design)가 진행된다. 최종 개발옵션이 선정된 타당한 사유 특히 경제성 부분에 대하여 초점이 맞춰지며 주주사의 다양한 이해관계를 만족시켜야 한다. 주주사 간에 이견이 있을 경우 대부분은 원만한 협의가 이루어지나 타협이 안될 경우 산유국의 국영석유사는 단독위험부담(sole risk taking)을 통해 자국의 이익을 최대화하는 방향으로 개발개념을 결정하는 경우도 있다. 광구개발에 있어 개발개념 선정은 매우 중요한 단계이며 개별 주주사의 이익을 위해 주주사 간의 의견이 상충되는 경우가 빈번히 발생하는 경우도 있다.

2.2.3.2 개발옵션 선정스텝

타당성 단계에서 도출된 4~5개의 유망한 옵션에 대하여 기술적 난이도 및 비용을 산출한 후(정확도 ±40%) 비교 평가 및 경제성평가를 진행한다. 평가 결과에 따라 1개의 최적 개발개념을 도출하는 과정이다. 개발옵션 선정스텝의 중간 및 최종 결과 발표 시 주주사 및 내외부 이해관계자들은 기술 워크샵을 통해 사전정보 공유 및 사전승인 단계를 거치게 된다. 각 단체의 이해관계가 반영된 옵션이 최종적으로 선정된다. 최근의 추세는 단순히 최저비용이 아닌 주주사의 개발전략 반영과 더불어 비용과 기술적 난이도를 함께 고려한 개발옵션이 선정되는 경우도 있다.

예를 들어, 해상가스전 개발이며 육상에서 약 100 km 떨어진 수심 1,750 m의 심해 해상가스전을 개발할 경우 생산시설물의 설치 위치 및 정두 완결유형(wellhead completion type)에 따라 타당성조사 단계에서 표 2.3과 같은 7개의 개발옵션이 도출되었다고 가정하자.

표 2.3 개발옵션 사례

	Option Summary
①	Subsea completion + pipeline + shallow water production platform
①-1	Export gas to onshore by pipeline / Export condensate by condensate carrier through FSO
①-2	Export gas to onshore by pipeline / Export condensate by condensate pipeline
①-3	Export gas to onshore by pipeline / Export condensate to onshore by gas pipeline
②	Subsea completion + FPSO Export gas to onshore by pipeline / Export condensate by condensate carrier from FPSO
③	Subsea completion + TLP Export gas to onshore by pipeline / Export condensate by condensate carrier from TLP
④	Subsea completion + FLNG Export LNG by LNG carrier from FLNG / Export condensate by condensate carrier from FLNG
⑤	Subsea completion + pipeline (Well fluid to be treated at onshore terminal)

개발옵션 선정스텝에서는 상기 7개 옵션은 기술성, 경제성, 기존 생산 인프라 등을 종합적으로 검토 및 평가하여 기술적 경제적으로 가장 우수한 1개의 개발옵션을 도출한다. 예를 들어 그림 2.7과 같이 ②번 개발옵션이 최종 개발옵션으로 선정되었다면 ②번에 대해 다음 스텝인 개념설계가 진행된다.

Deepwater well & gas gathering to FPSO located near the field and export pipeline to shore

- Deepwater wells & tree system with gas gathering productionmanifolds in ~1,750 m WD at Karish & Tanin
- ~40 km infield(T) and ~5 km(K) tie-back flowlines and production risers to FPSO(turret moored)
- Multiplex optical/electro-hydraulic control system
- Fluid separation, condensate storage and offloading, gas compression at FPSO together with MEG injection/ regen and host for subsea control system topsides facilities
- Export risers and pipeline(~110 km) to shore(Dor)
- Shore crossing and barrier valve station
- Onshore gas pipeline to Hagit power station(~10 km)

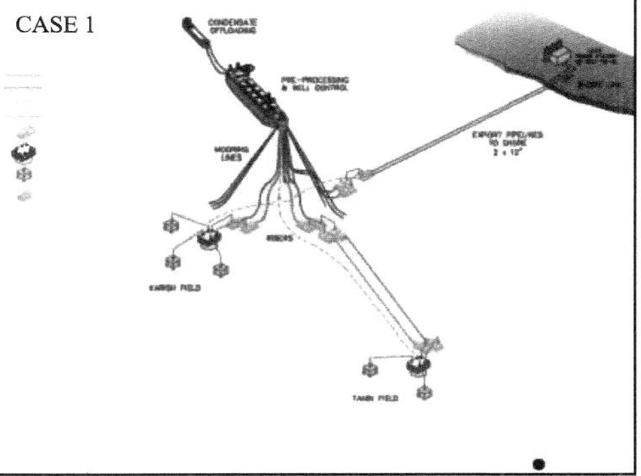

그림 2.7 선정된 개발옵션(해저 완결(subsea completion) + FPSO)의 개념도 예

선정된 개발개념에 따라 해저 완결(subsea completion), flowline, FPSO, 해저 파이프라인(subsea pipeline), 육상 가스처리 시설(onshore gas treatment facility), product export pipeline 등에 대한 개념설계가 진행된다. 개발옵션이 선정되는 과정 및 기술적, 경제적 판단 근거는 광구개발계획(field development plan, FDP)에 포함되어야 하며 주주사 및 내외부 이해관계자가 이해할 수 있도록 작성되어야 한다.

2.2.3.3 개념설계 내용

개발옵션 선정스텝에서 도출된 최종개발안에 대한 설계와 지질자료 및 저류모델 업데이트가 개념설계에 반영되어 시설물 설계가 진행된다. 생산물 프로파일(production profile)과 생산 메커니즘에 대한 업데이트가 진행되고 저류층 관리전략, 유정 및 시추 개념설계를 진행한다. 또한 유정 설계기준, 시추 프로그램을 작성한다. 시설물 분야에서는 개발옵션 선정스텝에서 최종 선정된 1개의 개발옵션에 대해 비용정확도 약 ±30% 수준에서 시설물 설계가 이뤄진다. 에너지 효율화 방안 도출 및 공정설계, 유틸리티 설계, 토목 및 구조설계, 배관설계, 기계전기계장 설계 및 설비종류 리스트 등이 진행된다. 안전·환경·보건에 대한 개념설계는 타당성평가 후 최초로 개발옵션의 시설물에 대한 기본적 틀을 구축하는 과정이라고 이해하면 되며, 이후 개발단계인 기본설계에서 시설물에 대한 상세한 설계가 진행된다. 개념설계의 일반적으로 아래와 같은 흐름으로 진행된다(그림 2.8).

개념설계는 기본설계(basic engineering & FEED) 입찰을 위한 설계자료로 지질/지구물리, 저류모델에 대한 업데이트, 생산시설 설계 및 시추설계 등을 병행하여 진행한다. 개념설계 결과 및 승인에 따라 광구개발계획이 작성되며 주주사 및 내외부 이해관계자들의 승인이 진행된다. FDP는 개발단계별로 지속적으로 업데이트되고 관리되어야 한다. 일반적으로 개념설계에는 입찰 및 승인기간(3~4개월)을 제외하고 약 5~6개월의 기간 및 약 USD 500,000~1,000,000 정도의 비용이 소요된다.

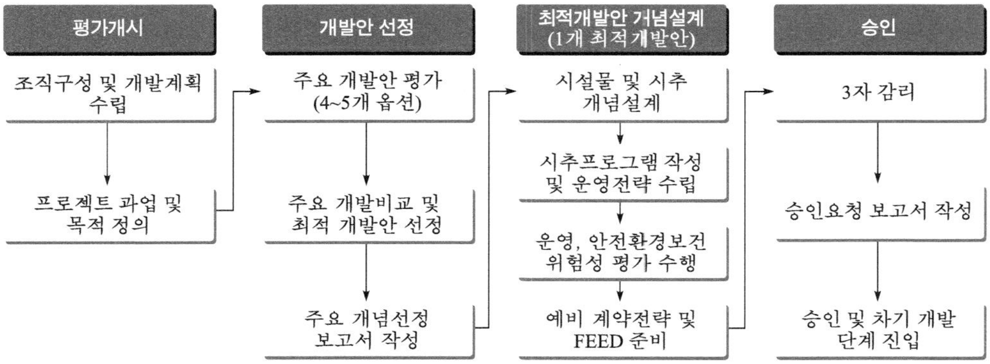

그림 2.8 개념설계 진행 순서

2.2.3.4 개념설계 주요 설계성과품

계약자는 요구되는 설계성과품의 수량에 따라 용역비용 및 기간을 산출하게 되므로 개념설계 입찰 시 입찰문서에 설계성과품이 포함되어 입찰자에게 제공된다. 설계성과품의 종류 및 수량에 따라 입찰비용 및 소요기간이 달라지므로 발주자는 개념설계 단계에서 어떤 설계성과품이 작성되는지 알아야 한다. 개념설계 설계성과품은 설계비용뿐만 아니라 FEED 입찰 시 입찰문서로 제공되어야 하므로 중요한 자료이다. 아래 표 2.4의 개념설계 주요 설계성과품 리스트는 발주사의 결정에 따라 가감할 수 있으며 전체 설계성과품 리스트는 부록에 첨부하였다.

표 2.4 개념설계 주요 설계성과품 리스트

1	Project Management
1.1	Interface Management Plan
2	Maintenance & Integrity
2.1	Project Integrity Management Plan
3	Technology
3.1	Technology Selection Report
4	HSE
4.1	Project HSE Philosophy
5	General Engineering
5.1	Basis of Design
6	Process Engineering
6.1	Description of Existing & New Facility
7	Civil Engineering
7.1	Civil Engineering Design Basis
8	Architectural Engineering
8.1	Architectural Design Basis
9	Structural Engineering
9.1	Structural Design Basis
10	Structural Drawings
10.1	Jacket Elevation Drawings
11	Mechanical- HVACP
11.1	Basics of Design and philosophies
12	Mechanical – Static Equipment
12.1	Equipment/ Packages Design Basis
13	Mechanical-Rotating Machinery Equipment
13.1	General
13.2	Diesel Engines
13.3	Gas Turbine
13.4	Compressor
13.5	Pump
14	Mechanical - Piping
14.1	Plot Plan Design Criteria
15	Pipeline (Onshore)
15.1	Design Dossier

15.2	Specification / Reports
15.3	Drawings
16	Pipeline (Submarine)
16.1	General
16.2	Specifications/Reports
16.3	Drawings
17	Instrumentation & Control
17.1	Philosophy
17.2	Specifications / Reports
17.3	Calculation Sheets
18	Electrical
18.1	Electrical Design Basis
19	Procurement
19.1	Procurement schedule for materials & services
20	Construction
20.1	Preliminary Construction strategy
21	Commissioning
21.1	Preliminary Pre-commissioning & Commissioning Philosophy & Strategy

주요 설계성과품 중 설계기준(basis of design)은 생산시설 설계의 기본이 되는 주요 문서이다. 예를 들어 육상 유전개발 시 기본적으로 설계기준에 포함되어야 하는 시설물은 아래와 같다.

공정설명(process description)

광구개발개념의 구체적 생산시설 설명

- Wellsite degassing station
- Wellsite water injection cluster
- Manifold & testing
- Transfer line (flowline)
- Lift gas unit
- Water injection unit
- Wellsite utilities
- Slug catcher

- Separation system (high pressure, medium pressure, low pressure)
- Heat exchangers
- Heaters
- Desalter and dehydration package
- Strippers (distillation tower)
- Flow suction tank
- Gas & oil export system
- Produced water treatment system

설계기초(basis of design)

시설물 설계기준 제시

- Design capacity (oil, gas, water & utilities)
- Turndown rate (시설 최소 처리용량)
- Design feedstock properties (원료물질 성상)
- Design life

경계구역 한계조건(battery limit condition)

경계구간 전후 운전조건 (예상 운전온도 및 설계온도, 예상 운전압력 및 설계압력)

- Feed streams (Wellsite – CPF(central processing facility) 간 경계 운전조건)
- Product streams (CPF – arrival plant 운전조건)

Equipment limit conditions

공정설명에 포함된 시설에 대한 설비 운전조건 설명

기타

- Arrival plant process configuration
- Production profile
- Equipment and line sizing basis

상기 설계기준에 따라 후속 공종(기계, 전기, 계장, 토목 등)의 설계과정이 진행된다.

CHAPTER 03 개발계획

개발계획(field development plan, FDP)은 향후 개발 방향에 대한 계획으로 광구개발에서 막대한 자본지출(capital expenditure, CAPEX) 투입 여부를 결정해야 하는 단계 직전에 이루어진다. 따라서 다양한 분야의 기술인력들이 신중하게 판단하며 승인받는 절차 또한 각 산유국에서 엄격하게 관리한다.

광구개발 절차는 각 산유국, 유전 특성 및 참여사들의 이해관계에 따라 일부 다를 수 있으나 일반적으로는 아래의 단계를 거쳐서 진행된다. 우선 탐사단계에서 취득한 자료들에 대한 해석과 다양한 기술, 법, 제도, 주변 인프라 등을 고려하여 개발 타당성평가를 수행한다. 여기에서 환경영향평가를 포함하거나 혹은 별도로 진행하면서 광구개발의 타당성 여부를 초기에 판단한다. 검토한 개발옵션들을 바탕으로 개념설계를 수행하고 이를 바탕으로 개발계획을 작성할 수 있다. FDP에는 개발개념에 따라 생산량 예측과 경제성이 포함되며 광구의 개발가능성 여부에 대해 보다 구체적인 계획과 관련 불확실성이 도출된다. FDP 승인 이후에 기본설계(front-end engineering design, FEED) 결과를 바탕으로 정부, 운영권자, 참여사 등의 투자 여부에 대한 최종결정(final investment decision, FID)이 이루어진다면 상세설계/건설/시운전(engineering, procurement, construction, installation, commissioning, EPCIC)을 거쳐 생산준비를 마치게 된다(그림 3.1).

이러한 개발과정은 앞서 언급한 운영권자(operator), 정부(government), 서비스회사(service company), 참여사(shareholder) 등의 각각 역할에 따라 이루어진다. 일반적으로 서비스회사의 용역과 참여사들의 동의를 바탕으로 운영권자가 총괄 작성하며 정부의 승인을 얻어야 다음 개발단계로 넘어간다. 이 과정에서 각 주제별, 분야별로 다수의 기술 워크숍(technical workshop) 및 관련 미팅을 진행하면서 현재 상황의 정확한 파악과 타당한 향후 생산거동 예측, 이에 따른 개발계획의 최적화를 위하여 다양한 노력을 한다.

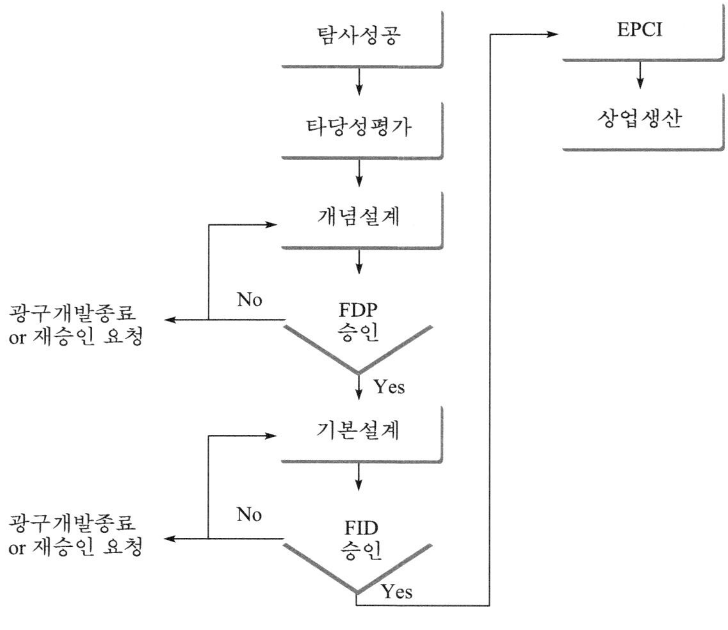

그림 3.1 광구개발 단계

3장에서는 앞서 설명한 광구개발 단계 중 개발계획에 대해서 구체적으로 설명하고자 한다. 2.2에서 설명한 개발조직의 기술인력들이 협업하여 작성하며 3.1에서 개괄적인 내용을 언급하고 이후부터 구체적인 내용을 설명한다.

3.1 개발계획 개요

개발계획에는 작성 이전 단계 내용과 이후의 계획 등 개발에 관련된 모든 내용이 포함되거나 언급된다. 구체적으로 아래와 같이 요약할 수 있으며 이에 대한 자세한 설명은 3.2부터 설명하기로 한다. 아래의 아이템들은 대부분의 FDP에서 목차로 구분되어 작성되는 내용이며 각 광구 특성 및 운영권자 등 이해관계자들의 판단에 따라 변경될 수 있다.

지질/지구물리/암석물리 평가 및 지질모델

사전조사 및 탐사/평가 작업으로부터 얻은 모든 자료를 분석하여 저류층, 구조, 인근 지역의 지질/지구물리/암석물리적인 내용들을 포함한다. 층서, 지구조, 석유시스템 등의 광역지질 부분과 구조 내 변형 특성, 저류층 연결성, 저류층 물성 등의 구조지질학, 퇴적학, 암석물리학 등 관련 평가들과 물리탐사 자료취득/전산처리/해석 및 지구물리학적 분석 등 저류층의 여러 특성들에 대해 평가한 내용들을 언급한다. 이를 바탕으로 구축한 지질모델을 설명하며 도출되는 발견잠재자원량(contingent resources)과 추가 유망성(upside potential)에 대한 내용이 포함된다.

저류공학 평가 및 모델

저류공학 측면에서의 자료취득 및 해석에 관한 내용이 포함되며 지질모델을 바탕으로 구축한 저류층 시뮬레이션 모델 구축과 결과를 설명한다. 시뮬레이션 모델은 개발개념과 생산량 예측에 대한 기술적/경제적 피드백 및 민감도 분석을 통해 경제성평가 기반의 최적 개발개념과 향후 생산량 예측 도출에 활용된다.

도출된 생산 프로파일과 관련된 불확실성 논의가 포함되며 이 과정에서 회수가능량, 매장량 등이 언급된다. 또한 저류층 관리에 대한 계획이 포함된다. 즉, 이 단계에서 향후 광구개발의 가장 중요한 아웃라인이 소개된다. 경우에 따라 경제성평가 내용은 별도로 포함될 수도 있다.

생산공학 관련 평가

탐사시추 결과 및 유체/코어자료 결과를 바탕으로 필요에 따라 회수향상(improved oil recovery, IOR) 기법에 대한 검토가 포함된다. 인공채유법 등에 대한 생산정 운영 및 적정 유정완결 기법이 설명된다.

광구개발 계획 도출

생산시설 및 수송방법, 주변 인프라 활용 방법, 시설물에 대한 투자계획 등을 설명한다. 안전환경관리(safety and environment management), 시설물 해체계획(decommissioning plan) 등을 포함한 전반적인 광구관리 계획까지 포함된다.

생산시설 및 시추

개발개념 선정에 따라 생산시설 및 시추에 대한 내용, 저류공학 분석을 바탕으로 생산정/개발정의 개수, 일정 등에 관한 내용이 포함된다. 탐사정 내용을 바탕으로 유정완결에 대한 특성도 언급한다.

일정 및 비용

개발개념에 따라 일정 및 비용에 대해 언급하며 이는 생산량 예측을 통한 예상수익과 더불어 경제성평가의 주요 입력자료로 활용된다. 주요시설, 즉, 플랫폼 건설비용, 시추비용, 해저시설물비용, 생산처리시설비용(육상 또는 해상), 생산물 수송 파이프라인 등의 주요 비용을 언급한다.

실행계획

광구개발에 있어서 여러 제반 사항들에 대한 구체적인 실행계획을 담는다. 서비스회사들과의 계약전략(contract strategy), 인허가 및 승인 이슈, 용역관리관련(품질관리 및 활용방안 등), 개발 확장 및 철수 계획 등을 포함한다.

운영 및 유지보수

생산정 및 시설물들에 대한 운영계획을 포함한다. 필요에 따라 개발 및 생산 진행에 따른 운영조직의 변화들에 대해서도 언급한다. 또한 시설물 유지보수/검사 계획들과 보급기지/플랫폼 등에서의 물류(logistic) 이슈, 유정관리 등에 관한 내용 들을 포함한다.

환경, 안전, 보건 및 보안(health, safety, environment, security, HSES)

HSES 관리시스템에 대해 설명한다. 주요 관련 지침들과 위험요소들에 대한 분석, 안전한 운영계획과 환경영향평가 및 보안에 대한 내용들을 포함한다.

지역개발(local contents development)

지역개발과 관련하여 산유국 정부 측과 협의한 합의 내용들을 포함한다. 광구 운영기간 동안 지역의 발전에 대한 운영권자/참여사들의 노력에 관한 내용이 해당된다. 구체적으로 직원교육 및 지역에 대한 투자, 관련 인프라 건설 협조 등에 관한 내용들이 포함될 수 있다.

위험성 평가 및 관리

전체 광구개발 단계에서 발생하는 불확실성 및 위험성에 대해 정의하고 이에 대한 관리방안 등에 관한 내용을 포함한다. 이 부분에서 과업범위 변경, 계약변경관리, 설계변경 등의 이슈들에 대한 예측과 분석이 포함될 수 있다.

3.2 탐사자료 평가

탐사자료란 광구취득을 위한 사전 타당성평가 시기의 광역지질, 퇴적분지, 인근 광구와 발견 사례들의 다양한 지질/지구물리/암석물리분야 자료들과 광구취득 후 설계/취득/평가한 신규 자료들을 모두 의미한다. 개발계획은 탐사자료들의 취득 이력, 평가 방식뿐만 아니라 평가한 자료들 간의 논리적 타당성 등을 모두 포함하여 작성된다. 이는 탐사/평가단계에서 취득하는 자료의 수적, 양적 불확실성이 커서 여러 가정 사항들이 개발생산 단계로 넘어가면서 잘못되고 위험성으로 발현되었을 경우, 추가로 자료를 취득하는 계획을 구체화하고 불확실성 및 위험성을 경감할 수 있는 방안들을 대비하고자 함이다. 개발계획 승인 이후 취득하는 저류암에 대한 추가 자료 및 평가, 모니터링 자료들을 포함하여 관련 분석들을 수정/보완하여 초기 개발계획 수립 당시의 평가 결과와 그를 기반으로 구축한 모델들을 업데이트해 나가야 불확실성을 줄여나가거나 발현 시 보다 능동적으로 적시에 대응하고 예측할 수 있다. 탐사자료에 대한 기술적 평가는 산유국의 지역 전문가가 가장 잘 알 수 있으나 탐사, 개발을 진행하는 참여사들이 타 지역에서 성공한 기술력에 따라 새로운 평가기법을 적용할 수 있다. 이는 FDP 제출 시 공유되어 산유국과 참여사가 추후 관련 탐사/개발활동에 활용될 수 있는 기술적, 관계적 기반이 된다.

3.2.1 지질학적 특성

광역지질

광역지질(regional geology/setting)은 대상 광구나 유가스전이 속해있는 분지나 그 이상 규모의 지질환경에 대한 설명들이 포함된다. 지질시대 별 판구조론 위치에 따른 지구조 변형사, 해수면 변동에 따른 퇴적분지 환경, 광역 석유시스템 관련 저류암, 덮개암, 근원암 등의 층서 주상도 등과 여러 석유 플레이(play) 즉 매몰사(burial history), 근원암 분포도(source rock distribution map), 석유생성지역(kitchen area), 플레이 페어웨이지도(play fairway map) 등을 소개한다(그림 3.2, 3.3, 3.4). 이와 같은 기술자료는 산유국에서 평가, 출판하는 자료, 지역 전문가나 기존 운영사들이 연구, 평가하여 출판한 기술서적이나 학술대회 간행물 및 발표자료 등의 문헌 자료들을 참고한다.

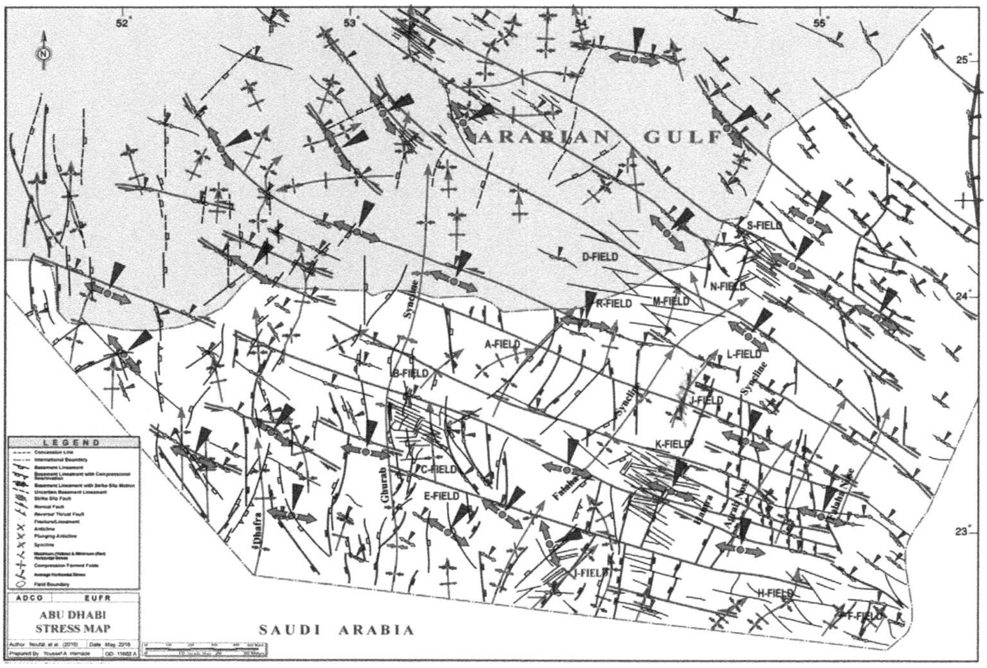

그림 3.2 광역 지질 구조도 및 응력도(stress map) 사례 (Noufal et al., 2016, SPE-182919-MS)

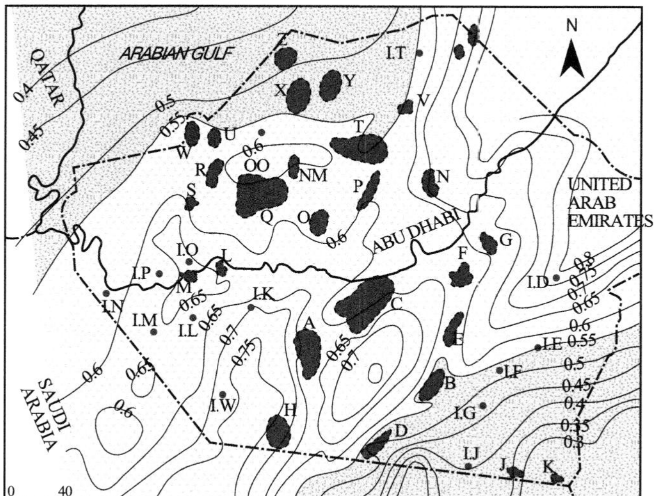

그림 3.3 석유시스템 모델 결과: 탄화수소 숙성도(비트리나이트 반사도(vitrinite reflectance)) 및
현재 유전 분포 연계 분석 (Alsharhan et al., 2014, AAPG Memoir 106)

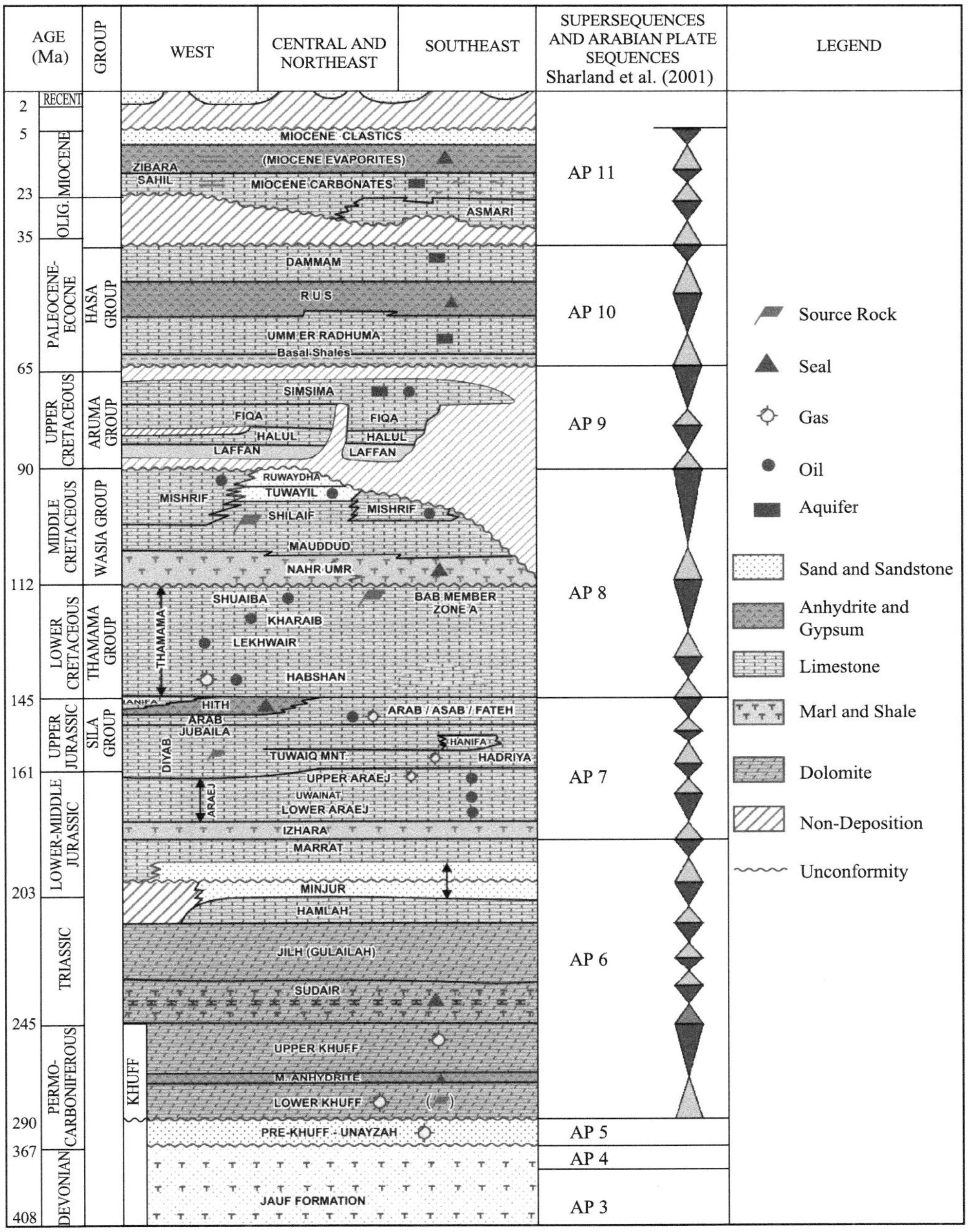

그림 3.4 광역 층서주상도: 인근 유가스전의 저류층 및 광역 시퀀스, 암상 정보 기재
(Alsharhan et al., 2014, AAPG Memoir 106)

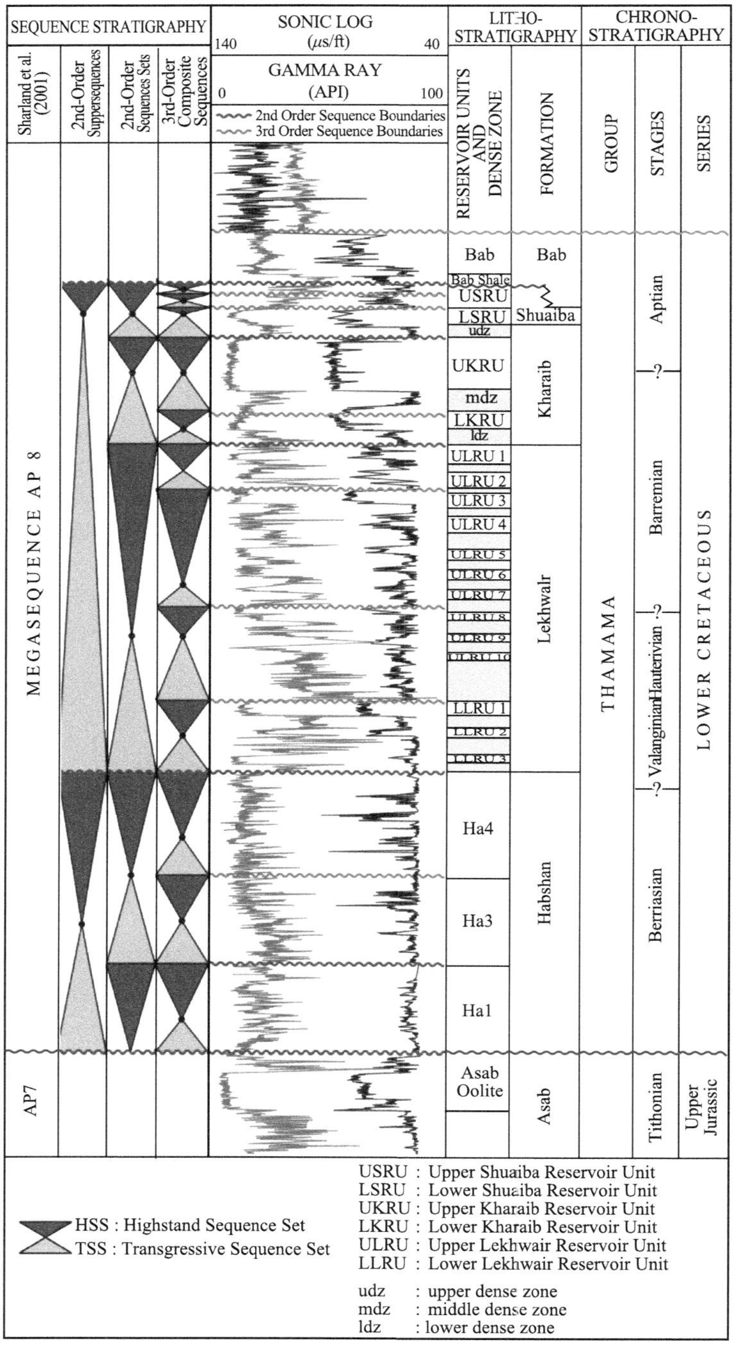

그림 3.5 저류층 세부 단위 구분: 대표 물리검층 자료와 순차층서, 암석층서, 시간층서 구분 사례 (Strohmenger et al., 2006, AAPG Memoir 88)

유가스전 소개 및 지질학적 설정

유가스전 소개 및 지질학적 설정(field setting)은 대상 광구 내 신규 취득한 탐사자료로 탄화수소 부존과 상업적 타당성을 확인한 유가스전에 대하여 지리/지질/지구물리/암석물리/지질역학적 특성들을 요약 소개한다. 인근 광구와 유가스전과의 지리적 정보, 근원암 지화학 분석 및 석유시스템 모델링 결과, 탄성파 자료 해석 층준과 단층 관계, 구조트랩 개념과 해당 저류암, 덮개암, 근원암에 대해 설명한다. 구체적인 관련 평가 방식과 설명들은 각 분야별로 기술한다. 그 외 유가스전 탐사/개발 역사와 탐사정, 평가정, 개발정 위치 선정 개념과 전략에 대한 부분들을 추가할 수 있다.

저류층 지질

저류층 지질(reservoir geology)은 지질학적인 시대로 구분된 층(formation)을 보다 상세하게 구분한 유가스층 충진단위(reservoir zone)에 대하여 선정 기준, 암석/광물학적 특성, 퇴적 환경/양상, 세부 구조, 구조지질학적 변형 특성 평가 결과를 기술한 것이다. 탄성파 해석 결과물인 층준-단층에 대한 지질학적 타당성 분석 및 구조복원을 통한 고환경 분석 등 구조 지질학적 평가와 암석층서(litho-stratigraphy), 시간층서(chrono-stratigraphy), 생물층서(bio-stratigraphy), 순차층서(sequence stratigraphy) 등 다양한 층서 구분방식에 따라 넓은 3차원 공간에서 저류층 분포(depositional facies)에 대한 개념을 선정하고(그림 3.5), 연결성(well to well correlation)을 구현한다(그림 3.6). 유가스전 근처에 노두(outcrop)가 있다면 야외 지질조사를 통해 시각적이고 다양한 시료들을 확인할 수 있다. 시추를 통해 취득한 자료에 한정된다면 코어 샘플, 제한적 범위의 암편 시료들과 물리검층 자료를 통한 검층상(electro-facies) 분석이나 탄성파 역산(seismic inversion)을 통한 탄성파 암상 예측방식 등으로 평가할 수 있다. 탄성파 자료와 물리검층 시추공 이미지(borehole image) 등에서 확인한 단층과 열개 구조, 스타일로라이트(stylolite) 해석/평가, 유가스전 구조의 단층 변위에 따른 저류층 병치 관계(juxtaposition), 단층 밀폐성 분석(fault seal analysis)(그림 3.7), 그에 따른 구조적 구획화(compartmentalization) 등을 평가한 내용들을 기술한다. 코어 샘플과 시추 암편시료를 활용하여, 퇴적상/암상(facies) 기재, 탄화수소 형광 반응, 동정, 박편과 모드(mode) 분석, 컴퓨터단층촬영(computed tomography, CT) 스캔(scan) 사진으로 암석/광물학적 동정 및 기재와 코어 내부의 입자 미세구조 및 공극 구조 평가, 주사 전자현미경(scanning electron microscopy, SEM)과 음극선 발광장치(cathodoluminescence) 분석으로 속성작용 평가 등의 특성들을 평가할 수 있다(그림

3.8). 또한 일반 코어분석 결과인 코어(플러그 시료, 온코어(whole-core) 시료, 단면 측정)의 공극률과 투과성, 수은주입 모세관압(mercury injection capillary pressure, MICP) 분석 결과를 암석물리, 저류공학 분야와 협력하여 유체 거동과 관련된 암석 유형(rock type) 분석과 투과성 예측 모델을 구축 진행하여 추후 지질모델에서 수포화율 모델을 구축할 수 있게 준비한다. 저류층 세부 단위(subzone)는 특성 분석뿐만 아니라 개발정 목표단위로 사용된다. 수평정 시추를 위한 시추방향제어(geosteering) 작업 시 유가스전 전체 구조적 이해와 더불어 저류층 세부 구조에 대한 이해가 필수적이므로 FDP에 잘 명시하여야 한다.

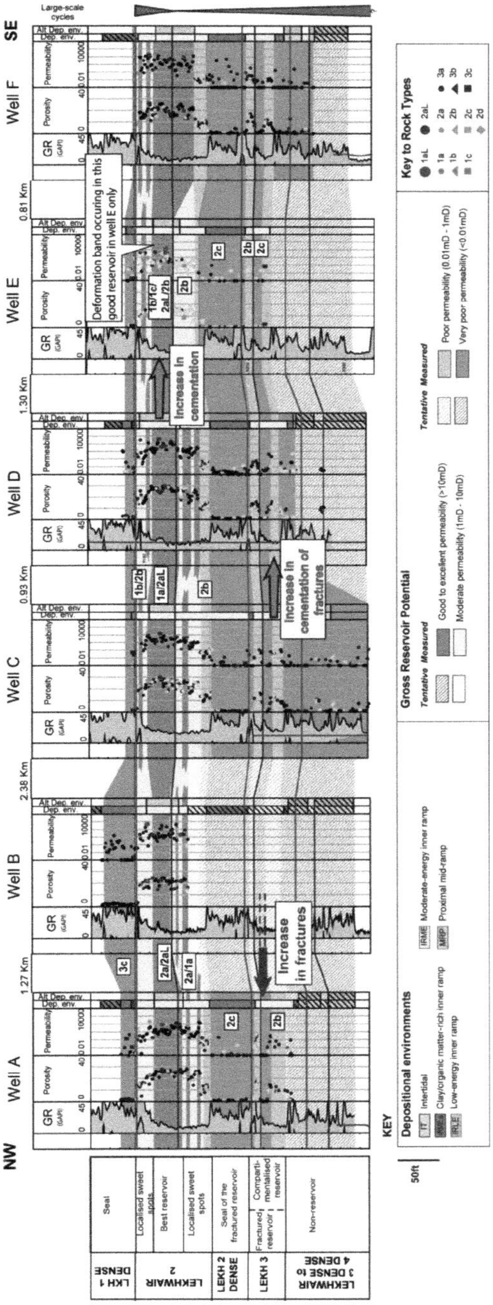

그림 3.6 유전 내 연결성(well correlation): 시추공 물리검층과 코어자료로 퇴적상 및 물성 등의 공간적 연계 분석으로 저류층 특성의 공간적 분포 분석사례 (Jeong et al., 2017, SPE-188420-MS)

그림 3.7 단층 밀폐성-색구분-분석(fault seal analysis): 유가스전이 단층으로 단절된 경우
단층의 유체 투과도 시뮬레이션을 위한 기초 분석사례
(Schlumberger, https://www.software.slb.com/products/petrel/features#faultsealdepo)

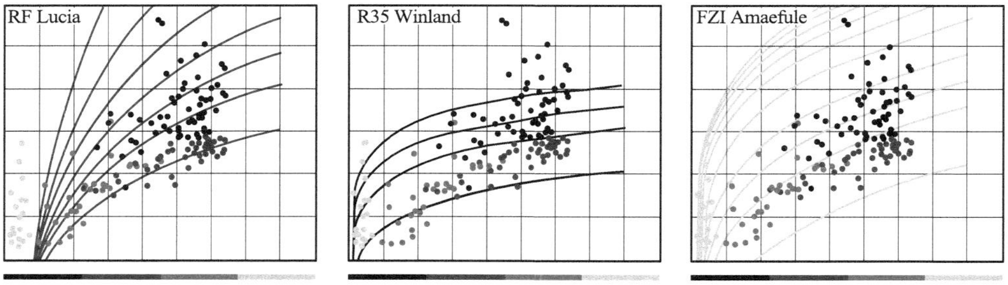

그림 3.8 공극률과 투과도 상관관계 분석을 통한 암석유형 분석 사례
(Menon et al., 2016, SPE-183391-MS)

3.2.2 지구물리 특성

지구물리학적 자료분석 결과 소개

- 광역 물리탐사

광구취득 전 분지 유망성 평가를 위한 광역 물리탐사로 중자력 자료를 분석하여 지하 분지 분포와 지구조에 대해 평가한다. 기취득된 광역 2D 탄성파 자료가 있다면 대략적인 구조 분포 도출과 추후 3D 탄성파 자료 등의 신규 탐사자료 취득 계획 설계하는 데 활용한다(그림 3.9).

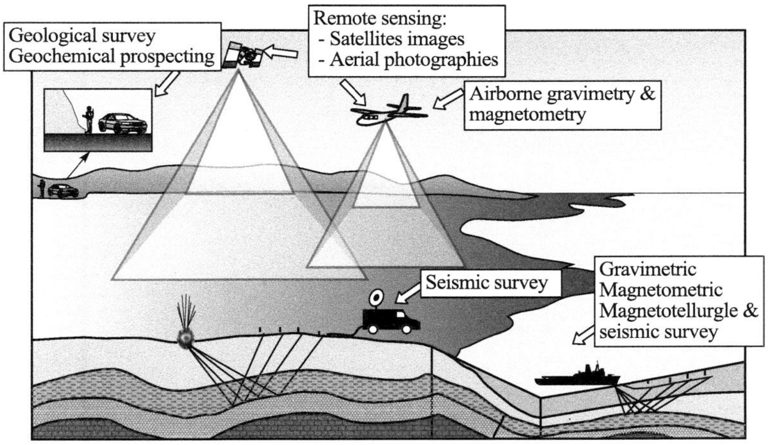

그림 3.9 광역 지구물리탐사 모식도
(energplace, http://www.energplace.com/Supply-Chain/level-3/23)

- 탄성파탐사: 자료취득 및 전산처리(seismic acquisition and processing)

탄성파탐사는 지표 또는 해상에서 인위적으로 탄성파를 발사하여 지하 지층의 경계면에서 반사되어 돌아오는 반사파를 수진기(receiver)에 기록하고 전산처리 및 지질해석 작업을 거쳐 석유 부존 가능성이 높은 유망구조를 도출하는 일련의 과정이다. 탄성파 자료는 지하 구조의 기하학적 특성을 추정하는 데 가장 효율적이고 구조의 저류암과 덮개암에 대한 특성 평가, 탄화수소 부존 평가에도 사용되어 기술적 활용도가 높다. 일반적으로 탄성파탐사는 탐사정 시추 이전, 광역 물리탐사 이후 특정 지역을 선정하고 지하 구조의 심도, 물성 등을 추정하여 적절한 취득 파라미터들을 설계한 후 취득 작업을 수행하게 된다. 해상과 육상에 따라 취득 방식과 기기가 완전히 다르며 취득 면적과 더불어 취득 기간이 중요한 영향인자이다. 탄성파 자료의 방대한 자료량과 질은 기본적으로 전산처리 기간의 주요 요소이며 전산처리 프로그램 설계 역시 최종 결과물의 질에 큰 영향을 미친다. 따라서, 탄성파 자료 취득(그림 3.10)은 설계부터 계약, 작업 운영, 전산처리 설계, 수행까지 상당히 오랜 일정(6개월~1년 이상)과 비용(수백만 달러 이상)이 소비되는 과정이다. 지하 심부에 존재하는 지층은 그 자체만으로도 불균질성과 복합성, 해상도 등으로 인해 자료취득과 전산처리(그림 3.11, 3.12)의 불확실성이 크다. 또한 시추공의 속도, 심도 자료 여부와 시추공 수 자체도 불확실성 정도에 많은 영향을 미친다.

그림 3.10 육/해상 탄성파탐사 자료취득 모식도
(SAExploration, https://saexploration.com/marir e-transition-zone)

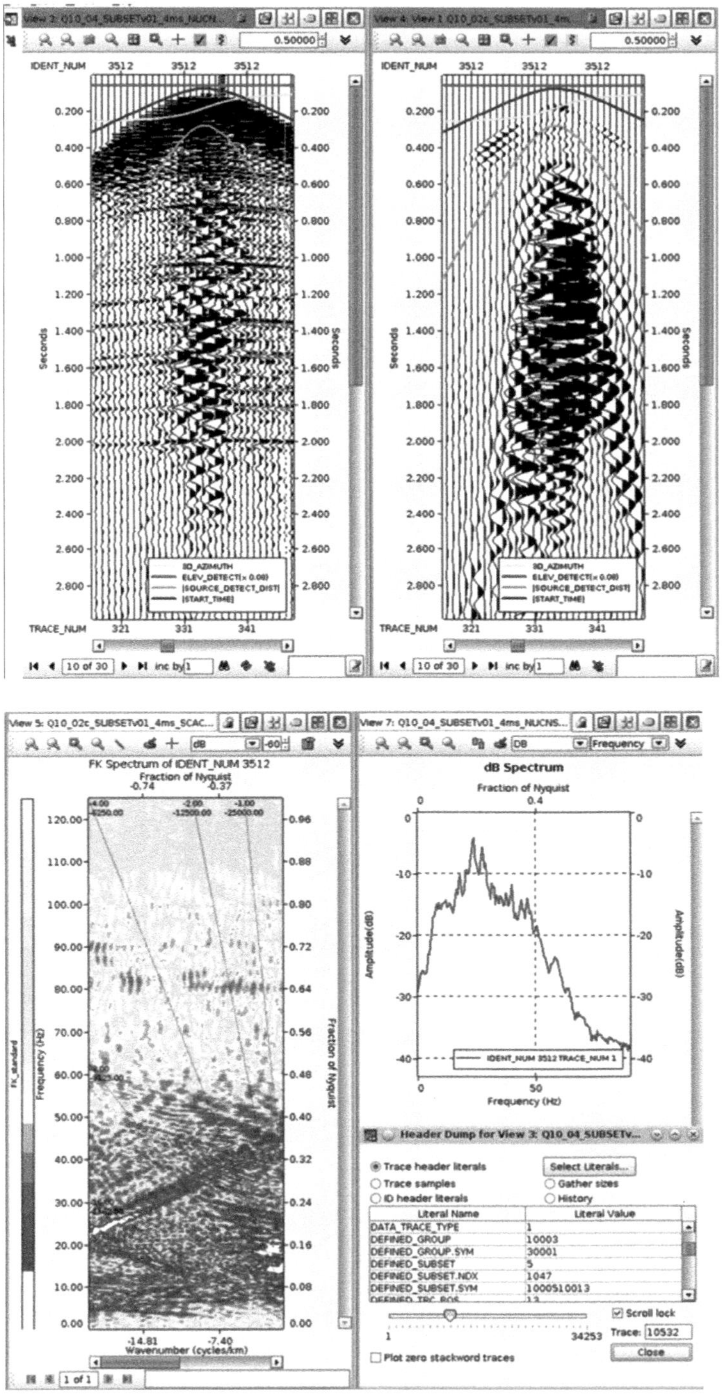

그림 3.11
탄성파 자료 전산처리 과정 사례
(Schlumberger, https://www.software.slb.com/products/omega)

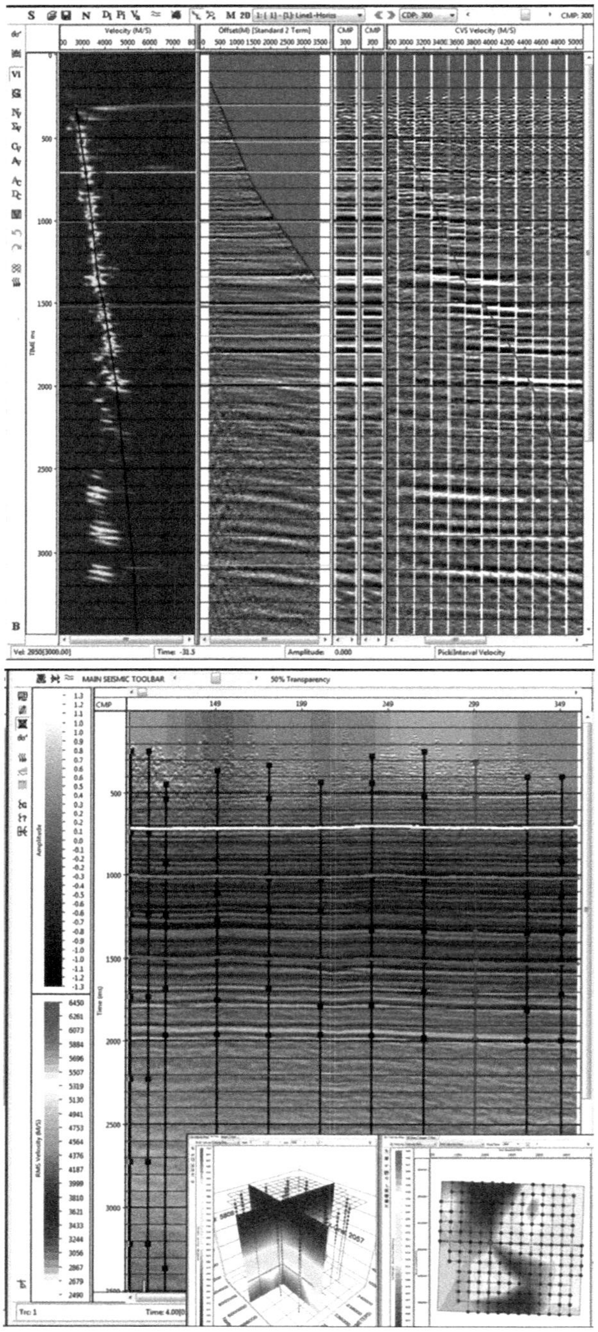

그림 3.12 탄성파 자료 속도 모델링 과정 사례
(Schlumberger, https://www.software.slb.com/products/omega)

- 탄성파 자료해석

탄성파 자료해석(seismic interpretation)은 퇴적학, 구조지질학 등 다양한 지질학적 관점들 간의 논리적 타당성들이 어우러지고 지하 매질 속도 등이 고려된 지구물리적 자료 특성을 이해, 활용하여 유망구조를 도출하는 작업이다. 2D 탄성파 측선 자료나 3D 탄성파 볼륨으로 탄성파 반사면(층준)과 불연속면(단층)을 기하학적으로 도시하는 작업이다. 작업량이 방대하며 모든 반사면이 공간적으로 연속적이지 않고 단층으로 해석할 수 있는 불연속면 역시 기하학적 구조가 교과서 같지 않고 일관적이지 않기에 기술적 논리성과 창의성이 동시에 요구되는 평가작업이다(그림 3.13). 인근 시추공이 존재하면 시추공 속도 분석작업(seismic-well tie)을 거쳐 시추공의 지층 심도와 지층의 시기를 탄성파 반사면에 연계하여 작업할 수 있다. 탄성파 특성 분석(seismic attributes analysis)으로(그림 3.14) 탄성파의 불연속면을 강조하여 단층 해석을 보다 쉽게 할 수 있고 반사면 표기 방식에 변화를 주어 저류층 범위 및 물성 관련 연계성 등을 유추해 볼 수 있다(그림 3.15). 유망구조의 기술적 타당성을 검증하였다고 하더라도 상업적 타당성을 통과해야 탐사자료 중 가장 막대한 비용이 요구되는 시추(수십~수천만 달러 이상) 대상구조로 선정될 수 있다. 이러한 일련의 과정들과 과정별 불확실성을 기술워크샵, 보고서 등을 통해 참여사들 간에 공유, 검증되며 FDP 보고서에 자세히 기술한다.

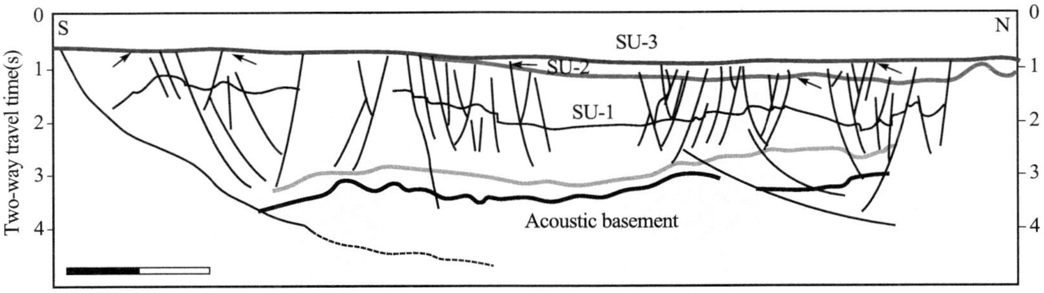

그림 3.13 석유 부존 유망구조를 찾기 위해 취득한 탄성파 단면과 해석 시례
(층준: 빨강/노랑/주황/녹색 & 단층: 검은색)
(한국지질자원연구원, https://www.kigam.re.kr/menu.es?mid=a10403020000)

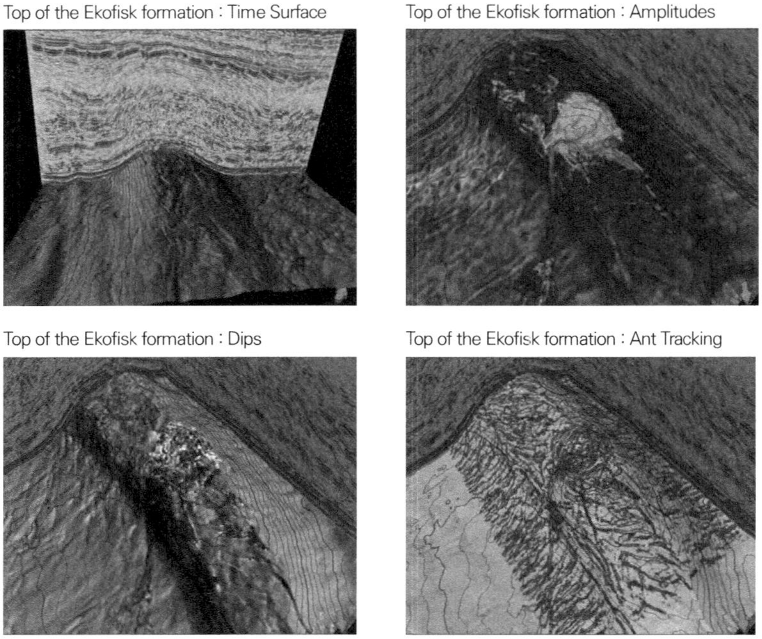

그림 3.14 탄성파 특성 분석을 통한 단층 및 균열 탐지 사례
(Schlumberger Oilfield Summer 2012, Seismic detection of subtle faults and fractures)

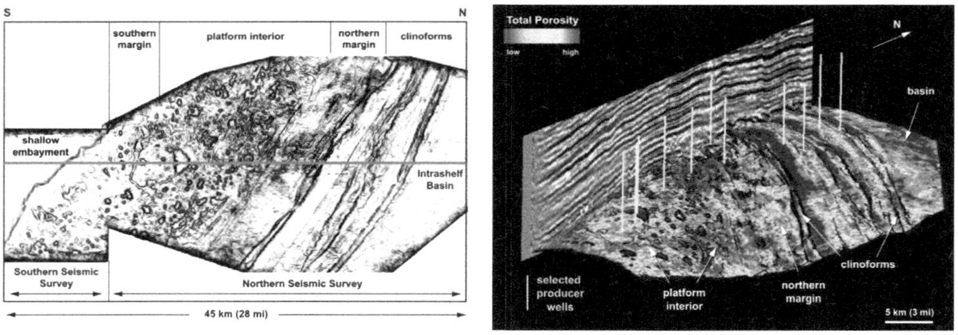

그림 3.15 탄성파 특성 분석을 통한 고퇴적환경 분석 및 공극률 예측
(Strohmeger et al., 2006, AAPG Memoir 88)

- 탄성파 속도 분석 및 심도 변환 (velocity analysis/modeling & depth conversion)

  탄성파 자료는 취득 시 초기 속도를 가지고 불균질하고 불연속적인 여러 매질을 통과하면서 변질된 속도로 측정된 시간(two-way travel time) 영역으로 기록한다. 따라서 자료 태생적으로 속도에 대한 불확실성이 크고 탄성파 자료 스케일(scale)과 시추공 속도 자료 스케일 차이가 크기 때문에 둘을 통합하여 보정하는 작업(속도 분석 및 모델링)이 필수적이다(그림 3.16, 3.17). 초기속도 부여 및 평균속도 산정 등 다양한 방식들이 존재한다. 넓은 범위의 탄성파 자료의 속도를 일부 좌표의 시추공 속도 또는 시추공과 시추공 간의 속도를 완벽히 조화롭게 하는 속도모델 구축은 불가능에 가까워 다양한 연구들이 여전히 진행 중이다. 신규 심도와 속도 자료들을 취득할 때마다 새로 보정한 속도모델로 업데이트하면 시추공 자료와 탄성파 자료와 해석 결과물들을 동일한 심도 또는 시간 영역으로 변환하여 지구물리학적 분석을 진행한다. 동일한 심도 영역에서 지질모델 및 시뮬레이션 작업을 진행하면 불확실성 대처에 보다 능동적이고 시간과 비용 면에서 효율적인 개발정 설계/운영 및 생산예측 작업 등의 개발계획을 진행할 수 있다.

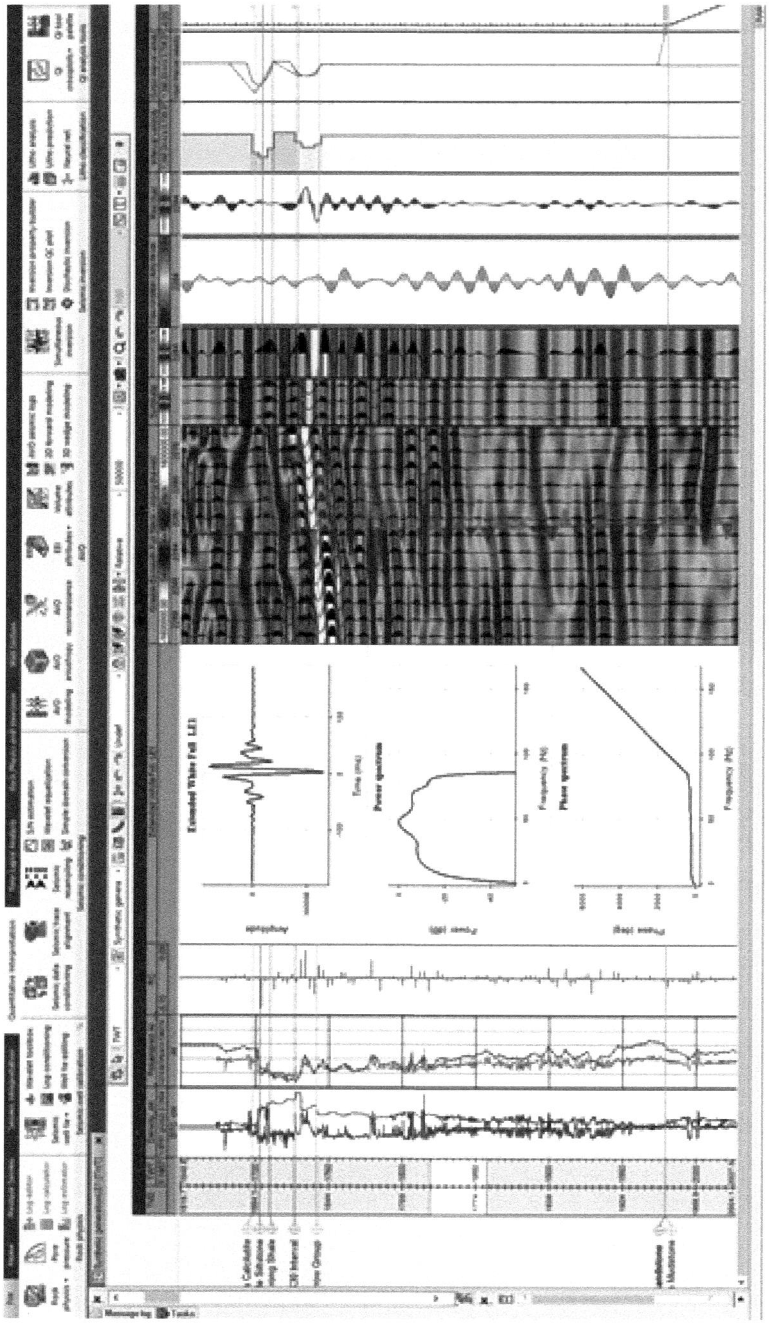

그림 3.16 시추공 속도(synthetic generation) 및 탄성파 자료 속도 분석 과정사례
(Schlumberger, https://www.software.slb.com/products/omega)

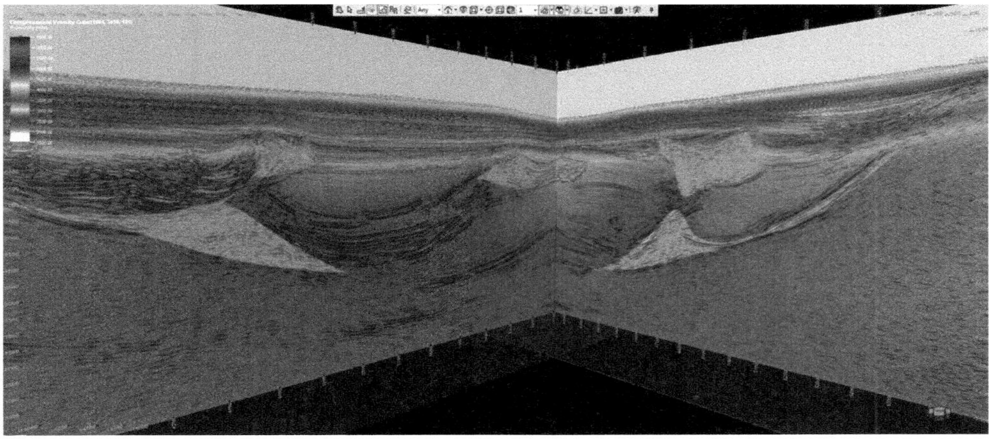

그림 3.17 3차원 암염(salt body) 속도 모델 결과
(Olivier Clauss, 2018, Search and Discovery Article #42302)

- 탄성파 자료 지구물리학적 분석(advanced geophysical analysis)

탄성파 자료는 속도 특성을 이용하여 저류층 물성 및 저류층 내 탄화수소 여부 평가를 할 수 있다. 해당 유가스전에 시추공 자료를 활용하는 것이 가장 신뢰할 수 있는 결과를 제공하지만 저류층이나 탄화수소 특성이 유사한 인근 시추공 자료도 많이 활용하여 탐사시추 전 유망성 평가 단계에서도 사용된다. 관련 탄성파 진폭이상(amplitude anomaly) 분석으로는 탄화수소가 집적되었을 가능성을 지시하는 탄화수소 직접지시자(direct hydrocarbon indicator, DHI), 석유와 유체의 접촉에 의한 현상인 평면반사면(flat spot), 탄성파 단면도 상에 진폭이 지역적으로 강하게 나타나는 명점(bright spot), 중합자료에서 탄성파의 마루(peak)가 골(trough)로 바뀌는 현상(또는 반대로)인 phase (polarity) change, 탄성파 단면도 상에서 반사 진폭이 지역적으로 작아지는 현상인 암점(dim spot), 가스 사암층 모델과 관련된 벌림/각도 대비 진폭 변화(amplitude variation with offset/angle, AVO/AVA) 등이 있다(그림 3.18). AVO는 탄성파 샘(source)과 수진기 사이의 간격에 따라 변하는 탄성파의 진폭변화를 분석하며 탄화수소를 구분하기 위해 겹쌓기전 탄성파 특성(prestack seismic attribute)을 사용한다(그림 3.19). 이처럼 시추공 자료와 탄성파 자료에서 저류층 물성 관계에 대해 분석하는 방식을 암석물리(rock physics)라고 한다. 이는 탄성파 자료의 속성인 속도로 연계 분석할 수 있는 저류층 물성인 공극률과 , 같은 탄성 물성들을 활용하여 대상층의 암상과 밀도, 유체포화율 등을 예측, 평가하는 방

식이다. 특히, 성공한 탐사시추공의 실제 측정값을 이와 같은 암석물리 분석을 통해 탄성파 자료로 연산처리하는 방식이 탄성파 역산(seismic inversion)이다(그림 3.20). 이를 통해 성공한 시추공의 자료와 유사한 반응을 보이는 곳, 반대로 건공 자료와 유사한 반응을 보이는 곳을 대상으로 추가 유망성 시추 및 개발정 시추 위치 선정 등에 활용하게 된다. 특히 저류층 물성과 관련된 볼륨(음파 임피던스(acoustic impedance, AI), , 공극률, 밀도 Litho volume)을 사용하여 지질모델의 3차원 물성 분포(암상, 공극률, 투과도 등) 작업 시 공간적 지시자로 활용할 수 있다.

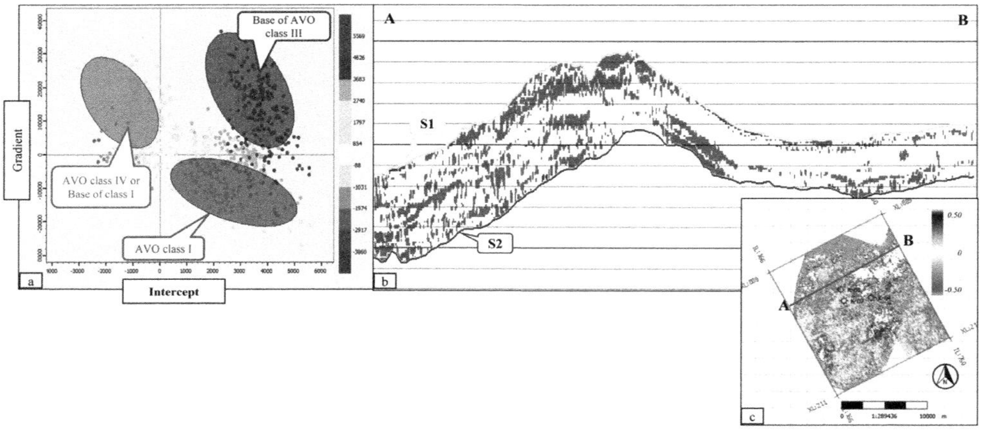

a. intercept versus gradient cross-plot from seismic data b. 탄성파 단면에서 보이는 AVO 특성

그림 3.18 AVO 특성 분석 결과

(Durrani et al., 2020, Journal of Petroleum Exploration and Production Technology)

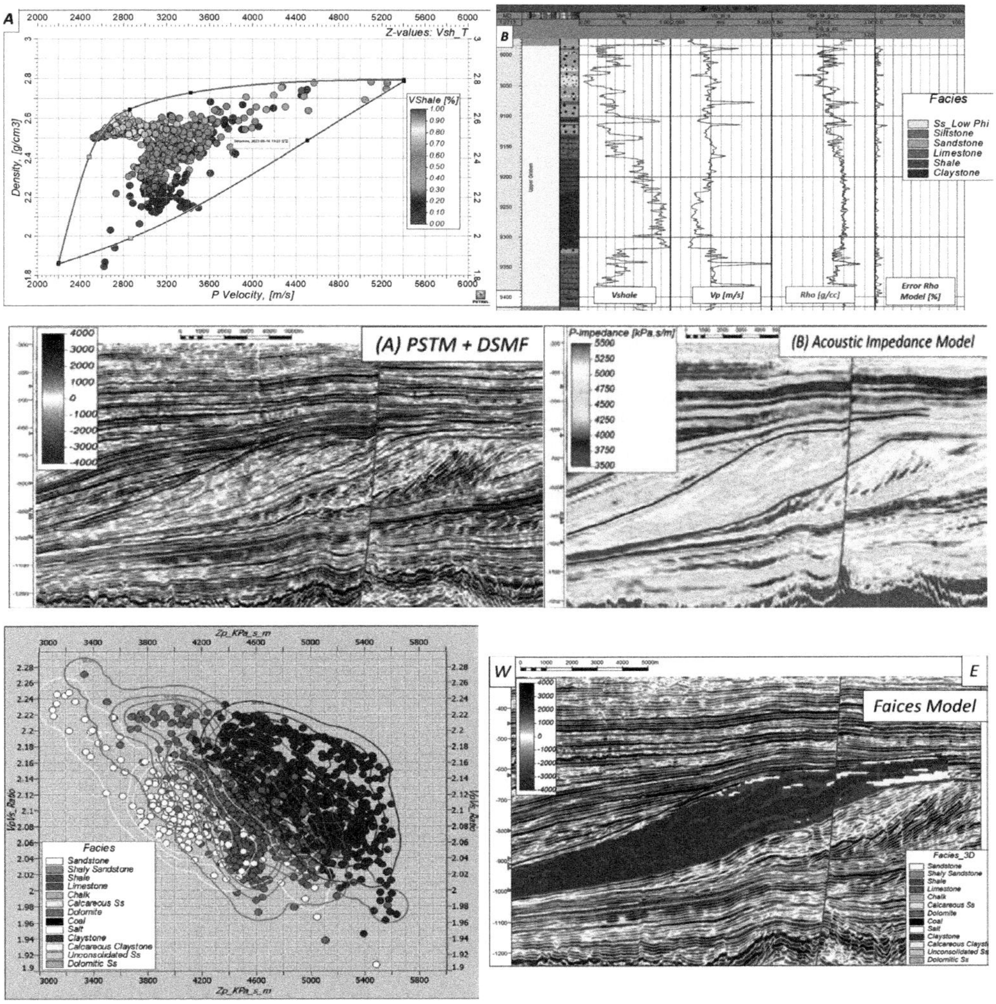

그림 3.19 암석물리 분석 및 탄성파 역산 작업을 통한 3차원 facies volume 구축 사례
(Illidge, 2021, Boletín de Geología)

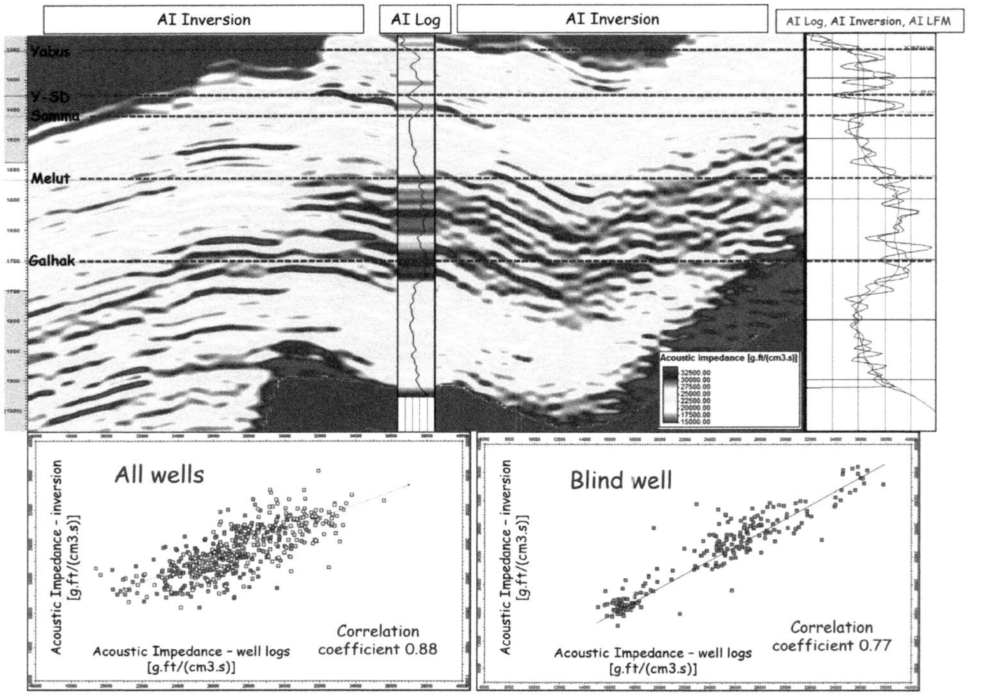

그림 3.20 탄성파 역산 결과: 시추공 자료와 적합도 검사 사례
(Mahgoub, 2017, Marine and Petroleum Geology)

암석물리학적 자료분석 결과 소개

- 지층평가

지층평가(formation evaluation)는 시추공에 대한 여러 자료(물리검층, 실험실, 생산정 산출시험 등), 지하 지층의 물리적, 전기적 특성을 평가하여 암상, 공극률, 수포화율 같은 물성과 지층 내 유체의 부존을 확인하고 그 특성과 생산성의 정량적 평가와 관련된 일련의 과정을 지칭한다. 자원량을 산정하는 변수에서 저류층 체적 외의 나머지 변수들을 지층평가 과정에서 도출하기 때문에 지층평가는 석유탐사 및 개발 사업에서 굉장히 중요한 과정이다. 또한 탐사/개발단계에서 가장 고비용 작업인 시추를 통해서 자료를 취득하고 자료의 대표성과 제한성이 굉장히 민감한 분야이다. 분석하는 자료와 방식으로 다음과 같이 구분해서 설명할 수 있다.

- 이수검층(mud logging) 분석

시추작업 시 기본적으로 굴착작업의 가장 기본인 안정성을 모니터링하기 위한 작업이지만 공내 이수 공급, 회수 시스템을 활용하여 시추 작업 모니터링을 하면서 관련 저류층과 탄화수소 특성들을 평가하는 방식이다(그림 3.21). 굴착 시 시추기에서 회수되는 암편시료를 세척, 분석하여 굴착 중인 지층을 판별하고(identify), 탄화수소 형광반응 여부와 발생하는 가스, 양 측정과 분석을 통해 탄화수소 부존 여부를 가장 먼저 규명하고 현장에서 직접 증거인 시료들을 분석하는 방식이다. 하지만 시추작업에 의한 심도와 회수되는 시간의 지연 등 다소 넓은 범위의 심도 불확실성과 측정 불확실성을 가지고 있다.

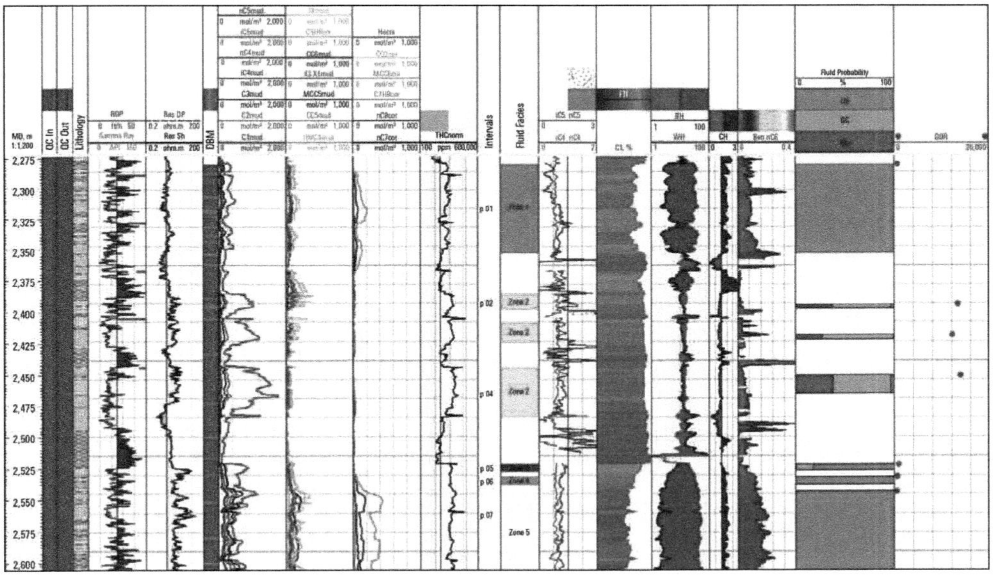

그림 3.21 이수검층 자료 기반의 탄화수소 부존 분석 사례
(Schlumberger, https://www.slb.com/drilling/surface-and-downhole-logging/mud-logging-services/flairflex-advanced-real-time-fluid-logging-and-analysis-service)

- 물리검층(well logging) 분석

시추공 내 측정장비를 투입하여 지층에서 자연적으로 발생하는 물리적 현상이나 인공적으로 발생시킨 음파, 중성자, 전자, 감마선 등이 지층을 통과하여 다시 측정장비로 돌아오는 양을 연속적으로 측정하고 이를 기록, 평가하는 작업으로 현대 시추작

업에서 가장 보편화된 방식이다(그림 3.22). 물리검층을 통하여 자원량 산출을 위한 저류층 물성 평가 외에도 암상, 이상압력 탐지, 유체접촉면 규명, 균열 식별 등을 할 수 있다. 물리검층 작업을 하면서 동시에 평가작업을 진행하는데, 1) 감마선(gamma ray, GR) 등으로 암상을 판별하고, 2) 공극률 평가로 저류층 구간을 구분하고, 3) 수포화율 평가로 순유가스층(net pay) 구간을 선별하고, 4) 지층 압력을 측정하여 탄화수소가 집적된 압력구배를 통해 유체 경계면을 확인 후, 5) 샘플링 작업을 통해 탄화수소를 채취하는 데 성공하면, 6) 신뢰성 높은 산출시험 구간을 선정하는 것이 탐사 성공 시 물리검층 자료취득 및 분석 과정이 된다(그림 3.23). 굴착 중 취득하는 시추중 물리검층(logging while drilling, LWD)과 목표지점까지 굴착 완료 후 열려 있는 공내에 여러 측정 장비들을 줄에 매달아 반응을 기록하는 유선검층(wireline logging) 방식으로 구분할 수 있다. 또한, 나공(open hole)에 직접 작업하는 나공검층(open hole logging), 강관 설치 후 그 이면이나 강관에 관련된 것을 작업하는 케이싱공 검층(cased hole logging) 등으로 구분할 수도 있다. 취득 방식별 기본 검층에 대한 설명을 아래 표 3.1에 기술하였다. 그 외에도 공벽의 균열을 시각화하고 2차 공극 지시자를 평가할 수 있는 시추공 이미지, 공극 특성을 구분하는 자기공명검층(nuclear magnetic resonance (NMR) logging), 산출시험에서 유체 거동을 검층하는 생산검층(production logging test, PLT) 등 다양한 특수 물리검층도 있다. 탐사정, 평가정, 개발정은 모두 목적이 다르며 목표로 하는 지층도 다를 수 있다. 그에 따라 시추공 자료취득 프로그램이 다르게 적용되며 이는 개발계획 시 충분한 평가와 검토를 거쳐 저류층과 유체 물성에 대한 불확실성을 시간과 비용을 최적하면서 줄여 나가는 방향으로 나아가야 한다. 취득 및 평가 작업에 대한 개념과 기록들도 FDP에 상세하게 기록되어야 한다.

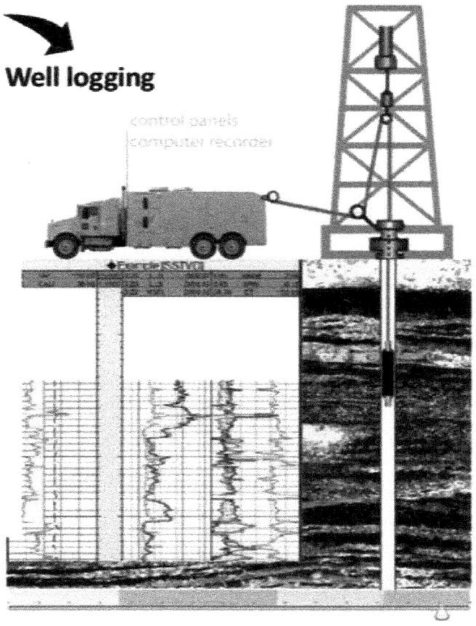

그림 3.22 물리검층 (육상) 자료 취득 모식도
(SAExploration, https://saexploration.com/marine-transition-zone)

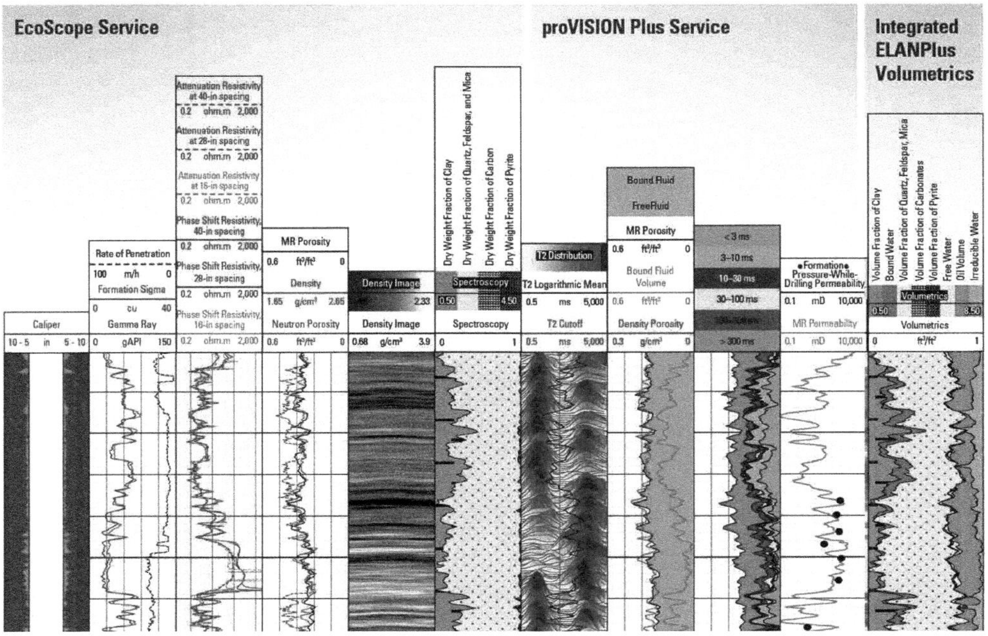

그림 3.23 물리검층 자료 통합 해석 결과
(Schlumberger, https://www.slb.com/resource-library/case-study/dr2/provision-plus-evaluate-deviated-deepwater-well)

표 3.1 물리검층 종류 및 특성

검층	개요
감마선(gamma ray, GR)	지층에서 자연적으로 발생하는 방사능의 양을 지층 깊이마다 측정하여 층의 암상을 구분에 사용
자연전위(spontaneous potential, SP)	공 내에서 발생하는 자연전위를 이용하는 방법으로 검층 시에는 시추공 내에 이동하는 이동 전극과 지상에 고정된 기준 전극 사이의 전위차를 지층 깊이에 따라 기록하여 대상층의 셰일 함량 계산과 경계 판별에 사용
전기비저항(resistivity)	전류를 대상층에 강제적으로 흐르게 하여 돌아오는 비저항을 깊이별로 측정하여 지층 내 탄화수소의 양을 파악할 수 있는 수포화율 산출에 사용
음파(sonic)	음파 전송장치에서 음파(P, S, Stonely)를 방출하고 일정 거리 떨어진 곳에 있는 수신기에서 구간 주시(interval transit time)를 측정하여 공극률을 계산하고, 암상을 구분, 지층 내 탄화수소 부존 및 이상압력 구간 평가에도 활용
밀도(density)	송신원에서 감마선이 방출되고 방출된 감마선이 지층 내 원자와의 상호작용 후에 일정한 거리로 떨어진 수신기에 측정된 전자의 수에 의해 지층의 밀도를 산출하여 공극률, 암상구분, 가스탐지, 탄화수소 밀도 결정, 셰일질사암(shaly sand) 평가, 상부 지층압, 암석역학 물성 등을 산출에 사용
중성자(neutron)	지층의 수소 이온 농도를 측정하여 공극률 산출에 사용
지층 압력(formation tester)	지층의 압력과 관련 유체 거동을 측정하여 압력구배를 규명함으로써 유체 경계면과 유동도(투과도/점성도) 평가에 사용
유체 샘플링(sampling)	지층 내 탄화수소를 직접 샘플링하는 작업

- 암석시료 분석

대상 저류층 구간 및 관심 구간을 대상으로 코어 즉 암석시료 채취, 분석한 내용도 FDP에 포함된다. 저류층 구간의 암석시료 분석은 일반 코어분석(routine core analysis, RCAL)과 특수 코어분석(special core analysis, SCAL)으로 나눠진다. RCAL로부터 위의 저류층 지질분석에서 기술한 바와 같이 지질학자(geologist)와 암석물리학자(petrophysist)가 주로 평가하는 저류층 암석 기재, 퇴적 및 광물 특성, 탄화수소 형광 반응 및 CT 스캔을 통한 저류층 공극 구조 파악과 저류층의 암석물리적 특성인 공극률과 절대투과도를 측정한다(그림 3.24, 3.25, 3.26, 3.27, 3.28). SCAL은 2상유동의 상대투과도와 모세관압에 대한 정보를 제공한다. 이는 유체유동 및 자원량에 관계되므로 FDP에서는 이에 대한 내용을 기술한다. 또한, 저류층 관리 및 수공법/EOR 등에서의 주입정 안정성 분석(integrity analysis)을 위하여 저류층과 덮개암의 암석역학적 실험도 수행할 수도 있다.

일반적으로 암석시료는 저류층 전체 구간을 대상으로 수십 m에서 백 m 내외로 취득한다. 1.5인치 규격 코어플러그를 사용하고 필요에 따라 플러그 사이즈가 아닌 온 코어 분석도 수행한다. 각 심도별 정량적 물성을 위한 암편시료 분석 실험은 시료가 희귀하고 제한적인데 다양한 실험을 진행해야 한다. 따라서 분석 프로그램을 상세하게 계획하여 하고 그에 대한 기록을 FDP에 상세하게 기술하고 남은 암석시료에 대해서도 기록을 잘 남기도록 한다.

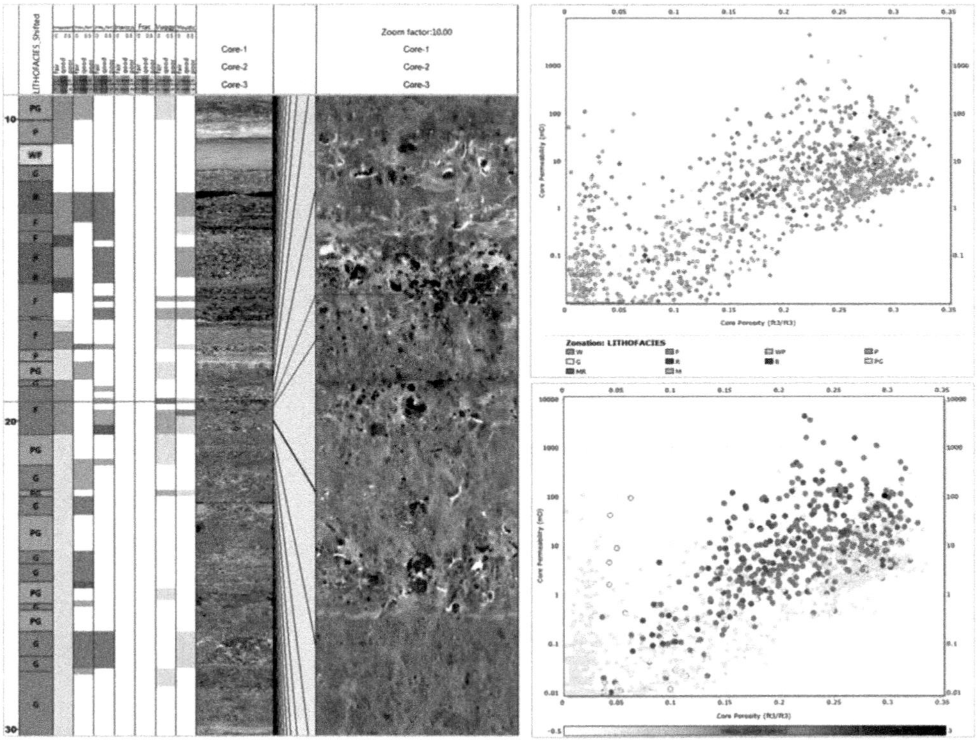

그림 3.24 코어 퇴적상 기재, CT 스캔 자료, 공극률, 투과도 통합 분석을 통한 저류층 특성 분석 사례 (Menon et al., 2016, SPE-183391-MS)

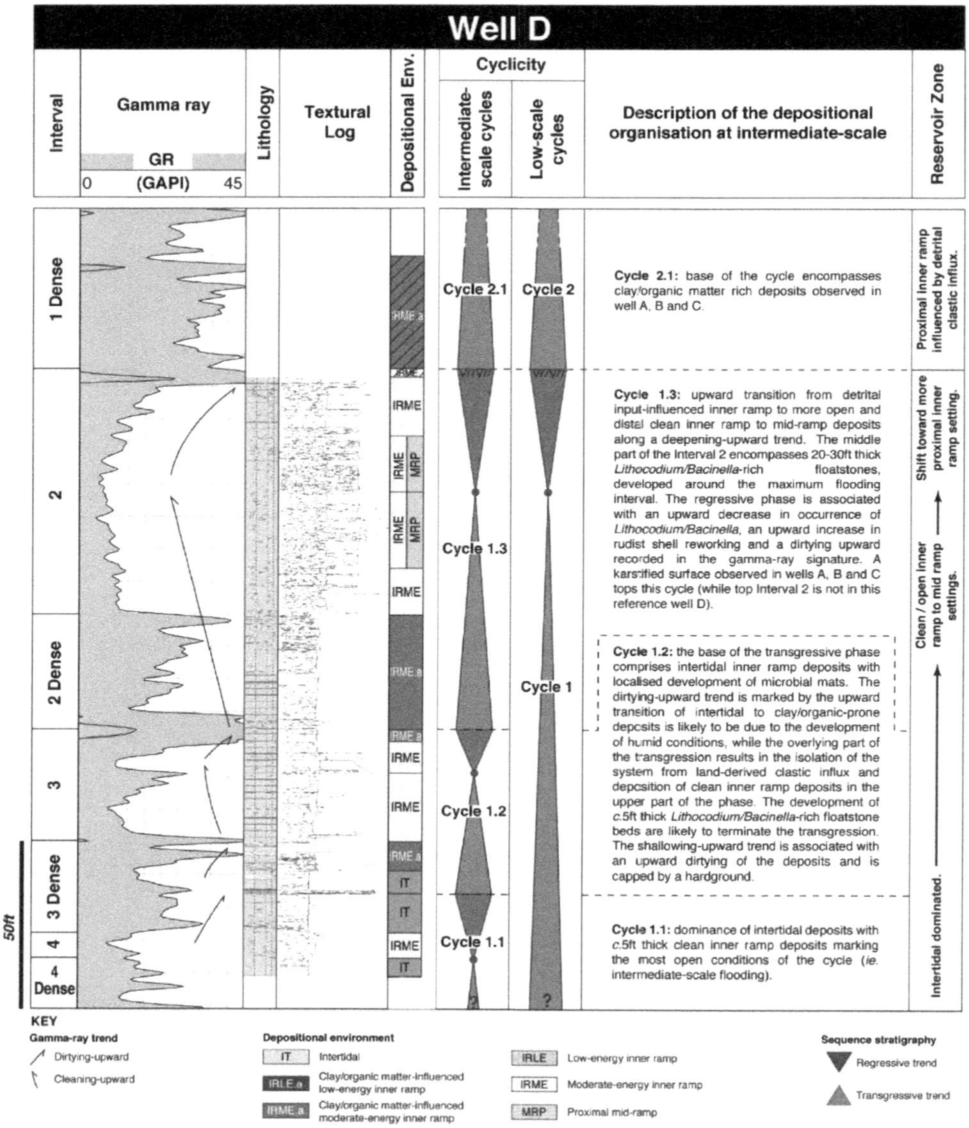

그림 3.25 코어 기재 및 퇴적상 분석 (Jeong et al., 2016, SPE-183316-MS)

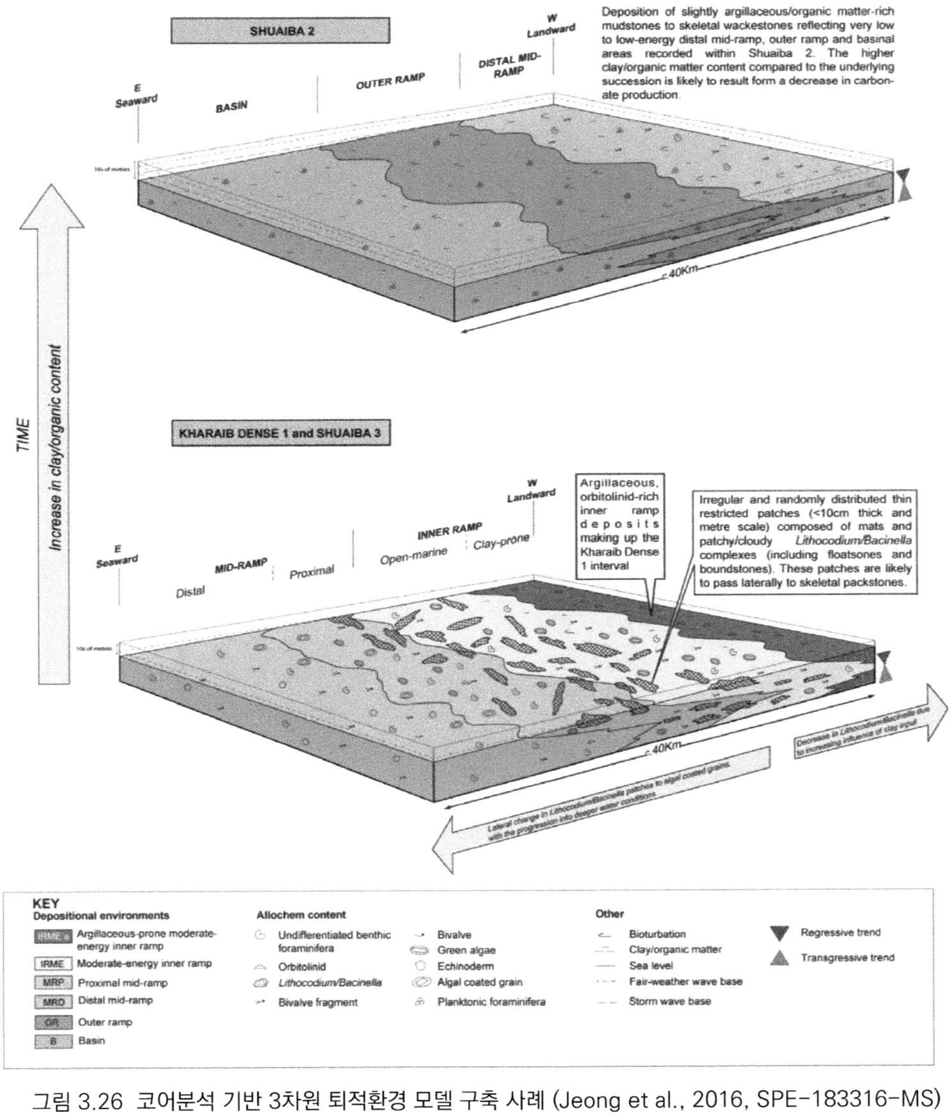

그림 3.26 코어분석 기반 3차원 퇴적환경 모델 구축 사례 (Jeong et al., 2016, SPE-183316-MS)

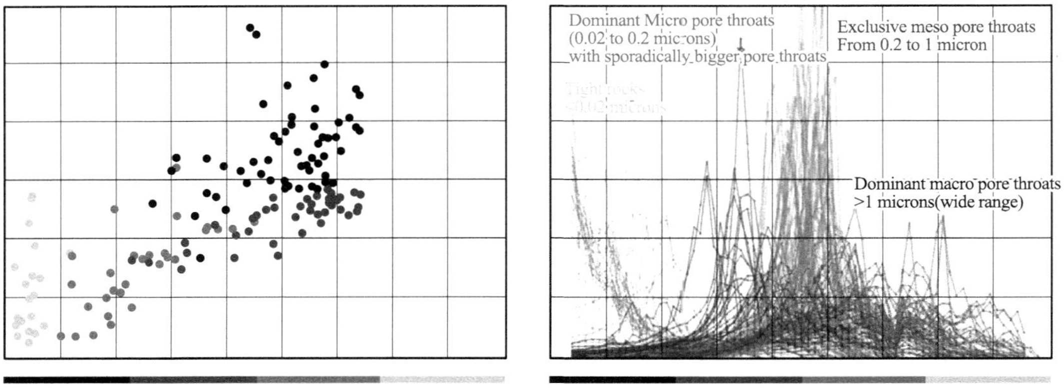

그림 3.27 코어 자료 기반 암석유형(rock type) 분석: 코어 플러그 공극률, 투과도, 공극입구 (pore throat) (MICP) 자료 연계 분석 사례 (Menon et al., 2016, SPE-183391-MS)

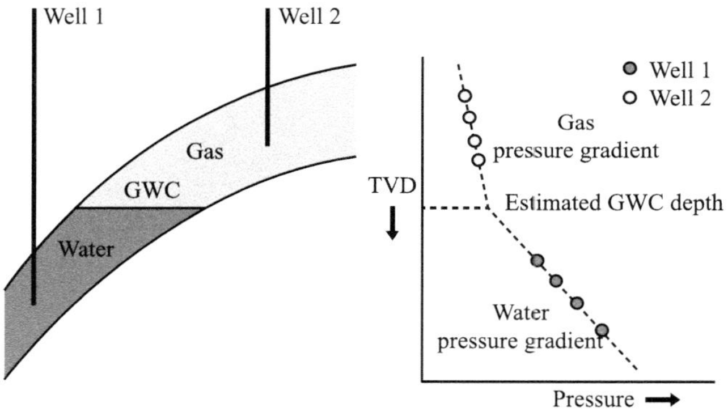

그림 3.28 공극률, 투과도 상관관계 사례
(출처: https://www.researchgate.net/figure/Correlation-between-porosity-and-permeability_fig1_265979680)

- 저류층 압력 및 유동성 자료

개발계획을 수립함에 있어서 초기 저류층 압력을 구하는 것은 가장 중요한 일 중의 하나이다. 따라서 검층 장비에 압력을 측정하는 모듈과 샘플링에 대한 모듈이 들어가게 된다. 서비스회사에 따라 MDT(modular formation dynamic tester), XPT(express pressure tool) 등의 이름으로 불리는 장비들은 깊이에 따른 압력(그림 3.29)과 유동도(mobility)를 같이 측정한다. 이는 유체샘플 홀더(holder)를 순간적으로 진공으로 만들어 유체를 뽑아내는 원리에 기반을 두고 있다. 관련 변수들의 수직적 변화에 대한 정보이므로 FDP에 반드시 포함된다.

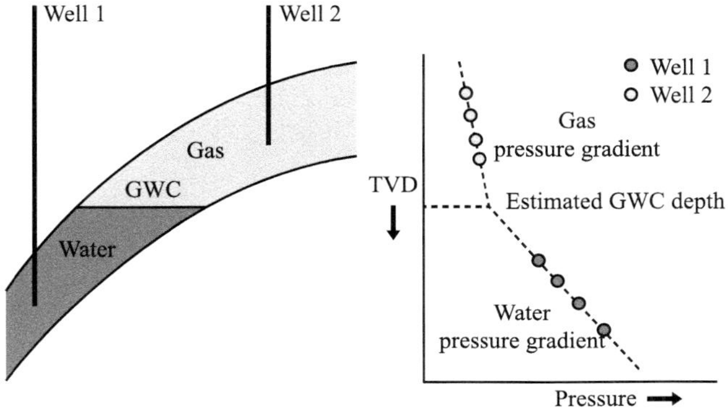

그림 3.29 MDT 측정자료 사례
(출처 : https://www.mdpi.com/1996-1073/14/20/6629/htm)

- 유체 샘플링

유체 샘플링을 통하여 유체특성, 즉 PVT분석을 수행하게 된다. 일반적으로 PVT분석을 수행하기 위해서 앞서 언급한 MDT의 유체를 사용하지 않고 지표에서 별도로 샘플링을 수행한다. 지표에서 2상으로 유동할 경우 오일과 가스에 대해서 동일시간 샘플링한 양을 재조합한(recombined) 유체(그림 3.30)를 실험실에 보내어 분석하며 이에 대한 분석 내용이 FDP에 명확히 언급된다. 이를 주로 수행하는 서비스회사로는 CoreLab이 대표적인데 그 외에도 각 산유국의 국영연구소 등에서도 관련 분석을 수행하기도 한다.

PVT 특성은 개발개념 설정에 중요하게 활용되고 압력에 따른 변화 경향은 향후 생산예측에 직접적으로 영향을 미치는 인자이기 때문이다. 이 특성에 따라 중질유(heavy oil), 휘발성 오일(volatile oil), 가스 컨덴세이트(gas-condensate), 습성가스(wet gas), 건성가스(dry gas) 등으로 분류되므로 이에 관한 내용은 정확하게 언급되어야 한다.

그림 3.30 유체 샘플링
(출처: https://production-technology.org/pvt-sampling-methods/)

- 생산성시험(drill stem test, DST)

탐사시추 과정에서 마지막으로 수행하는 작업으로 생산을 위한 유정완결없이 시추 환경에서 수행하게 된다. 따라서, 시추과정 동안 발생하게 되는 암편들과 이수들이 충분히 제거된 뒤, 즉 세척(clean-up)이 충분히 진행된 이후에 저류층으로부터 생산되는 탄화수소의 생산성을 시험한 과정과 이에 따른 결과가 FDP에 포함된다(그림 3.31). 일반적으로 DST에서는 지표에서 시추공을 열고 닫는 과정을 수행하면 시추공의 공저(bottomhole)에서의 압력이 어떻게 반응하는지를 통해서 유효투과도, 표피인자(skin), 저류층 초기압력에 대한 정보를 얻을 수 있다. 즉, 공저에서 압력이 저류층보다 낮음으로 인해 유체가 유동하는데 지표에서 유체유동을 닫아버리면 공저압력이 얼마나 빨리 혹은 얼마나 많이 회복하느냐를 측정할 수 있고 이를 통해 관련 변수들을 추정하는 것이다(그림 3.32). 그림 3.31(a)는 가스전의 일반적인 DST 개념을 나타낸 것으로, 운영시간은 기존에 취득한 자료 혹은 인근 사례를 통해서 혹은 실시간 모니터링을 통해서 결정할 수 있다. 여기서 유량의 변화는 초크 사이즈에 의해 결정되며, 일반적으로 초크 완전개방(full choke, 64/64")과 유정폐쇄(shut-in, 0/64"), 그리고 초크 사이즈 변화(24/64" → 28/64" → 32/64" → 64/64")를 적용한다.

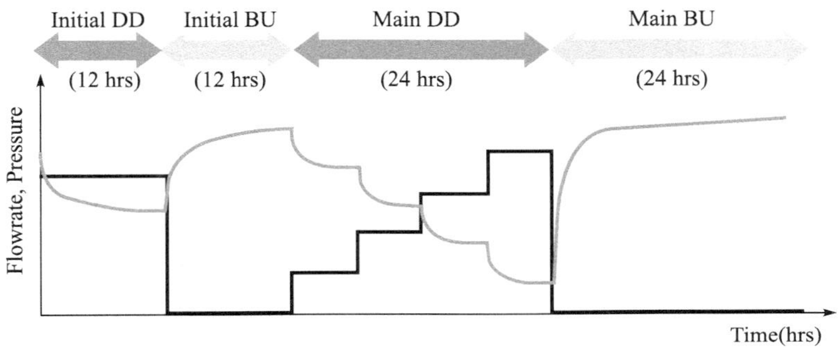

(a) 가스전 DST 개념도

(b) 해상가스전 DST
(출처: https://www.hartenergy.com/exclusives/mozambique-frontier-area-costs-are-coming)

(c) 육상유전 DST
(출처: http://www.businesskorea.co.kr/news/articleView.html?idxno=3712)

그림 3.31 DST 사례

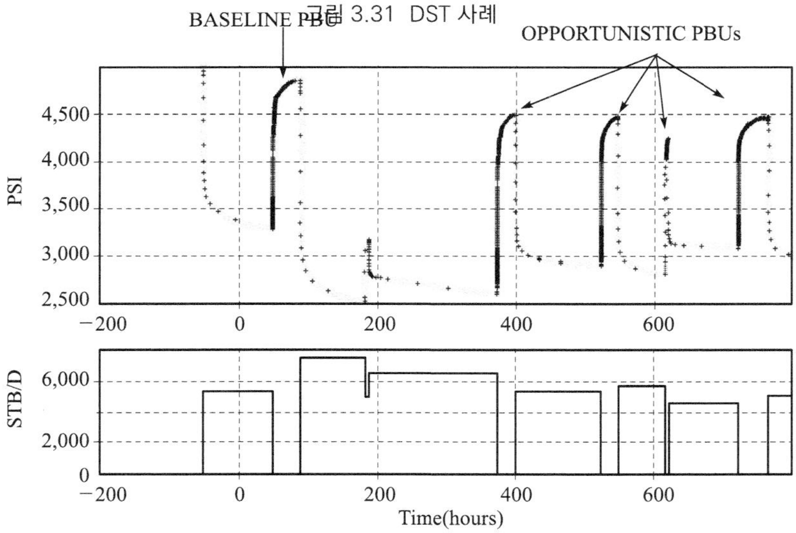

그림 3.32 cleanup test 자료취득 사례
(출처: https://testwells.com/production-flow-test-well-test/)

이 과정은 서비스회사와 운영권자의 협업으로 수행되고 서비스회사는 현장에서 주로 운영권자 대표(operator's representative)의 결정을 따르는 것이 일반적이다. 시추 이후 처음으로 저류층 유체가 지표로 이동하는 시험이므로 현장에서 유동을 보며 결정하는 경우도 많고 FDP의 많은 부분에서 설명과 검증으로 인용된다.

3.2.3 지질역학 특성

- 암석역학(rock mechanics)

  암석시료의 역학적 특성을 분석하는 실험으로 덮개암의 차폐 능력, 저류층의 주입강도나 비전통 저류층 대상 파쇄강도를 평가하기 위해 수행하고 1차원이나 3차원 지질역학 평가의 입력자료로 주로 사용한다.

- 지질역학(geomechanics)

  기존의 유가스전 탐사개발 방식 외에 비전통저류층 대상이나 주입 및 파쇄 등의 저류층 자극을 통한 생산량 증대, 균열 저류층 예측, 생산에 따른 압력 변화로 단층 재활성, 저류층 붕괴에 대한 예측, 방향성 시추 안정성 평가, 이상 고압대 굴착 계획에 대한 시추공 안정성 평가 등 다양한 지질역학 분석들이 수행되면 관련 평가와 결과들, 가정했던 개념과 사용 자료들을 FDP에 상세히 기술한다.

3.3 지질모델 구축 및 자원량 평가

개발단계의 입장에서 탐사/평가작업 활동에서의 다양한 자료취득 결과는 결국 생산량을 합리적으로 예측할 수 있는 툴(tool) 개발에 활용되어야 한다. 아래의 그림 3.35는 이와 같은 개념을 모식적으로 보여주고 있다.

시뮬레이션 모델을 구축하기 전 단계인 정적 지질모델 구축을 위해서는 다음의 여러 분석의 과정을 통해서 합리성과 대표성이 확보된다. FDP에는 지질모델 구축 및 탄화수소 원시부존량(hydrocarbon initially in place, HIIP) 도출의 과정을 자세히 설명하는 것이 일반적이고 이전 탐사자료 평가 자료들을 통합하여 개발계획 도출의 과정의 합리성을 설명하려고 한다.

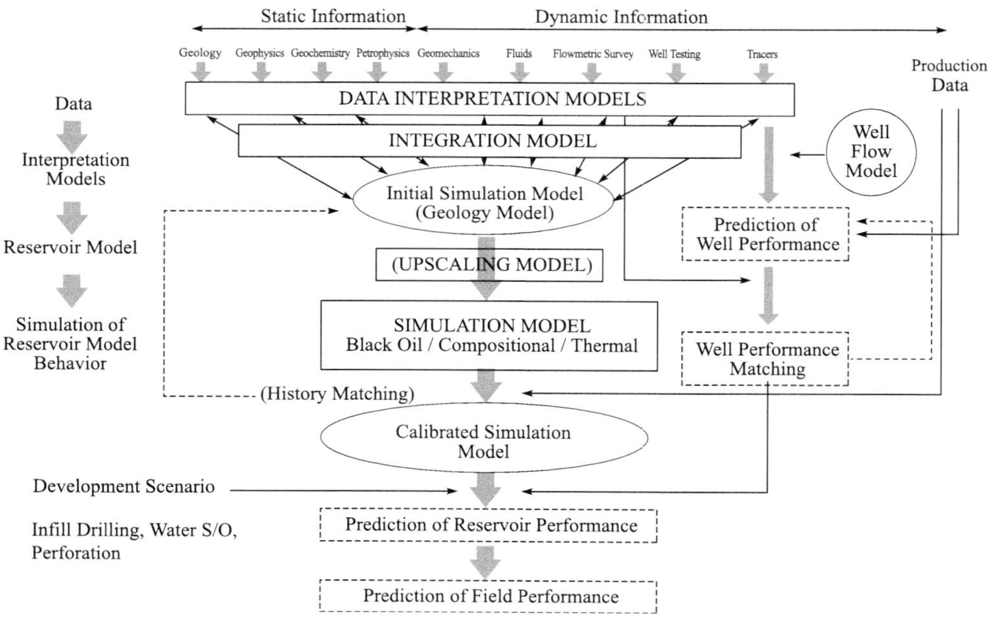

그림 3.35 자료결합 및 지질모델/시뮬레이션 모델구축 모식도
(출처: Gringarten well testing 교육자료 수정)

3.3.1 지질모델 구축

지질모델은 탄화수소 생산 이전 저류층의 가장 중요한 요소 두 가지인 저류층의 기하학적 형태와 물성(퇴적상/암상, 공극률, 절대투과도, 수포화율)을 묘사하고 도시화한 3차원 모델로 자원량, 탄화수소 생성에 영향을 주는 지질, 암석물리적 특성을 정량적으로 구현한 것이다(그림 3.36). 이 과정은 컴퓨터 기반의 불연속/불균질 수치모델을 만드는 것이므로 격자화(cell by gridding)가 필요하며 경우에 따라 격자수가 수백만 개 내지는 천만 개에 이르기도 한다.

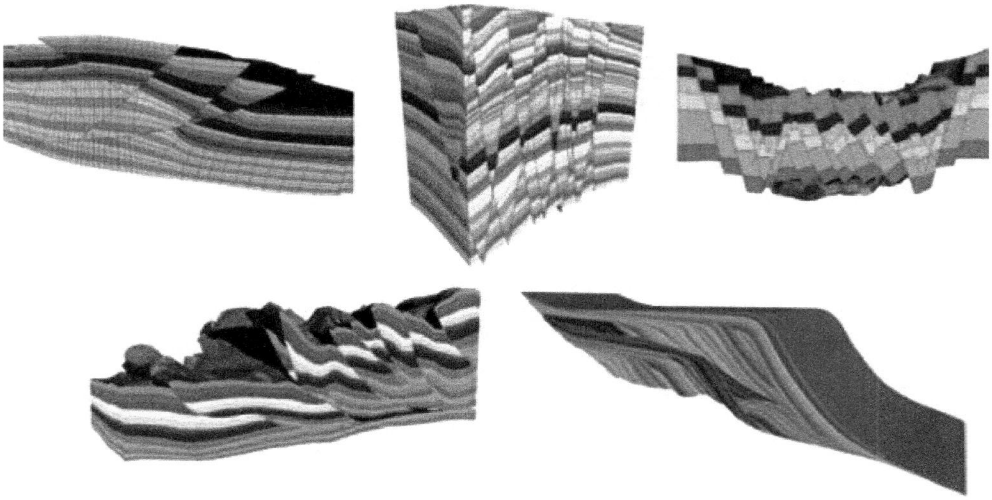

그림 3.36 다양한 지구조 변형 특성을 반영한 3차원 구조모델 작업
(Schlumberger, https://www.software.slb.com/products/petrel/features#improveperf)

격자시스템(cell-base)으로 구성된 지질모델은 구조모델링을 통해서 구조와 저류층의 분포, 형태를 결정한다. 물성모델링을 통해서 부존량 및 자원량을 산정한다. 지질모델 구축의 결과인 발견잠재자원량(contingent resources)은 산유국 정부승인이나 제3자 검증(3rd party's certification)을 통한 검토를 받는다. FDP에는 이 과정들이 자세히 소개되며 관련 보고서가 인용되기도 한다.

층서구조모델링(stratigraphic & structural modeling)

탄성파 해석결과물(층준/단층)과 시추공 해석결과(well top)를 입력자료로 3D 공간상에 저류층의 기하학적 형태(셀 배열)와 구조적 요소(단층)를 결정하는 작업이다. 부존량 및 자원량의 가장 큰 변수인 저류층 체적(gross rock volume)과 저류층의 수평 연결성에 대한 설정 부분이다. 이는 추후 시뮬레이션 모델 작업에서 수행하는 개발개념에도 직접적 영향을 미친다.

- 저류층 연결성(reservoir correlation): 저류층의 수평적 연결성을 설정하는 단계로 퇴적환경과 순차층서 개념, 생층서 개념 등을 종합하여 시추공 자료에서 저류층을 구체화
- 단층 모델링(fault modeling): 탄성파 자료에서 해석과 속도 모델링을 통해 구조 전

체 구간과 저류층에 영향을 주는 단층을 선별하고 단층-단층 관계, 단층-구조도 관계를 고려, 수정하여 간략화하는 단계

- gridding/mapping/surface: 탄성파 자료해석과 속도 모델링을 통해 저류층 관련 2차원 심도 구조도 구축
- zoning: 탄성파 자료 스케일로 인해 도출한 구조도는 저류층의 세부 구간을 다 구현할 수 없기에 시추공 해석결과를 이용하여 저류층 상하부(top & base) 등을 구현하는 단계
- layering: 저류층의 세부 물성들의 특성들을 수치적으로 구현하는 최소/최대 간격을 고려하여 구분하는 단계로 저류층의 수직 특성에 대한 평가를 위한 기계적 단계
- 접촉면(contact): 저류층의 탄화수소-물 경계(오일-물 접촉면(oil-water contact, OWC)/가스-물 접촉면(gas-water contact, GWC))로 저류층 체적의 하한선으로서 시추 시 취득한 물리검층 자료를 토대로 설정

물성모델링(property modeling)

물리검층/코어 등 시추공 자료 및 해석 결과(hard data)와 탄성파 속성 분석 결과, 고퇴적환경, 암상분포도 등 각종 맵(soft data)을 입력자료로 활용한다. 부존량 및 자원량 산정을 위한 저류층 공극률, 수포화율을 3차원 모델로 구현하고 생산량 예측을 위한 시뮬레이션 모델을 위한 절대투과도를 3차원 모델로 구현하는 단계이다. hard data가 전체 구조 대비 굉장히 제한적인 영역을 대표하므로 시추공 위치에서 나머지 공간으로 3차원 자료를 분포하기 위해서는 물성의 경향성(수평 & 수직 방향성)을 soft data로 활용하여 합리적으로 유추하는 것이 중요하다. 이것이 여의찮을 시 두 가지 이상의 변수들을 결합하여 파라미터를 생성할 경우에는 코크리깅(co-kriging) 기반의 결정론적 혹은 추세학적 지구통계기법이 활용된다(그림 3.37, 3.38).

- 검층 업스케일링(well log upscaling): 물리검층 자료는 지질모델보다 고해상도이기 때문에 평균화(averaging)를 통해 시추공이 관통하는 셀에 암상, 공극률, 절대투과도, 수포화율 등에 대한 대푯값을 부여하는 작업이다.
- 퇴적상/암상 모델링(facies modeling): 암석물리적 특성은 퇴적환경과 암상에 의해 지배되므로 암석물리 모델링 전에 퇴적체나 암상분포에 대한 모델을 먼저 구축한다. 시추공의 코어, 물리검층 자료를 이용해서 시추 경로를 따라 퇴적상/암상을 구분하고 시추공과 시추공 사이 직접 관찰되지 않은 저류층 부분은 지구통계기법을 통해 내/외삽하여 3차원 퇴적모델/암상모델을 구축한다. 만약 탄성파 속성 분석자료가

퇴적체나 암상을 지시하는 경우 이 또한 활용된다.

- 암석물리 모델링(petrophysical modeling): 공극률, 절대투과도, 수포화율 모델 구축하는 단계로 시추공의 코어, 물리검층 자료에서 해석된 저류층 물성을 지구통계 기법을 통해 3차원 모델로 구현한다. 분석자료를 직접적으로 물성 모델에 적용하기도 한다.

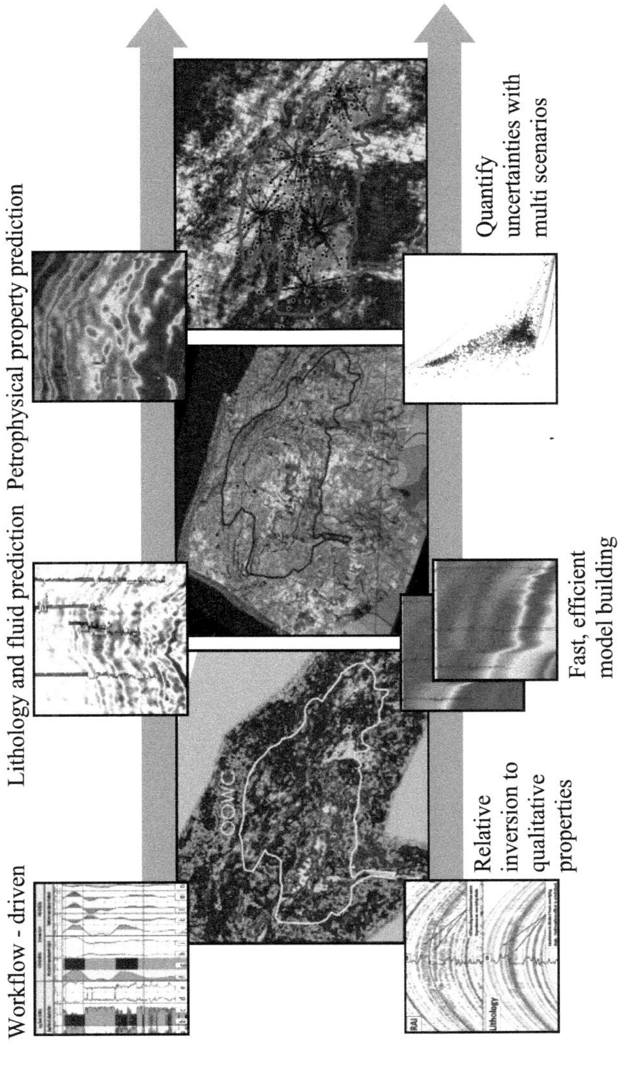

그림 3.37 탄성파 역산(AI, 암상, 유체 예측 체적)을 활용한 3차원 물성 모델
(암상, 공극률, 포화율 확률 분포) 생성 사례 및 과정
(IKON, https://www.ikonscience.com/products/rokdoc/reservoir-characterization/)

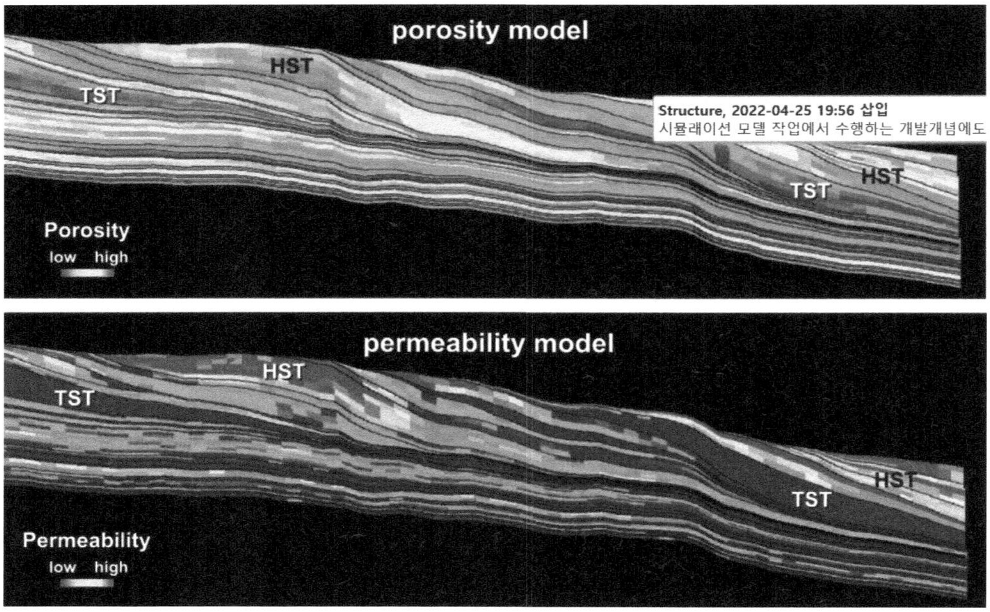

그림 3.38 탄성파 특성 결과물, 순차층서 모델, 탄성파 역산 결과물, 코어분석 결과물을 통합한 3차원 물성(공극률, 투과도) 모델 (Strohmeger et al., 2006, AAPG Memoir 88)

코어분석을 통해 공극률-투과도의 관계가 도출되면(그림 3.39) 앞에서 설명한 공극률 값으로부터 절대투과도를 생성하게 된다. 절대투과도는 자원량 계산에는 사용되지 않지만 추후 저류층 시뮬레이션 모델에 적용해야 하므로 지질모델 구축과정에서 반드시 들어가는 인자이다. 일반적으로 그림 3.39의 관계가 강한 상관관계를 갖지는 않지만, 암상에 따라서 상관관계의 정도가 다르게 나타나는 현상을 보여주기도 한다. 상관관계가 약한 것은 추후 자원량 예측이나 시뮬레이션을 통한 생산량 예측에서의 불확실성 존재의 근거이기도 하다.

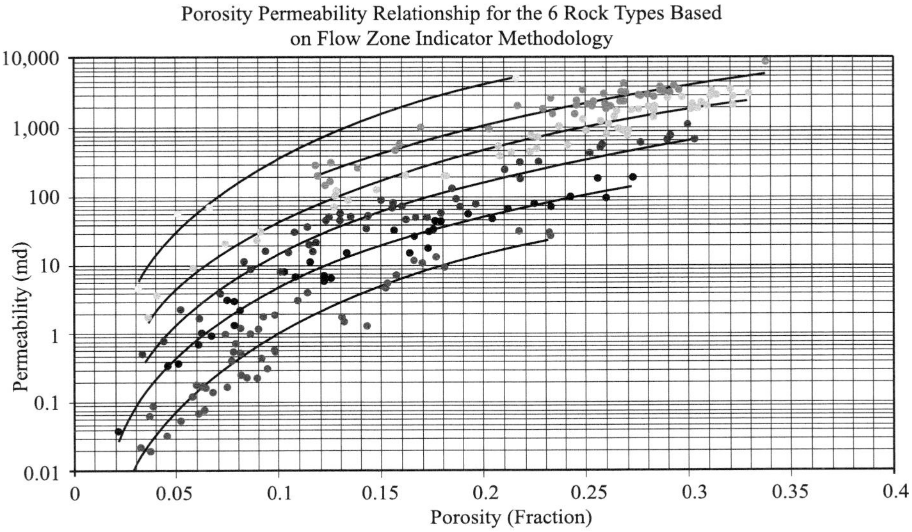

그림 3.39 암상에 따른 공극률-투과도 관계
(출처 : https://www.researchgate.net/figure/Porosity-permeability-relationship_fig1_254535977)

자원량 계산에 활용되는 주요 인자 중 하나로 수포화율이 있다. 포화율은 지구통계 기반의 기법으로 예측하기도 하지만 시뮬레이션 모델 시 유동 특성과 저류층 특성 간의 관계를 설정하기 위해 암석물리 자료와 특수 코어분석 자료를 통해 도출된 SHF(saturation height function)를 활용하기도 한다. 자료의 특성에 따라서 논리성과 합리성만 보장된다면 어떤 방법을 사용하여도 기술적으로 무방하다. 산유국 정부의 지침(regulation)이나 관례를 따르거나 기술워크샵을 통해서 방법들에 대한 합의들을 이뤄나가는 것도 하나의 방법이다.

물성모델링을 통해 도출된 인자들은 다른 취득한 자료들을 통해 검증할 수 있다. 가령, 물리검층 기반으로 공극률을 예측하였다면 탐사/평가정들의 위치에 따른 변화 혹은 수직적 변화들이 코어분석 자료와 연관성이 있는지를 확인할 수 있다. 수포화율 또한 코어자료 비교 등을 통해 검증할 수 있으며(그림 3.40, 3.41) 셰일의 암상 비율도 코어를 통해서 검증할 수 있다. 이러한 일치성에 대해 FDP에 언급함으로써 이를 통해 물성모델링의 타당성을 설명하기도 한다.

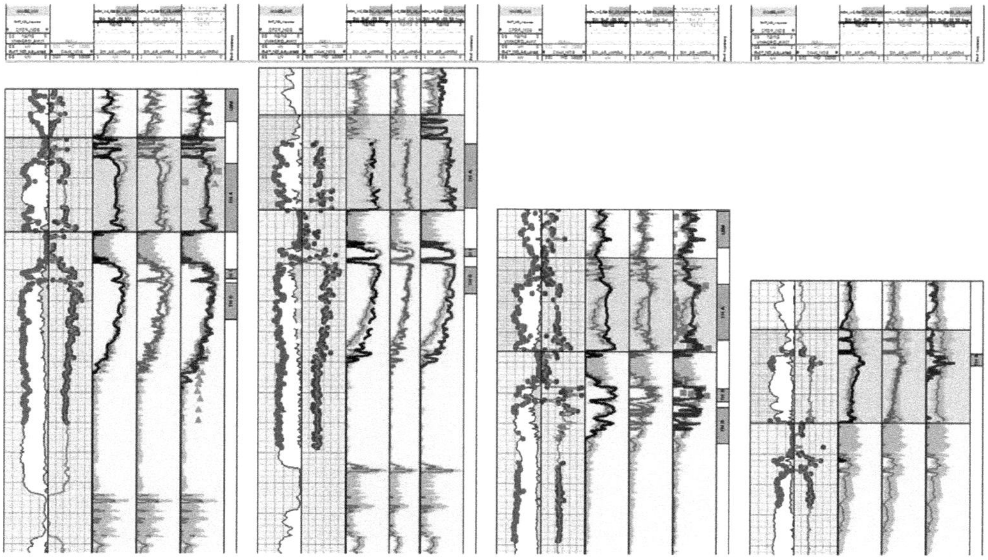

그림 3.40 물리검층 해석 결과(공극률, 수포화율), 코어분석 자료
(투과도, Dean-Stark)와 SHF 기반 수포화율 비교 (Menon et al., 2016, SPE-183391-MS)

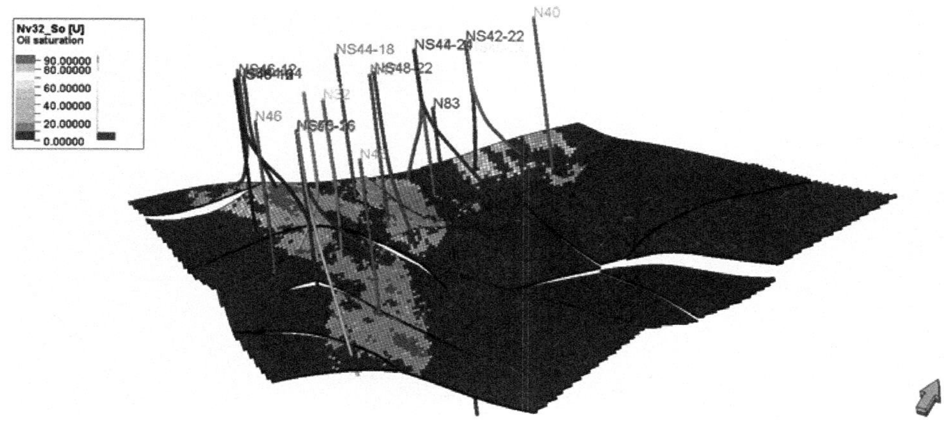

그림 3.41 3차원 수포화율 모델 (Rassas et al., 2020, OJOGas)

컷오프(cut-off) 적용

일반적으로 유체는 투과도가 작을수록 유동량이 줄어든다. 하지만, 특정 임계값보다 작은 경우에는 유동 자체가 일어나지 않을 수 있다. 이에 대해 저류층 시뮬레이션 모델에서보다 지질모델에서 보정을 해주는 것이 일반적인 관례이다.

기술적으로는 아래와 같이 몇 가지 기준을 적용할 수 있으나 정부 지침에 따라 적용 기준이 달라질 수도 있다. 아래의 사례를 따른다면 지질모델의 각 격자에서 속성모델링을 통해 도출된 공극률이 아래 임계값보다 작거나 수포화율과 셰일비율이 클 경우 해당 격자는 컷오프 처리하여 자원량 계산에 제외하는 것이 일반적이다.

- 공극률 : 유동 임계 유동도값에 해당하는 공극률
- 수포화율 : 상대투과도로부터 탄화수소가 유동할 수 없는 포화율에 따라 도출되는 수포화율
- 셰일비율 : 투과도와 공극률 등의 값들을 바탕으로 경험적으로 추론되는 셰일의 비율

3.3.2 자원량 평가산정

탄화수소 원시부존량 또는 자원량(hydrocarbon initially in-place, HIIP)은 아래의 식을 통해서 계산할 수 있다. 이 식에서 사용된 변수들은 모두 결정론적인 대푯값을 사용하거나 추세학적으로 분포 특성을 반영할 수도 있다. 앞서 언급한 지질모델을 사용할 경우 컷오프된 격자를 제외한 모든 격자에서 아래 식을 적용하여 전체 격자를 더하는 방식으로 자원량을 계산할 수 있다.

$$\mathrm{HIIP} = \frac{\mathrm{GRV(N:G)}\phi(1-S_w)}{\mathrm{FVF}} \tag{3.1}$$

여기서, GRV는 암석의 총체적(gross rock volume), NTG는 총구간-순구간 비(net-to-gross ratio), ϕ는 공극률(porosity), S_w는 수포화율, FVF는 용적계수(formation volume factor)를 의미한다. 이 과정에는 필연적으로 불확실성이 수반되므로 기준모델(base case)을 설정하는 것이 필요하다. 관련 변수들의 불확실성 범위를 결정론적 혹은 추세학적 방법에 따라 합리적으로 설정하는 과정이 포함된다. FDP에는 이에 대한 내용들을 모두 기술함으로써 불확실성의 요소를 사전에 정의해 둔다.

기준모델 구축 및 자원량 도출

- 유체특성 변수 적용

  앞서 언급한 대표성 있는 유체분석 보고서를 바탕으로 유체의 용적계수를 명시한다. 탄화수소는 다양한 성분(component)들의 혼합물로 존재하는 것이 일반적이고 저류층 및 표준상태에 따라 상(phase)이 기체 혹은 액체로 변할 수 있고 온도/압력 조건에 따라 압축되는 정도의 차이가 있다. 속성모델링에서 도출된 인자들을 활용하면 자원량을 도출할 수 있다. 하지만, 여기서 계산되는 자원량은 모두 저류층 조건에 기반하므로 이에 대해 용적계수를 통해서 표준조건으로 환산해야 한다. 이는 앞서 설명한 유체분석, 즉 PVT분석 결과에 따라 결정된다.

- 기준모델 설정 및 자원량 도출

물리검층 자료해석 및 물성모델링 과정에서 결정론적 혹은 추세학적 접근을 사용하는 경우 모두 관련 변수와 방법에 불확실성이 내재되어 있다. 이에 대해 기준값을 설정하는 것이 중요하다.

구조모델링 불확실성의 예로서 OWC가 저류층 압력측정 및 유체 샘플링 기구와 암석물리 평가 결과와 100% 일치하지 않을 수 있다. 이 경우 대부분 실제 자료취득 방식 검수와 자료 간 해상도, 신뢰도를 검토하여 선택해서 결정한다. 예를 들어 저류층 압력측정 및 유체 샘플링 취득 과정이 순조로웠고 OWC 전후로 취득지점이 조밀하고 물과 오일에서의 구배가 크지 않다면 저류층 압력측정 및 유체 샘플링 자료 기반으로 선정하는 것이 타당하다. 암석물리 평가 자료기반의 저류층 압력측정 및 유체 샘플링 과정이나 자료 분포가 적절치 않다면 불확실성 범위로 활용할 수 있을 것이다.

물성모델링 관련 불확실성 관련 예로서 불균질성이 큰 저류층에서 물리검층과 코어자료가 서로 경향성이 다르게 나타나고 자료취득과 해석이 모두 적절하였다고 하자. 물리검층 자료 즉 음파검층의 수평적 해상도(resolution)가 더 크기 때문에 검층기반의 자료를 활용하되 코어자료를 업스케일링해서 불확실성의 범위로 활용하는 것도 방법일 것이다.

이러한 자료에 대한 취득원리, 자료특성, 운영조건 등의 판단요소들을 바탕으로 구조와 속성에 대한 기준이 되는 경우들을 설정하며 자원량 대푯값을 식 (3.1)을 통하여 도출한다.

불확실성 평가(uncertainty analysis)

자원량에 대한 대푯값을 도출하였다 하더라도 이에 대한 불확실성의 범위를 언급해야 한다. 개발/생산단계의 유가스전이라 해도 시추를 통해 취득된 지하정보는 저류층을 묘사하기에는 부족하므로 모든 저류층 모델이 불확실성을 내포하고 있다. 즉 모델 구축에 사용된 각 변수를 단일 값으로 처리해서 얻은 단일 모델만으로 유가스전을 운영하는 것은 합리적이지 못하다. 이에 따라 취득된 정보를 기반으로 가능성 있는 다양한 지질학적 시나리오, 모델에 적용된 변수들의 범위 등을 반영하여 다양한 케이스의 모델을 만들어낸다. 이를 통해 원시부존량의 최대, 최소, 평균 등 대푯값 수치를 알 수 있으며 유가스전 운영 및 의사결정에 요구되는 주요 수치에 대한 불확실성 정도를 가늠해 볼 수 있다. 추세학적으로 도출한 경우라면 P90, P50, P10의 값이 계산될 것이고, 결정론적으로 적용할 경우에도 각각 1P, 2P, 3P에 해당하는 자원량을 도출할 수 있다. 다만, 각각의 구조 및 물성의 범위에 대해서는 기술적/경험적 수치를 이용하여 도출한다.

이론적으로 추세학적 방법을 정확하게 적용하기 위해서는 각 변수의 변량을 10개의 이산적인 값만 고려한다고 하더라도 식 (3.1)에서의 변수가 개라면 개의 HIIP값이 도출된다. 하지만, 지질모델을 구축하는 소프트웨어 조건에서는 이를 반영하기 힘들므로 편의상 수백 개 수준의 자원량 값을 바탕으로 불확실성을 도출하는 것이 현실이다(그림 3.42).

민감도 분석(그림 3.43)을 통해 어느 지질인자가 불확실성이 높은지를 인지하고 향후 자료취득 프로그램에 반영 후 신규 정보취득과 이에 따른 모델 업데이트를 통해 유가스전 효율적 운영과 생산최적화라는 목적에 도달할 수 있다.

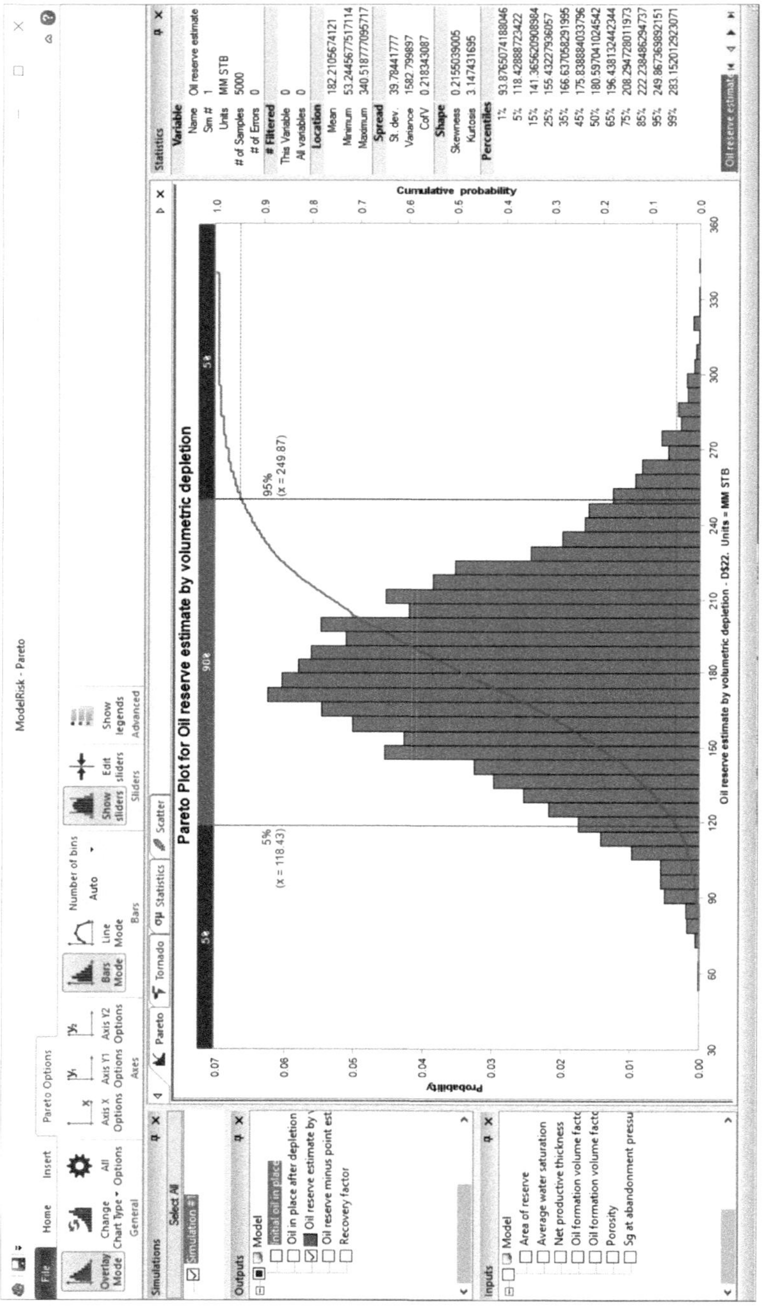

그림 3.42 통계학적 자원량 분석사례
(Vose software, https://www.vosesoftware.com/models/002.php)

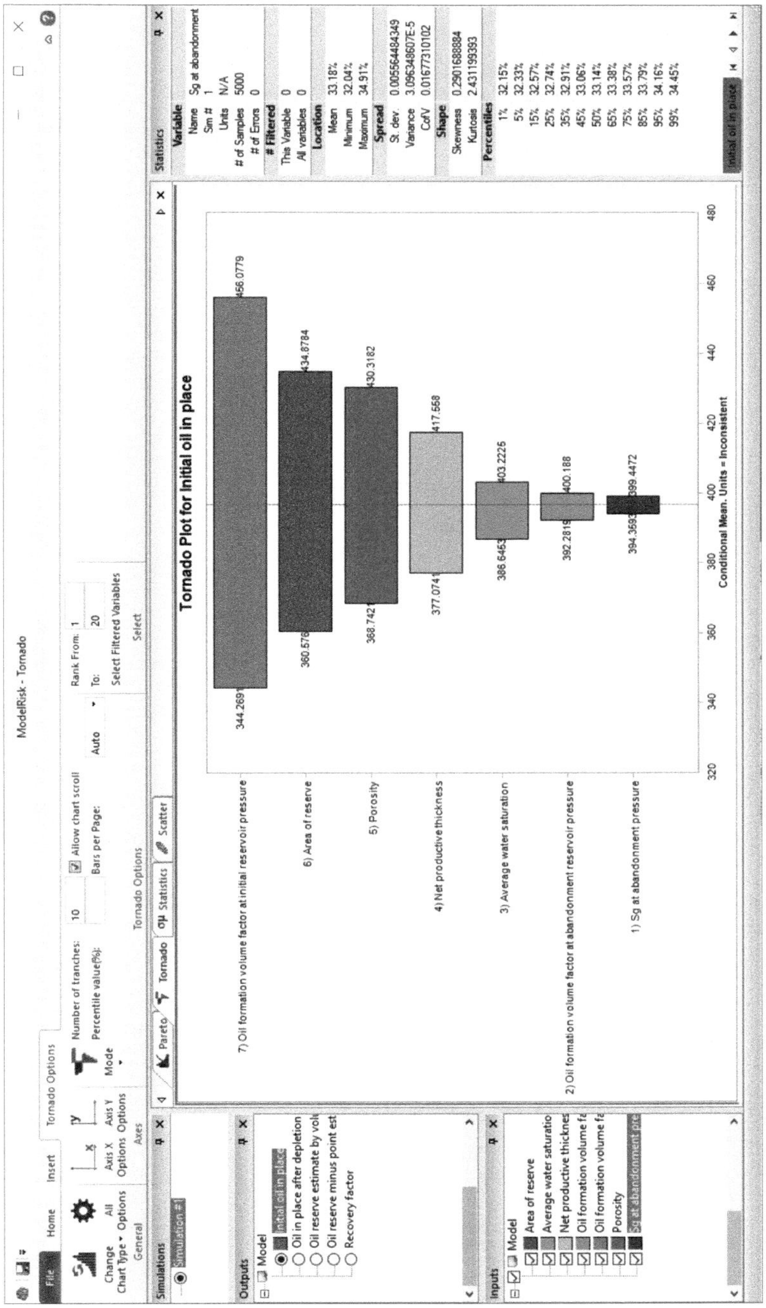

그림 3.43 자원량 산출 주요 영향인자 분석 사례 (Tornado plot)
(Vose software, https://www.vosesoftware.com/models/002.php)

3.4 저류층 시뮬레이션 모델 개발

3.4.1 저류층 시뮬레이션 모델 구축

지질모델을 구축하였다면 지질모델과 공학자료를 결합하여 저류층 시뮬레이션 모델을 구축한다. 마찬가지로 사용한 자료들의 논리성과 합리성을 검증하기 위해 자세한 내용들을 FDP에 소개한다. 앞서 언급한 지질모델과 마찬가지로 저류층 시뮬레이션 모델도 불확실성 분석을 위해 P90/P50/P10 혹은 1P/2P/3P에 해당하는 모델을 개발하는 것이 관례이다. 지질모델의 P90, P50, P10에 해당하는 모델을 바탕으로 해당하는 시뮬레이션 모델을 개발할 수도 있고 P50이나 2P 모델을 기반으로 공학자료의 불확실성을 고려하여 추세학적인 결과를 도출할 수도 있다. 그밖에 산유국 지침에 따라서 다양한 방법으로 불확실성을 정의할 수도 있다.

Reservoir zonation

지질학적 분석 결과를 바탕으로 하는 저류층 자료의 업스케일링으로 일반적으로 지질모델에서의 각 격자의 크기는 수평으로는 수십 m, 수직으로는 1 ft에서 1 m 정도까지 작은 값을 갖기도 하므로 격자수가 상당히 많아진다. 저류층 시뮬레이션을 시간 변화에 따른 유체 거동에 대한 분석을 각 셀별로 정해진 일정에 맞추어 수행하기 위해서는 모델 물성을 훼손시키지 않는 범위에서 최적으로 업스케일링을 수행하여야 한다(그림 3.44). 보통 시뮬레이션 모델의 격자 크기는 수평방향의 경우 수십 m 정도 수준까지 업스케일링을 수행하고, 수직방향으로는 수 m 정도로 스케일 변화를 상대적으로 작게 하는 것이 보편적이다. 특히 수직방향 업스케일링은 아래의 지질/지구물리/암석물리학적인 분석 결과에 따라 적절하게 결정할 수 있으며 대상 광구의 특성과의 일치성에 대한 설명이 포함된다. 그 결과로서 시뮬레이션 모델의 격자수는 백만 개 이하로 설정하는 것이 일반적이다.

구조에 대한 업스케일링이 수행되면 격자시스템의 격자수가 작아지고 각 격자의 크기는 커지게 된다. 이 과정에서 업스케일된 성긴(coarse) 격자시스템의 각 격자에 물성값을 할당해야 한다. 이 과정에서 다양한 평균방법들(산술/기하/조화 평균, 체적가중(volume weighted) 평균 등)이 활용될 수 있다. FDP에는 이에 관련된 내용들이 언급된다.

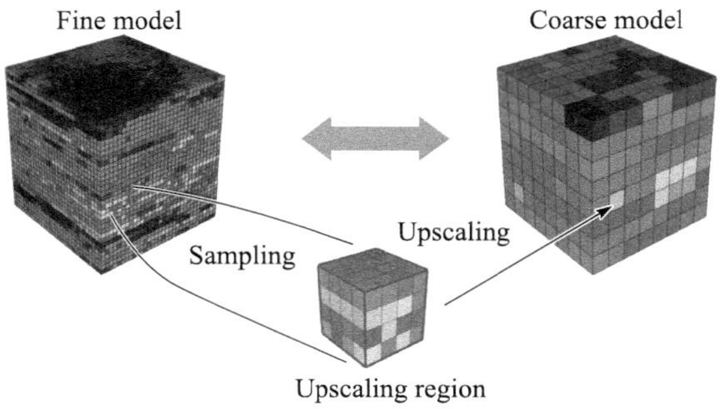

그림 3.44 업스케일링 개념 (출처: https://www.searchanddiscovery.com/pdfz/documents/2016/41783milad/ndx_milad.pdf.html)

저류층 및 유체 데이터

저류층 시뮬레이션은 미분방정식의 형태로 나타나는 지배방정식을 수치해석적으로 푸는 과정이므로 초기조건에 대한 정보가 포함되어야 한다. 이 과정은 일반적으로 IMPES(Implicit Pressure and Explicit Saturation)로 표현되는데, 즉 압력과 포화율에 대해서 수치적으로 푸는 것이다. 따라서, 압력과 포화율에 대한 초기조건이 갖춰져야 하는데 초기압력은 MDT 자료로부터 입력하고 초기 포화율은 앞서 설명한 지질모델의 물성 업스케일링에 의해 결정된다.

또한 유체의 물성에 대한 정보들이 입력되어야 하는데 일반적으로 통용되는 블랙오일 시뮬레이션(black-oil simulation)에서는 압력에 따른 물성변화, 즉 유체샘플 분석 보고서(fluid sample analysis)에서의 FVF에 대한 내용들이 입력된다. 이 보고서에는 CVD(constant volume depletion), 균등증발(flash vaporization, constant composition expansion (CCE)), 압축률 등의 실험결과와 각 성분 분석에 대한 내용들이 포함되고 이를 바탕으로 유체모델링을 수행하여 시뮬레이션의 입력변수로 활용하게 된다(그림 3.45, 3.46, 3.47). 그림들의 x축, y축 값들은 일반적인 값을 나타내며, 유체의 특성에 따라 다양하게 나타날 수 있다. FDP에는 이상의 내용이 대상 광구의 특성으로 명시된다. 또한, 탄화수소뿐 아니라 샘플링한 물에 대한 분석 결과 즉, 염도와 압축률 등의 정보도 향후 지층수 생산 분석이나 수공법 적용 등의 다양한 활용에 필요하므로 이에 대한 정보도 명시된다.

2상유동과 관련된 특성, 즉 코어분석으로부터 얻게 되는 상대투과도와 모세관압에 대한 내용이 포함된다(그림 3.48). 저류층에 존재하는 유체들이 2상유동을 할 경우 유효투과도는 절대투과도와 상대투과도의 곱으로 계산되므로 시뮬레이션에는 꼭 필요한 정보이다. 또한, 2상유동에서 습윤상(wetting-phase)과 비습윤상(non-wetting phase)의 압력차로 정의되는 모세관압에 대한 실험결과도 반영되어야 2상유동을 정확하게 모사할 수 있다. 이러한 특성들도 대상 광구의 특성으로 FDP에 명시된다.

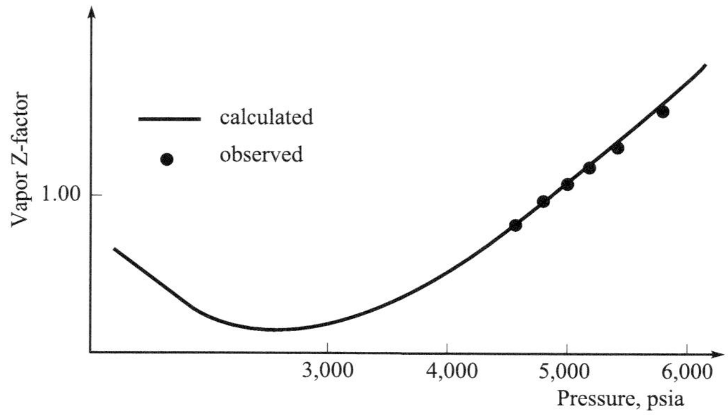

(a) 증기 z-인자(vapor z-factor)

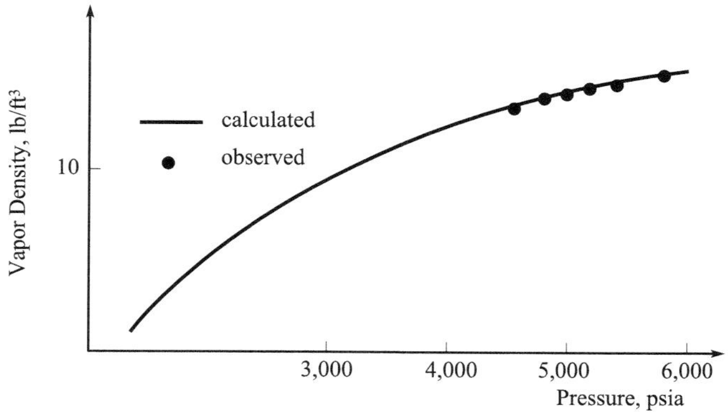

(b) 증기 밀도(vapor density)

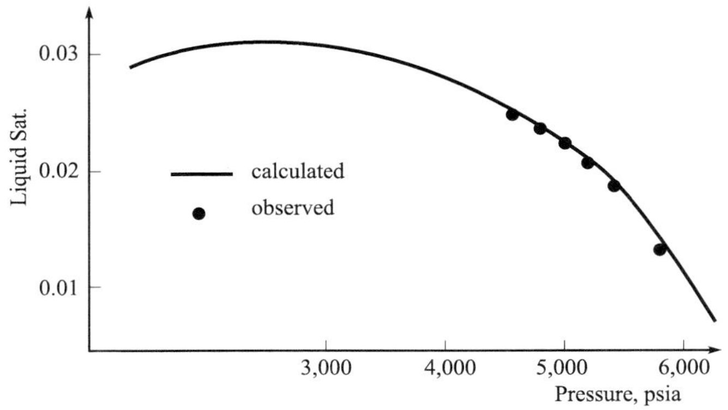

(c) 액체 포화율(liquid saturation)

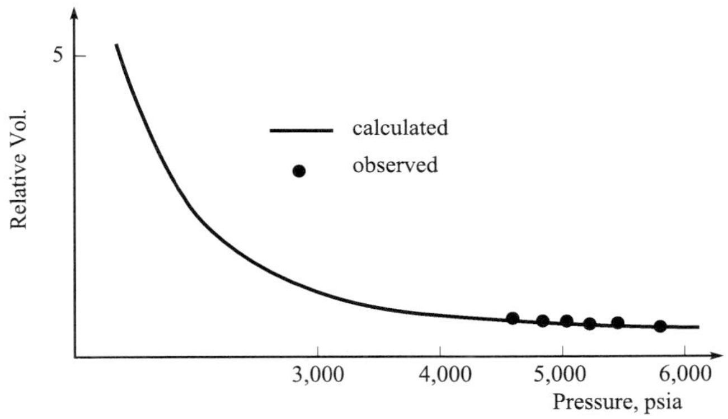

(d) 상대체적(relative volume)

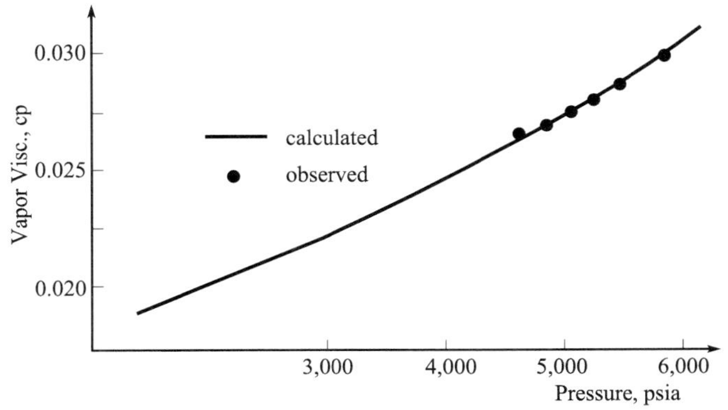

(e) 증기점도(vapor viscosity)

그림 3.45 가스전 유체모델링 사례 (CCE)

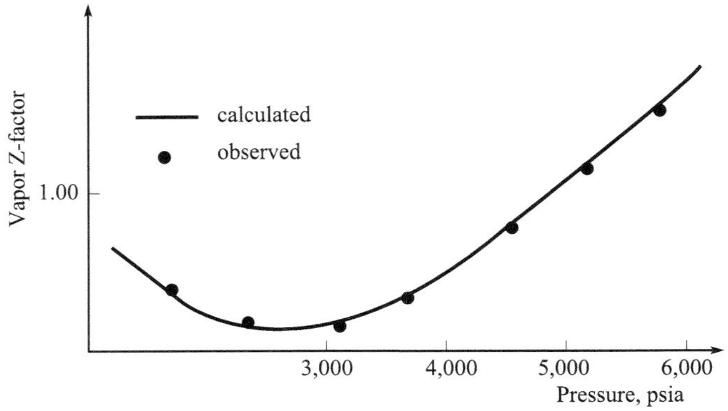

(a) 증기 z-인자

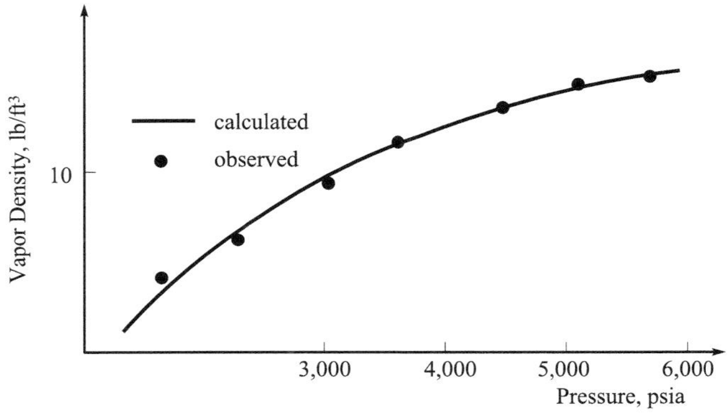

(b) 증기 밀도

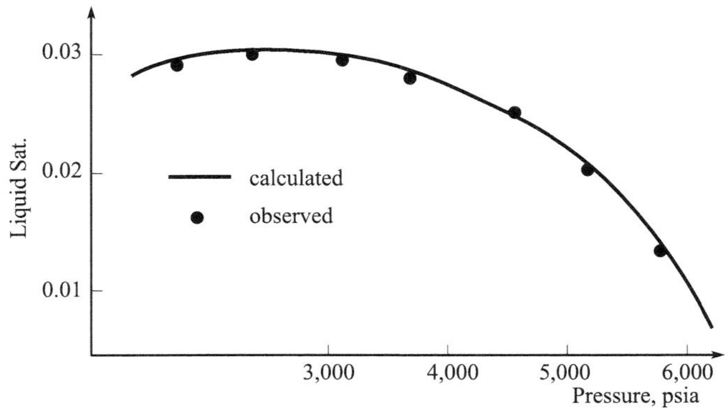

(c) 액체 포화율

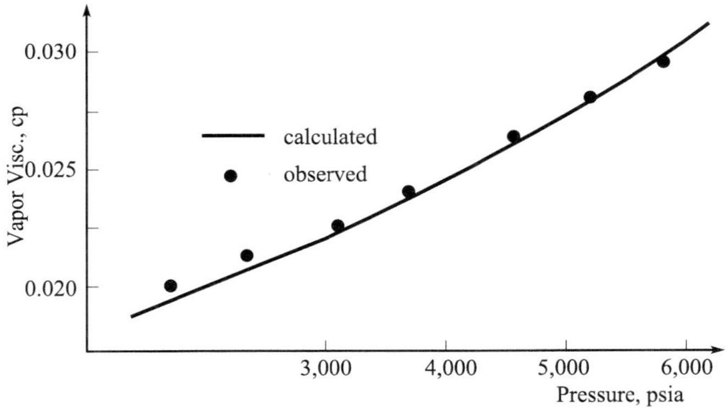

(d) 증기점도

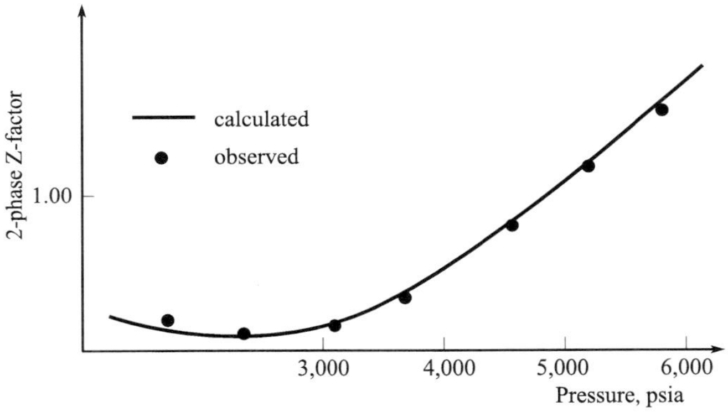

(e) 2상 z-인자

그림 3.46 가스전 유체모델링 사례 (CVD)

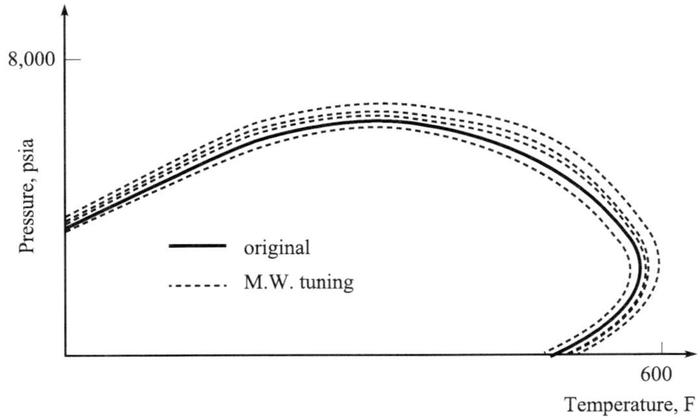

그림 3.47 가스전 유체모델링 사례 (상 포락선(phase envelop))

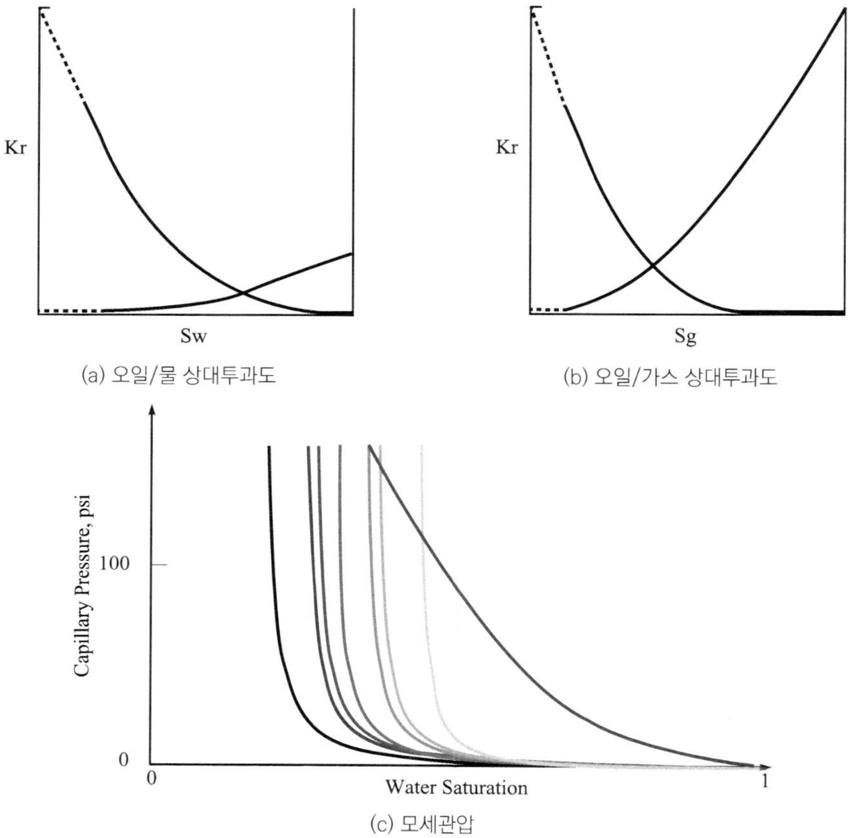

(a) 오일/물 상대투과도

(b) 오일/가스 상대투과도

(c) 모세관압

그림 3.48 상대투과도와 모세관압 모델링 예시

유정 및 완결 데이터

앞서 언급한 과정 등은 주로 미분방정식을 수치적으로 푸는 과정에서의 초기조건을 설정해주는 과정이다. 미분방정식을 풀기 위해서는 초기조건 외에 경계조건을 설정해주어야 한다. 그중 하나로서 생산정에 대한 디자인 정보가 입력되어야 한다. 즉 생산정의 개수와 위치, 그리고 유정완결에 대한 정보들이 포함되어야 한다. 이와 관련된 작업을 실제로 계획하기 위해서는, DST 결과와 저류층 관리정책(reservoir management policy)(3.5절 참조)을 반영하여 생산정에 대한 디자인을 수행하여야 한다.

앞서 언급된 그림 3.32에서 유량을 변화시켜 가면서 측정한 값들은 압력이 안정화되었다면 노달분석(nodal analysis)의 입력자료로 활용할 수 있다(그림 3.49). 노달분석은 유체유동상의 임의 지점을 노드(node)로 설정하여 저류층으로부터 노드까지의 유입유동(inflow)과 노드 이후 유출유동(outflow)의 관계를 분석하는 것이다. 노달분석과 저류층 관리정책을 바탕으로 생산정에 대한 디자인을 수행한다. 이는 주로 유정 모델링(well modeling) 소프트웨어를 활용하며 소프트웨어 민감도 분석을 통해서 다양한 운영조건(유량, 압력 등)에서의 생산정 내 압력감소를 계산할 수 있다. 즉, 운영조건에 따라 공저압력과 지표의 정두압 관계를 구하게 된다. 저류층 시뮬레이션을 수행하는 시간간격마다 이를 계산하는 것은 불가능하므로 민감도 분석 결과를 표의 형태로 입력하여 유사한 값들 간의 내삽(interpolation)으로 계산하는 것이 일반적이다. 따라서, 시뮬레이션 모델에 생산정과 유정완결에 대한 정보를 바탕으로 수직유동관계(vertical flow performance, VFP) 표를 입력해야 한다. 생산정 시추와 유정완결 및 생산정 디자인에 대해서는 추후 설명하기로 한다(3장 6절, 7절).

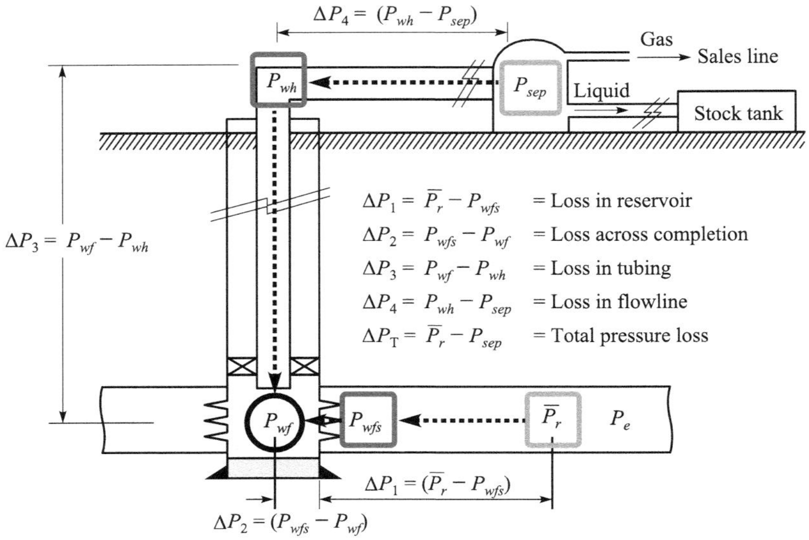

(a) 분석노드 : 공저압(P_{wf})

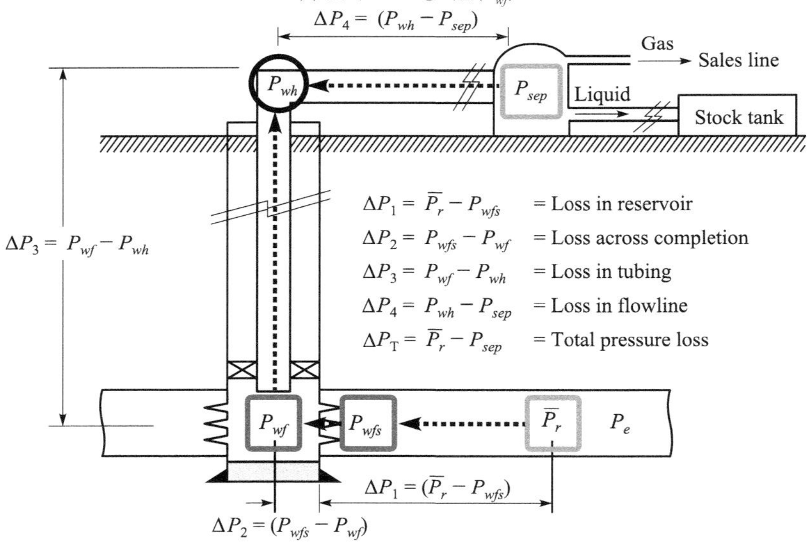

(b) 분석노드 : 정두압(P_{wh})

그림 3.49 노달분석 개념

3.4.2 시뮬레이션 작업 수행

예측(forecast)에 필요한 운영조건

앞서 언급한 과정을 통해서 구축한 시뮬레이션 모델을 활용하여 다양한 시뮬레이션을 수행할 수 있다. FDP의 궁극적인 목표는 최적화된 개발계획을 도출하는 것이고 그 과정에서 매장량과 순현가(net present value, NPV), 내부수익률(internal rate of return, IRR) 등의 경제성 인자들이 도출된다.

시뮬레이션을 수행하기 위해서는 개발계획이 시뮬레이션에 적절히 입력자료로 반영되어야 한다. 예를 들어, 육상유전을 개발할 경우 주요 생산개념으로 수공법이 적용된다고 가정하면 생산정/용수정 등의 시추물량과 스케줄, 수주입 스케줄 등의 정보들에 대하여 다양한 민감도 분석을 통해서 다양한 개발 시나리오에 대해 경제성 지표를 계산할 수 있다. 이 과정에서 시설물 설치에 대한 비용과 스케줄, 시뮬레이션 수행, 경제성평가 등을 서로 간에 피드백을 주고받으며 순환적/반복적으로 수행하고 이를 통해 최적 개발계획이 도출된다. 이상의 작업 결과가 FDP에 명시된다.

일반적으로 유전의 경우 처리시설이 허용하는 범위에서 빨리 생산을 진행하는 것이 경제성 지표가 좋게 나타난다. 반면, 가스전의 경우 경제성도 중요하지만, 장기적/안정적인 가스공급이 보다 중요하다. 따라서 계약물량을 맞출 수 있을 만큼의 생산물량을 일정하게 유지하며 CAPEX 투자시점을 적절히 미루는 것이 좋은 개발계획이라 할 수 있다. 그림 3.50은 가스전에서의 개발계획에 따라 생산량을 예측하여 비교하는 간단한 사례를 보여준다. 여기서, 점선은 생산능력을 나타내고, 실선은 생산량을 나타낸다. 가스전에서는 향후 생산량을 계약물량에 근거해서 시뮬레이션하는 것이 관례이고 늘 생산능력을 계약물량 이상으로 유지하되 작업 스케줄을 적절하게 운영하는 것이 필요하다. 추후 작업계획들이 유정개보수(well intervention work, WIW), 추가시추 등이 있을 경우 적정 생산능력 유지를 위해 비교한 그림이다.

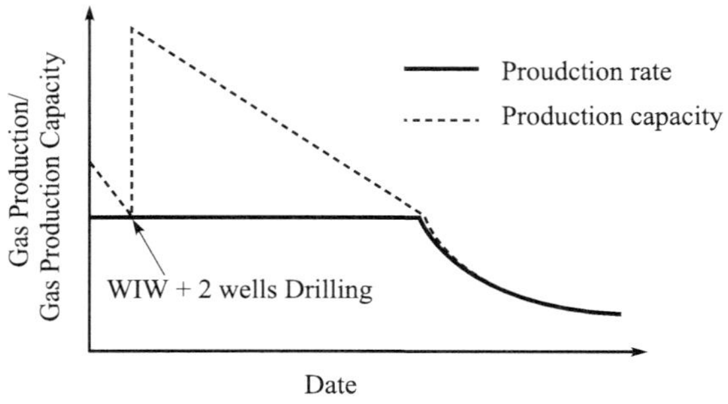

(a) 사례 1

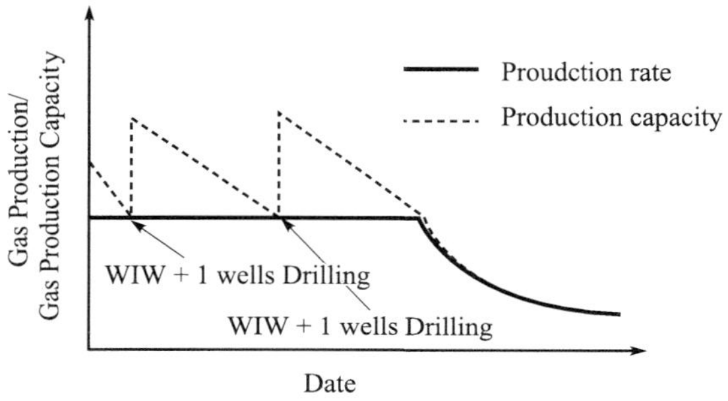

(b) 사례 2

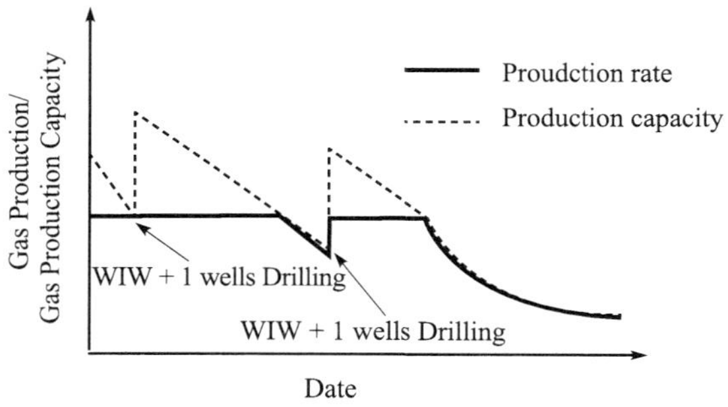

(c) 사례 3

그림 3.50 개발계획에 따른 생산 프로파일 및 생산능력 예측 사례

예측 불확실성

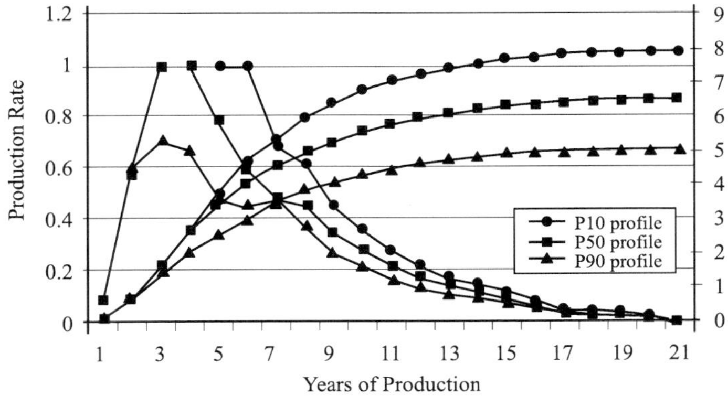

(a) 초기 생산량 예측의 불확실성
(출처: https://slideplayer.com/slide/11544775/ Penn State Online Degree)

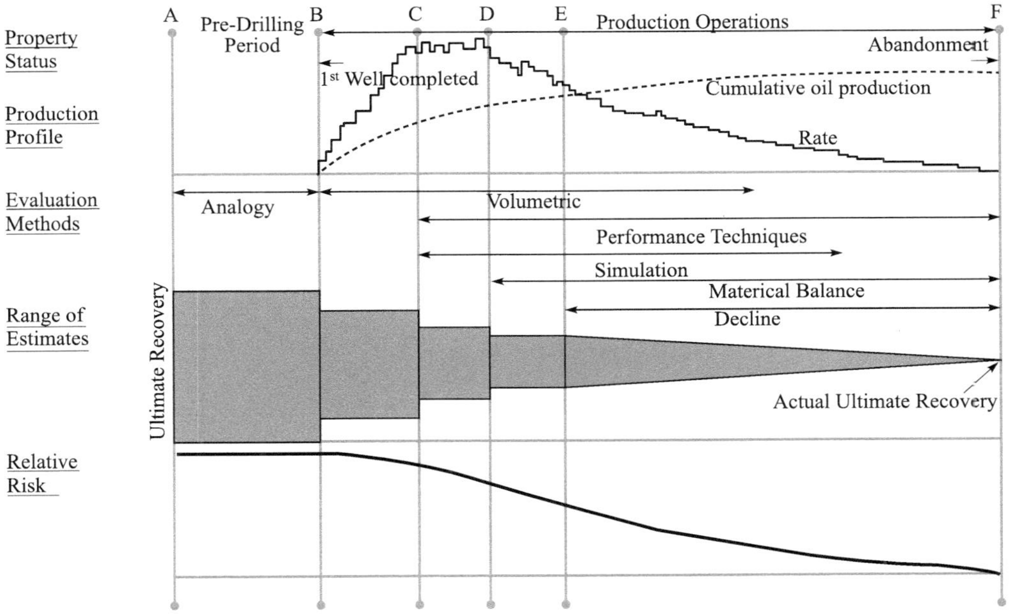

(b) 생산 및 자료취득에 따른 매장량 평가기법 및 불확실성 감소

그림 3.51 생산량 프로파일 사례 및 불확실성 감소 3.5 저류층 관리정책

시뮬레이션 모델의 입력자료도 앞서 언급한 지질모델의 경우와 마찬가지로 불확실성을 가질 수 있다. 개발계획을 수행하는 과정에서의 비용도 불확실성을 내포할 수 있으므로 개발계획을 결정론적으로 제시하는 것은 사업의 의사결정에 위험성을 초래할 수 있다. 지질모델에서와 마찬가지로 시뮬레이션 모델도 P90, P50, P10의 프로파일을 도출하는 것이 일반적이다. 초기 시뮬레이션 모델에서의 생산 프로파일 및 매장량의 범위(P10~P90)가 크게 나타나지만, 생산자료 및 추가시추 등의 추가자료 취득을 통해서 이러한 불확실성의 범위를 줄여나갈 수 있다(그림 3.51).

경우에 따라서 추가자료 취득 결과에 따라 초기 개발개념을 유지하는 것이 경제적으로 혹은 기술적으로 타당하지 않은 경우가 발생할 수 있다. 또한 시시각각 변하는 유가도 개발계획의 변화를 초래할 수도 있다. 이러한 경우 매장량 및 개발계획이 업데이트되어야 한다. FDP에는 시뮬레이션 결과 즉 생산량 프로파일들을 명시하며 이에 사용된 최적 개발계획과 이를 통해 추론되는 경제성을 같이 언급한다.

3.5 저류층 관리정책

앞서 언급한 개발관련 인력 중 저류공학자의 관점에서 본다면 저류층의 장기적 운영 방향(philosophy)을 수립하는 것이 무엇보다 중요하다. FDP에 이에 대한 언급을 명확히 함으로써 개발방향의 큰 흐름을 설명하게 된다. 이는 탐사자료 및 DST 자료, 인근 저류층 자료, 산유국의 정책방향 등을 활용하여 개괄적으로 저류층 운영방안에 대하여 추론하는 것을 기반으로 한다. 유전의 경우 저류층 자연압으로 생산하는 1차 생산, 압력유지를 적용하며 수행하는 2차 생산, 그 이후 과정의 3차 생산 등 각각의 경우에 어떤 방법을 적용하는 것이 적합한지에 대해서 사전정보들로 대략적인 계획을 잡아야 한다. 만약 유체의 특성이 중질유이고 점도가 상당히 높다면 1차, 2차 생산보다는 수직적으로 평행한 두 수평정을 시추해서 상부층에서는 증기를 주입하고 하부층에서는 압력을 낮춰서 생산정 내로 유체 유동을 유도하는 방식으로 생산하는 것이 바람직할 것이다. 한편, 수공법을 적용한다면 기포점(bubble point)과 초기압력 차이, 압력에 따른 오일의 점도 변화 등을 고려하여 적절한 수주입 시기를 결정하는 것이 광구개발의 주요 이슈임을 인지할 수 있다. 정부가 CO_2-EOR을 장려 내지는 강제한다면 CO_2 저장과 생산증대 중 목적의 중요성에 따라 1차, 2차 생산을 통해 압력을 강하시켜 CO_2 주입이 원활한 환경을 만들 것인지, 2차 생산까지 최대한 생산을 하는 것에 대한 선택이 선결되어야 할 것이다. 생산물분배계약(production sharing contract, PSC) 기반 가스전의 경우라면 최대한 CAPEX

투자를 연기하여 생산기간 동안에 소요되는 CAPEX 분담에 대해 정부지분까지 활용하는 것도 하나의 방법이 될 수 있다. 또한, 일반적으로 가스매매계약(gas sales and purchase agreement, GSPA) 기반으로 일일기준생산량(daily contract quantity, DCQ) 혹은 최대일일생산요구량(maximum daily contract quantity, MDCQ) 이상의 가스 생산능력을 갖추는 스케줄링이 주요 개발계획의 이슈가 될 것이다.
이렇듯 광구의 기술적 특성과 개발환경/제도의 차이에 따라 맞춤형 저류층 운영방식 철학을 수립할 수 있고 그런 철학 하에서 아래와 같은 구체적인 사항들에 대한 운영계획 등이 FDP에 명시된다.

3.5.1 생산계획

유전의 경우 앞서 언급한 저류층 관리에 대한 철학과 인공채유 등의 생산공학적인 내용 등이 언급된다. 생산을 어떻게 운영할 것인지에 대한 설명들이 기재된다. 생산가스 및 수처리 문제 등의 환경 이슈와 최대생산을 위한 생산정 설계 등의 내용들을 설명할 수 있으며, 이는 내재적으로 수립하고 있는 저류층 운영에 관한 생각에 부합해야 한다. 일반적으로는 처리시설이 허락하는 최대생산으로 운영하여 빠른 현금흐름 및 수익(early income, early benefit)을 만드는 것이 목표이다.
가스전 개발의 경우 장기적/안정적 공급이 목적이다. 또한 플랫폼 상부 시설인 분리기 인입압력, 승압압축기 등의 안정적인 운영을 위해서, 생산정 당 생산량이 제약될 수 있다. 또한 유체성분에 따라 부식을 유발할 수 있다면 이 또한 생산량 제약으로 작용하게 된다.

3.5.2 저류층 및 생산정 모니터링

각각의 생산정들은 생산량과 생산동향의 특이사항들이 관리되어야 한다. 이는 저류층 시뮬레이션에서의 히스토리매칭 혹은 유정보수(well intervention) 등의 작업과 바로 직접적으로 연관되므로 면밀히 자료들을 취득하여야 한다. 이와 관련하여 필요한 자료들을 얼마나 자주 취득해야 할지, 혹은 어떤 문제들이 발생할 수 있을 것인지에 대해서 FDP에서 언급해 두어야 한다. 예를 들어, 유체분석에서 가스 컨덴세이트 특성의 유체가 CGR도 높다면(rich CGR, 일반적으로 100 stb/MMscf 이상) 주기적으로 유입거동관계(inflow performance relationship, IPR)를 업데이트하고 관련 분석(천이유동율 분석(rate transient analysis, RTA), 시뮬레이션 업데이트 등)을 수행하는 것이 바람직할 것이고 관련 내용들이 FDP에 기재된다. 유전의 경우 왁스(wax) 성분이 많다고 판단된다면 스케일(scale) 제거에 대한 유정보수 작업에 근거를 염두에 두고 관련자료 취득과 계획에 대해 언급되는 것이 타당하다.

저류층 모니터링은 일반적으로 생산정 모니터링을 포함하는 보다 광의의 개념으로 이해할 수 있다. 전체적인 생산량 및 압력동향 데이터의 품질관리(quality control, QC)가 선행되어 수립한 개발개념과 저류층 거동 예측이 적합한지에 대해 매일 검증하는 작업이다. 생산량과 관측압력들의 관계가 물리적으로 변화가 없는지 여부들을 파악해나가야 하며 이에 대해서는 주기적인 유체 샘플링, 생산량/압력자료 취득/분석 등의 내용이 포함되어야 한다. 이 자료들을 바탕으로 지질모델 및 저류모델의 적합성 여부를 판단한다(그림 3.52).

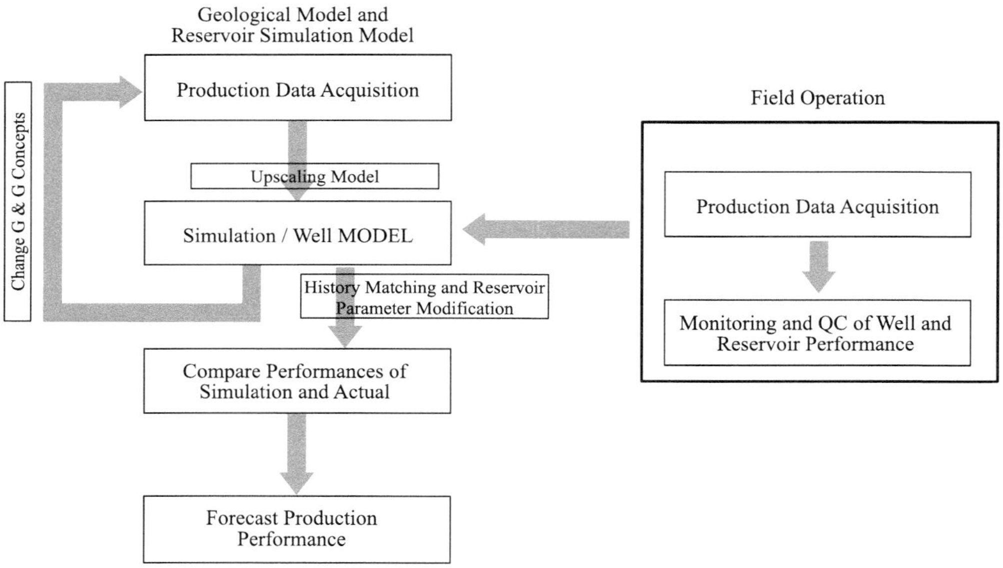

그림 3.52 자료취득과 저류층/시뮬레이션 모델 업데이트 개념

생산량의 경우 시험 분리기(test separator)를 통해서 특정 생산정의 유량을 측정할 수 있다. 이를 주기적으로 모든 생산정에 순환적으로 적용한 데이터를 바탕으로 유량을 재할당(back-allocation)하여 생산정 생산량을 추론한다. 이 경우 할당이 정확한지 여부는 결국 생산정마다 시험 분리기를 통한 관측이 잘 이루어졌나에 따라 결정된다. 생산량은 다상유량계(multi-phase flow meter, MPFM)를 통해 측정한다. 다상유량계는 유체의 온도, 압력, 조성에 따라 값을 지속적으로 보정을 해주어야 하므로 이 경우에도 역시 유체 샘플링 분석의 빈도와 온도, 압력자료의 신뢰성 확보가 중요하다.

관련하여 FDP에서는 이러한 상황들을 고려하여 각 광구의 특성과 상황에 맞게 일반적인 운영(normal operating mode)과 한시적인 운영(non-normal operating mode) 에 대해서 어떤 목적으로 어떤 자료를 취득하는지에 대해서 언급한다. 이는 현재의 개발계획에 따라 개발하고 생산할 경우 제반 상황이 변하는 경우에 대비해서 개발계획을 업데이트할 수 있음을 대비하는 것이기도 하다.

3.6 시추

Subsurface, 경제성 분석, 그리고 시설 등을 다루는 부서들과의 피드백을 통해서 도출된 개발계획의 개발정 혹은 생산정 시추에 관한 내용이 포함된다. 유정완결과 결합하여 평가 정보 최적화, 모든 생산 구간에 대한 접근 제공, 생산성 최대화 등의 기본 목적에 따라 일반적인 내용부터 각 광구의 특성에 따라 이슈되는 내용들이 언급된다. 시추 관련 주요 내용들은 아래와 같다.

일반사항
- 개발계획의 특성에 따른, 수직정/경사정/수평정 여부, 생산정/주입정들의 일반적인 특성

시추특성, 장애요소, 극복방안 등 (drilling condition)
- 기존 탐사정 혹은 개발정 시추 시의 장애요소 유무, 극복방법 등
- 기존 시추에서의 천부 가스(shallow gas) 경험 등

시추공 설계 시 고려요소
- 기존 탐사정 개발정으로부터 개선 사항들 유무 등

리그 선택 (rig selection)
- 향후 시추에 대한 리그 선택 기준, 기존 사용했던 리그 정보 등

시추 서비스 계약
- 개발계획에 따라 리그 및 시추관련 서비스 계약들의 가능성 여부에 대한 언급

시추공 설계
- 기본적으로 사용할 중개보호관(conductor), 케이싱 사양 및 유정완결 관련하여 튜빙 사이즈 정보

3.7 유정 완결

생산정 시추, 시설의 처리용량, 그리고 가장 중요한 저류층 관리(reservoir management)의 관점을 고려하여 적절한 유정완결 계획에 대한 개요를 설명한다. 유정완결은 크게 상부와 하부로 나눠지며, 상부는 크리스마스 트리 구성, 각종 유체유동 라인 등에 관한 내용이 주를 이루며 하부는 생산튜빙 디자인과 천공계획, 패커/라이너 설치 등의 개념 등을 설명한다.

대부분 상부 유정완결은 시설분야에서 관여하고 subsurface분야에서는 하부 유정완결에 대해서 아래와 같은 내용들을 설명한다.

일반사항

- 유정완결 환경 및 개발계획 특성에 따른 유정완결 기본사항(나공/케이싱공 등)

시추공 설계

- 시추공별 저류층 관통 여부, 역학적 안정성, 안전밸브 설치 여부, 저류층 관통 시 경사각, 패커 설치, 부식방지 방안 등

튜빙 설계

- 노달분석과 저류층 운영계획/생산계획에 따른 적정 튜빙 사이즈에 대한 언급

재질 분석

- 유체성상에 따라 부식방지 등을 고려하여 재질특성/단가 분석을 통해 적정 재질 선택

유정완결 설계

- 앞서 언급한 스트링, 튜빙, 재질 등을 고려하여 유정완결 설계에 대한 개요 설명

기타

- 튜빙 응력분석(tubing stress analysis)
- 감압정(relief well) 활용 가능성
- 천공 방법(perforation technique)
- 모래생산 제어(sand control)
- 왁스 생성 가능성(wax control)
- 유정보수(workover) 가능성 및 계획(예, water shut-off, stimulation, velocity string 등)

- 생산검층(PLT) 등의 운영계획
- 공저 게이지 측정(downhole gauge measurement)
- 적정 생산유량(well deliverabilities)
- 튜빙 수리(repair)

3.8 설계 및 시설

개념설계 단계 시 고려되었던 많은 시설물 개발옵션을 최종 선정하는 과정에 대한 설명이 이뤄진다. 옵션선정 스텝에서 사용된 스크리닝 선정 기준에 대한 설명이 필요하며 고려된 각 개발옵션의 스크린 아웃(screen out) 사유, 육해상 시설물의 구성에 대한 설명이 동반된다.

3.8.1 생산시설 개요

Subsurface와의 협업, 계약 및 개발환경 제반사항을 통해 수립된 생산유량, 처리용량 등에 관한 결과를 바탕으로 그에 따른 주요 시설물들에 대한 설명이 이뤄진다. 생산 시설물은 생산유체를 분리하고 오일, 가스의 판매사양 또는 생산수의 배출기준을 만족시킬 수 있도록 시설물을 설계하고 설치해야 하며 구체적으로 다음의 내용들이 포함된다.

생산시설의 기준
- 설계수명 및 생산물의 판매사양 및 기존 처리시설 또는 수송 인프라로 송출 시 연결되는 시설 연결부분(tie-in) 운전조건 등에 대한 정의

개발 시나리오
- 선정된 개발 시나리오에 의한 설치 시설물의 종류, 특징 및 추가 시설물에 관한 내용
- 추후 모니터링 계획과 변경 가능성 및 필요 가능한 추가 시설물

생산 및 시운전 계획
- 시운전 및 생산개시 일정, 이에 따른 시설물 운영계획에 대한 설명
- 추후 생산량 변화(증대)에 대한 시설물 운영계획 변경 사항

생산시설 설계기준
- 오일, 가스의 판매사양 또는 생산수의 배출기준을 만족시킬 수 있는 시설물의 설계

사양 및 기준
- 시설물 설치 위치 및 내용과 운영방안
- 시설물 수명 및 시설의 운전 신뢰도 향상 관련, 회전기기(rotating equipment)에 대한 설비예비시스템(sparing system)에 대한 내용. 즉, 생산시설물의 설계 및 설치 시 준용해야 하는 표준 명시(예, Shell DEP, BP Standards, 국제표준(International Standards), 미국국립표준협회(American National Standards Institute, ANSI), 미국기계학회(American Society of Mechanical Engineers, ASME), 미국석유협회(American Petroleum Institute, API), 미국화재예방협회(National Fire Protection Association, NFPA)) 등이 있다.

생산시설
- 옵션선정 스텝 및 개념설계 과정에 대한 설명 및 사용된 스크리닝 선정 기준에 대한 설명
- 개념설계 관련 필요한 육해상 시설물의 구성에 대한 설명

생산물 품질
- 가스의 경우 탄화수소 이슬점(hydrocarbon dew point), 발열량(heating value), 수분함량(water contents) 등 판매를 위한 품질에 대한 설명
- 오일의 경우 리드 증기압, 생산수(produced water)의 경우 오일 중 수분함량(oil in water, OIW), 오일 중 불순물(basic sediment & water, BS&W) 등 배출수 사양에 대한 설명
- 생산수 방출기준 관련 유분(water in oil, WIO) 및 총용존고형물(total dissolved solid, TDS) 등 품질에 대한 설명
- 가스 처리시설물의 운전상 잠재적 위험요소인 운전온도 및 수분에 의한 하이드레이트(hydrate) 생성 및 컨덴세이트 중 비점이 높은 성분에 의한 배관 내 왁스 침적 등에 대한 해결방안에 대한 설명

운전 및 유지보수 기준
- 필요한 운전인력 및 교대조 운영방식 및 인력이동 방식 및 일정, 비상시 탈출방법에 대한 설명
- 자재공급을 위한 공급기지(supply base)의 위치 등 운전 및 유지보수에 대한 절차서 수립에 대한 설명

예상비용

- 예상 CAPEX, 운영비(operating expenditure, OPEX) 및 철거비(abandonment expenditure, ABEX)에 대한 설명 및 추가개발에 따른 추가 시설물의 비용
  ※ 여기서 소요비용은 ±30% 정도의 정확도 수준으로 산출해야 하며 통상적으로 개념설계 시 산출된 비용이 사용됨

프로젝트 일정

- 관련 구조물의 설치 시점 및 제작 소요기간 등
  ※ 해상프로젝트의 경우 자켓(jacket)이 우선적으로 설치되어야 상부(topside) 시설물이 설치될 수 있는 등 구조물 설치가 육상에 비해 작업절차가 까다롭고 시간이 많이 소요됨
- 그 외 수송 파이프라인 및 저장시설 등 주요 마일스톤에 대한 일정
- 생산개시 시점(first gas or oil date)에 따른 예상 시운전(commissioning) 계획 및 생산개시 시점이 언급되어야 한다. "AACE Schedule Development - Project schedule의 구분"에서 Level 2 정도의 일정표가 포함된다.

3.8.2 생산시설 설계

광구개발계획은 2장에서 설명한 개념설계 후 작성된다. 기본설계(FEED)는 FDP 작성과 병행하여 진행되는데 기본설계의 시작 단계에서 개념설계 시 고려되지 못한 부분이나 상용화된 기술(proven technology)의 적용 여부 등에 대한 검토가 이뤄지며 이에 관한 내용들이 FDP에 포함된다.

앞서 2장에서 설명한 바와 같이 다양한 개발 시나리오들에 대해 개발옵션에 대한 상세 설명과 선정된 이유와 선정되지 못한 기술적, 경제적, 위험성 및 불확실성에 대한 설명이 따르게 된다.

참고로 육상 및 해상에서의 대표적인 처리시설에 대해서 비용, 일정, 위험성, 유연성 등 다양한 기준을 면밀히 검토하여 아래와 같이 최종 개발옵션을 선정하는 예를 들었다. 그림 3.53은 육상 최적 개발옵션 선정의 9개의 개발옵션을 생산량, 비용, 일정, 위험성 등을 고려하여 1C "Skid mounted facility for stabilized oil with rigid pipeline"이 최적의 개발옵션으로 선정되는 과정을 요약하여 보여준다. 그림 3.54는 해상 최적 개발옵션 선정의 8개의 개발옵션을 생산량, 비용, 일정, 위험성 등을 고려하여 2A "Fixed platform with pipeline (partial stabilization)"이 최적의 개발옵션으로 선정되는 과정을 요약하여 보여준다.

OPTION NO.	DESCRIPTION	PRODUCTION	COST (USD)	OVERALL SCHEDULE	Sch.	Cost	Risk	Flex
1A	Skid Mounted, Temp., Stabilized, Rigid P/L	20,000 BOPD	235 – 240 M	Q4 2025 (20 Months)	Good	Good	Medium	Bad
1B	Skid Mounted, Temp., Stabilized, Rigid P/L	15,000 BOPD	270 – 275 M	Q2 2026 (26 Months)	Medium	Bad	Medium	Medium
1C	Skid Mounted, Temp., Stabilized, Flex. P/L	25,000 BOPD	235 –2 40 M	Q4 2025 (20Months)	Good	Good	Medium	Medium
2A	Perm., Un-Stabilized, Rigid P/L	30,000 BOPD	270 – 275 M	Q2 2027 (33 Months)	Bad	Bad	Good	Good
2B	Perm., Un-Stabilized, Flex. P/L	15,000BOPD - 30 MBPOD	232 – 235 M	Q2 2027 (36 Months)	Bad	Good	Medium	Good
3A	Skid Mounted, Partially Stabilized, Rigid P/L	15,000BOPD - 30 MBPOD	285 – 295 M	Q3 2026 (28 Months)	Bad	Medium	Medium	Medium
3B	Skid Mounted, Partially Stabilized, Flex P/L	15,000BOPD - 30 MBPOD	245 – 250 M	Q3 2026 (20 Months)	Good	Medium	Medium	Medium
4A	Perm, Fully Stabilized, Rigid P/L	15,000BOPD - 30 MBPOD	290 – 300 M	Q3 2026 (36 Months)	Bad	Medium	Good	Good
4B	Perm, Fully Stabilized, Flex P/L	15,000BOPD - 30 MBPOD	265 -270 M	Q3 2028 (18 Months)	Medium	Medium	Medium	Good

Good Medium Bad

그림 3.53 육상 최적 개발옵션 선정 (예)

OPTION NO.	DESCRIPTION	PRODUCTION (MMSCFD)	CAPEX (MMUSD)	OPEX (MMUSD) 30yrs	OVERALL SCHEDULE	Sch.	Cost	Risk	Flexibility
1A	Fixed platform w/ pipeline (Fulll stabilization) to existing facility A(80km away)	300	610	700M	40M	Good	Good	Medium	Medium
1B	Fixed platform w/ pipeline (Full stabilization) to existing facility B (35km away)		560	680M	38M	Good	Good	Medium	Bad
2A	Fixed platform w/ pipeline (Partial stabilization) to a new facility		510	800M	36M	Good	Good	Good	Medium
2B	Fixed platform w/ pipeline (Partiall stabilization) to existing facility A		470	780M	34M	Good	Good	Medium	Bad
3A	Fixed platform w/ pipeline (Full well stream) to existing facility B		430	1000M	32M	Good	Good	Bad	Medium
3B	Fixed platform w/ pipeline (Full well stream) to existing facility B		370	950M	30M	Good	Good	Medium	Bad
4A	FPSO w/ FSO & pipeline to existing facility A (Full stabilization)		790M	850M	48M	Bad	Bad	Good	Good
4B	FPSO w/ FSO & pipeline to existing facility B (Full stabilization)		740M	830M	48M	Bad	Bad	Good	Medium

Good Medium Bad

그림 3.54 해상 최적 개발옵션 선정 (예)

최종선정 개발옵션 요약

- 단독개발 또는 연계개발 등 광구개발방식에 대한 설명과 전체적인 생산물 수송 방식 및 최종 도착지에 대한 정보
- 생산시설물의 구성 및 추가시설물 설치시기 등의 주요 정보
- 최종 판매 가스사양을 만족시키기 위한 처리방식 및 시설에 대한 설명
- 배출가스 소각 및 배출수 사양 등 환경규제 관련 시설물에 대한 설명

그림 3.55 및 3.56은 전형적인 해상광구 및 육상광구 개발 모식도를 보여준다.

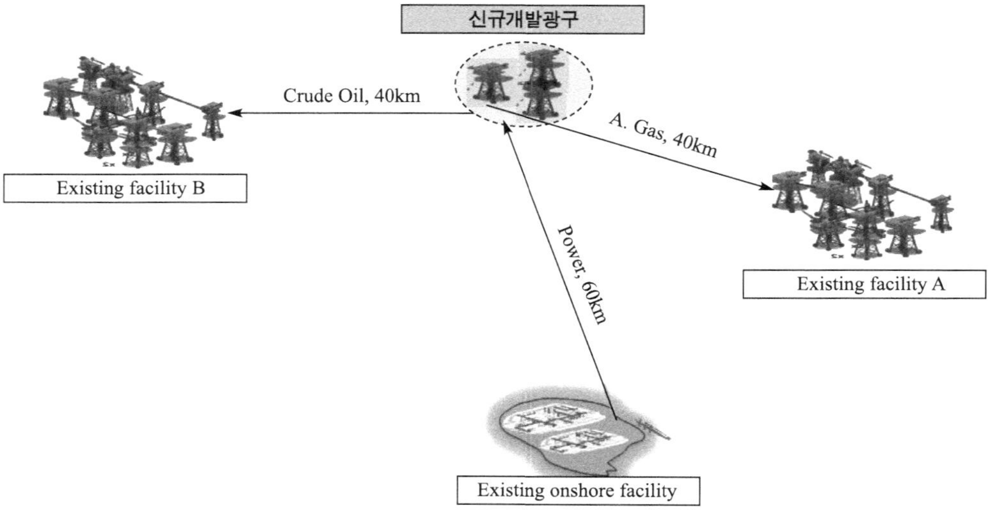

그림 3.55 해상광구개발 모식도

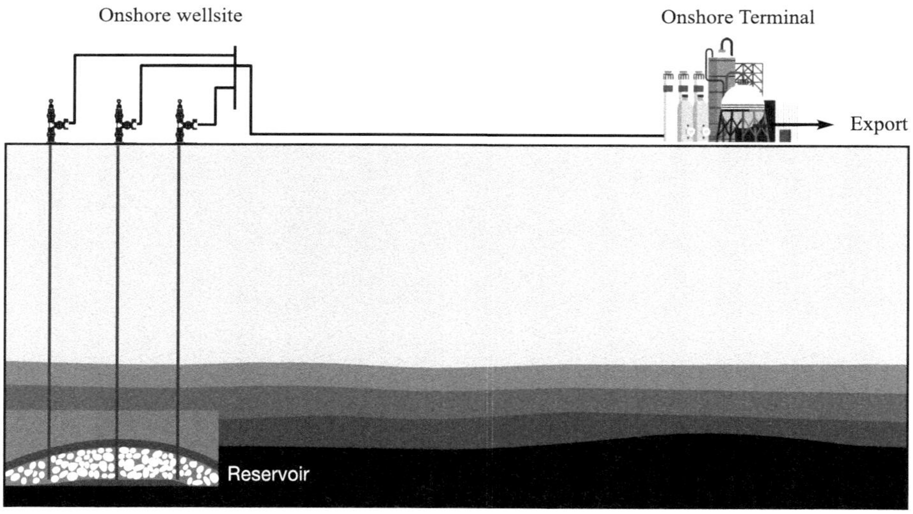

그림 3.56 육상 광구개발 모식도

수송 파이프라인

- 수송 유동모델 및 수송 경로에 대한 설명
- 생산물이 목적지에 도달하기 위해 필요한 송출압력 및 지형(topography)을 감안한 유동 특성이 포함된 수송 형태(scheme)에 대한 설명
- 오일/가스 각각에 대한 생산 파이프라인 내 유량 및 파이프라인 연결부분 운전 조건, 관련된 파이프라인 사양에 대한 설명(설계압력, 설계온도, 부식률, 재질, 파이프라인의 두께 등의 정보)

해상 플랫폼(offshore platform)

- 플랫폼의 설계정보(상부구조(topside structure), 시설(facilities) 외 자켓과 같은 하부구조물에 대한 설계기준 기술)
- 플랫폼 설치환경의 최대 조류, 태풍, 최대풍속, 염분에 의한 부식 등 안정적 생산을 위한 시설물 구성의 적절성 검토

3.8.3 수송관 내 유체거동 분석

생산시설물의 설계와 병행하여 유정이나 가스정에서 처리시설로 유입되는 수송관과 처리 후 최종 생산물의 수송 파이프라인에 대한 유체거동 분석(flow assurance for transportation system)이 반드시 필요하며 개념설계 시 수행된 개략적인 현장조사(site survey) 결과를 사용하여 수행한다. 이후 기본설계 기간에 지형의 변동(주로 중동 사막지역) 등 변경사항을 반영할 수 있도록 현장조사가 다시 이뤄진다. 수송 파이프라인은 도착지 최대 운전조건(arrival operation condition)을 고려한 다양한 유체거동 분석을 수행하게 된다.

정적거동분석(steady state analysis)

- 일반적으로 생산시기별 및 수송 온도가 변화하는 동하절기의 거동분석을 수행하며 최대유량 및 최소유량을 기준으로 도착지의 최대 설계압력에서의 거동분석을 수행
- 분석 결과에 따라 수송 파이프라인의 사이즈를 결정하고 약품주입설비(chemical injection system)의 필요 여부

동적거동분석(dynamic analysis)

- 정적거동 분석에서는 확인이 어려운 최초 생산개시(initial startup), 감압(depressurization), 파이프라인 충진(pipeline makeup) 등에 대한 분석

※ 생산물 수송배관 내 하이드레이트 또는 왁스 생성 관련 수송 온도/압력 조건 운영 전략. 필요한 경우 억제제(inhibitor) 주입시스템을 설계에 반영하고 기술함

3.9 운전 및 유지보수 계획

개발계획 수립 시에는 생산개시 후 생산시설물 전반에 대한 운전방법 및 유지보수 전략이 수립되어야 한다. 또한, 상세설계과정을 통해 도출된 상세한 운전 및 유지보수(operations and maintenance, O&M) 절차, 지침 및 가이드라인이 수립되어야 한다. 구체적으로 아래의 내용들이 포함된다.

운전 시 일반사항

첫째, 생산물의 판매사양을 만족할 수 있도록 생산시설을 운전한다. 둘째, 수립된 HSE 관리 시스템을 준수하여 안전 및 환경규제를 준수하고 설비의 휴지시간(downtime)을 최소화하도록 운전 및 유지보수를 수행한다. 셋째, 주어진 투자비 및 운영비(CAPEX & OPEX) 예산을 초과하지 않도록 운전 및 유지보수 (operations & maintenance, O&M) 업무가 수행될 것임을 기술해야 한다.

생산시설물 운전

시설물의 자동화 수준에 따라 운전인력의 수를 결정하고 필요 거주시설을 설계한다. 투자비 및 운영비의 상관관계를 비교하여 유인시설 또는 무인시설로 설계가 가능하다. 무인시설의 경우 시설물의 펌프, 압축기, 밸브, 유틸리티시스템의 완전자동화가 필요하다. 따라서, 해당 광구가 유인 또는 무인시설이냐에 따라 운전방법을 설명해야 한다. 유인시설의 경우 교대운영조로 운영됨을 기술해야 한다. 일반적으로 교대조의 경우 12시간씩 2교대로 운영되어 24시간 연속 운전을 하게 된다. 중앙관리실(central control room, CCR)에는 설비별 제어판(control panel)이 설치되어 현장 또는 제어판에서 조작할 수 있도록 설계하고 기술해야 한다. 방화시설 및 알람시설에 대한 정보를 기술해야 한다. 또한, O&M 조직은 운전과 유지보수로 구분하여 교대근무(shift)별 운전 및 유지보수 인력이 상존하고 교대 시 인수인계(handover meeting)하여 근무 시 특이사항 또는 해당 교대조에서 수행되어야 할 업무를 설명해야 한다. 유지보수 업무는 현장근무자가 작업하기 전 관리자로부터 작업허가(work permit)를 받는 시스템이 운영됨이 언급되어야 한다. 일상 운전 시 긴급 공급중단 또는 도착시설의 긴급 운전중단, 생산물 품질 이상 등 이상 상황에 대처할 수 있도록 상시 의사소통이 되게 시스템

이 설계됨을 기술한다.

생산시설물 유지보수

생산시설물은 운전이 시작됨에 따라 유지보수 절차 수립이 필요하다. 가장 널리 사용되는 유지보수방법은 예지정비(predictive maintenance)이며 주기적인 현장검사 자료를 데이터베이스화하여 설비별, 장비별 검사주기를 선정하여 불시정지(unplanned shutdown)를 최소화하도록 절차를 수립하여 기술해야 한다. 표 3.2는 해상플랫폼의 설비/장비별 검사주기 사례를 보여준다.

표 3.2 설비/장비별 검사주기 사례

Underwater structures	5 year cycle
Above water structures	2~5 years
Submarine pipelines	2½ years for sonar / 5 years for intelligent pigging
Vessels and relief valves	Annual
Major Rotating Equipment	Manufacturers guidelines
Electrical Equipment	4 years
Instrumentation	4 years
Wellhead	Monthly
ESD functional test	Semi-annual
ESD valve leak test	Annual

설비별 검사주기는 운전 및 유지보수 경험에 따라 업데이트되고 지속적으로 관리됨을 기술해야 한다.

기타

예비부품(spare parts) 관리 및 보관, 작업장 등 유지보수를 위한 기타사항을 기술한다.

3.10 생산량 및 수요량 예측

생산량 및 수요량에 대한 예측을 설명한다. 유전의 경우 경제성평가를 최적으로 하는 개발 시나리오에 따른 프로파일을 도출하겠지만 가스전의 경우 대부분 수요예측을 통해 플래토(plateau) 및 생산기간 등을 안정적으로 충족할 수 있는 프로파일이 도출된다. 가스전에서의 수요예측은 GSPA 계약사항, 인근 파이프라인의 활용성, 인근 가스전 개발계획 등을 고려하여 이루어지고 이러한 특성들을 감안한 개발계획 및 생산 프로파일이 도출된다. 특히 가스전에서는 수요처와 협의한 가스가격에 따라 개발계획 및 프로파일, 이에 따른 경제성평가가 영향을 많이 받게 된다.

언급한 바와 같이 별도로 생산량 및 수요량 예측을 설명하는 것은 개발단계에서의 사업의 위험성 내지는 불확실성을 사전에 파악하고 방지하기 위해서이다. 같은 맥락으로 생산의 잠재적 위험요소, 개발계획 변경 가능성, 생산 프로파일 변화 가능성 등에 대한 설명이 포함된다.

잠재적 생산 위험요소로는 다음과 같은 내용들을 고려할 수 있으며 FDP에는 이 요소들의 가능성과 해결방안, 위험요소 평가 방법들이 소개된다.

부식

일반적으로 유해성분 분석을 통해 부식(corrosion)의 위험성을 판단한다. 위험성이 있다고 판단되는 경우 생산정 디자인에서 재질을 13Cr을 사용하기를 권장한다.

생산유체 변화

생산이 지속되면서 탄화수소의 양이 상대적으로 줄면 H_2S, CO_2의 상대적 양이 증가할 가능성들이 생산정 및 처리시설에서 고려되어 있는지의 여부에 대한 설명이 포함된다.

하이드레이트

생산 개시, 혹은 생산 중에 하이드레이트 발생가능성에 대한 문제, 해결방안 등에 대한 분석이 포함된다.

왁스 집적 혹은 모래생산

다양한 이유로 생산성을 저해하는 요인들의 발생 가능성과 해결방안 등에 대한 설명이 포함된다.

3.11 경제성평가

개념설계 과정에서 도출된 자원량, 생산 프로파일, 비용을 활용하여 도출한 경제성평가 결과를 명시하고 각각에 대한 가정사항을 명기해야 한다.

3.12 인력, 교육, 지역자원

생산시설물 운전 및 유지보수 인력
시설물 운전 및 유지보수에 필요한 인력 및 지원인력을 산출하고 예상인력을 분야별로 명기해야 한다.

교육 계획
연도별 인력교육계획(competency based training & assessment, CBTA)을 작성하고 분야별로 직무별 기술능력 향상 계획을 수립해야 한다.

지역자원 개발(local contents development)
프로젝트 수행 시 해당 국가의 인적자원 활용하게 하고 연도별로 지역인력(local personnel)의 비율을 증가하는 방향으로 계획을 수립하고 시행하는 계획수립이 필요하다. 또한, 더 나아가 해당국가에서 생산되는 설비, 장치 및 서비스를 사용 시 혜택을 주는 경우가 많음으로 지역자원 활용 계획을 수립해야 한다. 산유국은 위와 같이 프로젝트 수행 시 지역자원 사용을 점차 강화하는 추세이다.

3.13 보건, 안전, 환경

보건/안전/환경(health, safety and environment, HSE) 규제는 인적, 물적 손실을 방지하고 환경을 보호하기 위해 세계적으로 점차 강화되는 추세이며 성공적인 프로젝트 완수를 위해 HSE 규제 준수가 필요하다.

HSE 관리 시스템
개발사는 프로젝트 진행 시 설계, 설치, 장비구매 등 전방면에서 자체 통합 HSE 시스템 및 산유국의 국가 HSE 시스템을 준수할 책임이 있다. HSE 규제 준수가 수익없는 비용지출이 아닌 위험성 감소를 통한 안정적 사업을 영위하기 위한 도구로 활용됨을 인지해야 한다. 정량적 위험성 평가 및 환경영향평가 등 다양한 제3자 용역을 통해 잠재된 위험을 사전에 도출하여 대응방안을 검토하여 더욱 안전한 HSE 시스템 정착을 위해 노력함을 기술한다.

인적자원 및 교육
선발된 인력이 기획, 설계, 설치 등 프로젝트 전반에 투입되어야 하고 해당인력에 대한 HSE 관련 교육이 지속적으로 이뤄지도록 계획해야 한다.

3.14 위험성평가 및 관리

위험성평가 및 관리 시스템을 구축하여 프로젝트의 기술, 경제성, 상업성, 조직구성, 관리분야 전 분야에 걸쳐 적용되고 있음이 언급되어야 한다. 위험성평가 매트릭스 및 위험성등록부(risk register) 등을 이용해 평가 및 관리를 수행한다.

Potential Risk Matrix					A	B	C	D	E
	People	Assets	Environment	Reputation	Has occurred in worldwide industry but not in ADNOC	Has occurred in other ADNOC company	Has occurred in ADMA - OPCO	Happens several times a year in ADMA	Happens several times per year in the same location or operation
5 Catastrophic	Multiple fatalities	Extensive damage – Substantial loss of operation (costs >US$10,000,000).	Massive effect, persistent severe environmental damage extending over a large area.	International impact. Extensive adverse attention in international media.					
4 Severe	Single fatality or permanent total disability	Major – partial operation loss (2 weeks shutdown, costs up to US$10,000,000)	Major effect, severe environmental damage. Extensive measures to restore damage	National impact – national concern. Adverse attention in the nat'l media				HIGH	
3 Critical	Major injury or health effects. Irreversible health damage without loss of life.	Local damage – partial shutdown (can be restarted but costs up to US$500,000).	Localised effect, limited loss of discharges of known toxicity.	Considerable impact – slight national media and / or local / regional political attention.					
2 Marginal	Minor injury or health effects with limited and reversible health effects.	Minor damage – brief disruption (costs less than US$100,000).	Minor effect, contamination. Single exceedance of limit. No permanent effect	Limited impact – some local public concern.			MED		
1 Negligible	Slight injury or health effects including FAC and MTC	Slight damage - no disruption to operation (costs less than US$10,000)	Slight effect – local environmental damage. Negligible financial consequences	Slight impact – public awareness but no public concern		LOW			

그림 3.57 위험성평가 매트릭스 (출처: ADNOC risk management matrix)

위험성관리

위험성관리는 프로젝트 진행 시 전 분야에 걸쳐 적용되며 목적은 아래 사항을 보장하기 위해 필요하다.

- 프로젝트 진행 시 매 순간 결정이 필요하며 품질 확보
- 변경사항, 사건, 사고로부터의 대처 방안 확보
- 불확실성에 대한 효율적 분석, 평가 및 도출
- 규제준수 및 주주사 및 관계자의 신뢰 확보
- 인적 물적 자원의 보호

위험성분석은 일정한 주기를 두고 지속적으로 평가 및 관리 되어야 한다. 효과적인 위험성관리를 위해 변경관리(management of change)가 중요하며 과업범위(scope of work) 및 계약, 설계 등 프로젝트 전반에 빈번히 발생하는 변경사항에 대한 관리가 체계적으로 이뤄져야 한다. 대부분의 프로젝트는 설계변경이 발생되며 설계변경 요소에 따라 사고발생 및 대규모 추가비용 및 일정 지연 등의 문제가 발생할 수 있음으로 설계변경에 대한 관리가 반드시 필요하다. 변경관리는 아래 그림 3.58과 같은 업무 흐름으로 진행됨을 명기해야 한다.

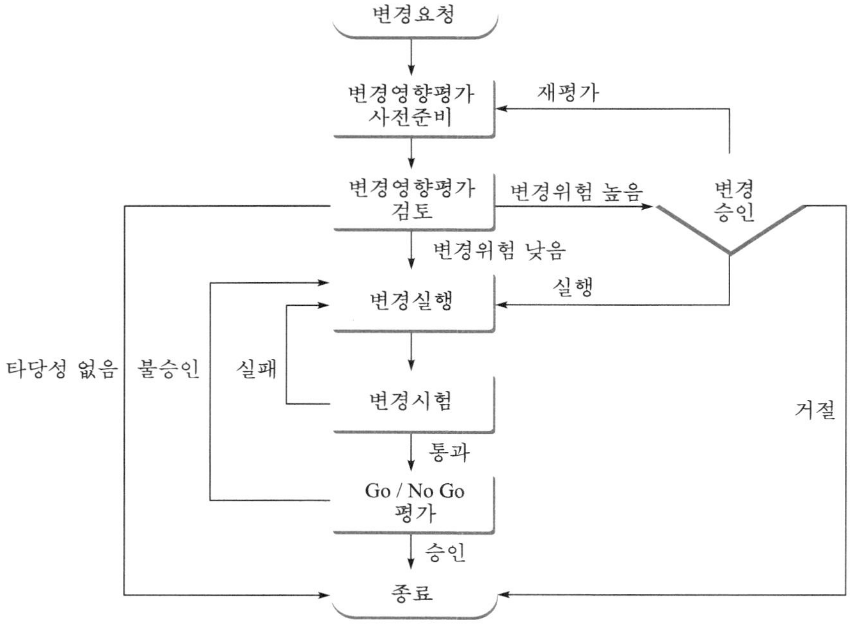

그림 3.58 변경관리 흐름도 (출처: Shell FDP guideline)

문제 Question

광구개발계획(FDP)은 개발단계 중 어느 단계 이후에 작성되고 승인되어야 하는가?

풀이 Answer

개념설계(conceptual design) 이후 작성

참고문헌 Reference

국내외 유가스전(UAE,, 영국 등) 실제 개념설계 수행 결과

석유공사 내부 교육자료

한국지질자원연구원, https://www.kigam.re.kr/menu.es?mid=a10403020000

해외 석유개발 메이저 기업 (BP, Shell, ADNOC 등) Field development plan guideline

ADNOC risk management matrix

Alsharhan, A., Strohmenger, C.J., and Abdulla, A.-M., 2014, "Mesozoic Petroleum Systems of Abu Dhabi, United Arab Emirates," AAPG Memoir 106:679–711

Clauss, O. and Díaz-Ambrona, Y.M., 2018, "3D Velocity Model Building and Seismic Imaging Combining Tomography and Model Based Approaches in the Peniche Basin," AAPG Europe Regional Conference, Global Analogues of the Atlantic Margin, Lisbon, Portugal, May 2-3, 2018.

Durrani, M.Z.A., Talib, M., Ali, A., Sarosh, B., and Naseem, N., 2020, "Characterization and probabilistic estimation of tight carbonate reservoir properties using quantitative geophysical approach: a case study from a mature gas field in the Middle Indus Basin of Pakistan," Journal of Petroleum Exploration and Production Technology, 10: 2785–2804.

energplace, http://www.energplace.com/Supply-Chain/level-3/23)

Gringarten well testing 교육자료

IKON, https://www.ikonscience.com/products/rokdoc/reservoir-characterization/

Illidge, E.J., Camargo, J.L., and Pinto-Valderrama, J., 2021, "Estratigrafía sísmica 3D aplicada a la estimación de litología en un sistema deltaico," Boletín de Geología, 43:2

Jeong, J., Al-Ali, A.A., Jung, H., Abdelrahman, A., Shebl, H.T., Kang, J., Bonin, A., de Perriere, M.D., and Alexander, F., 2017, "Controls on Reservoir Quality and Reservoir Architecture of Early Cretaceous carbonates in an Abu Dhabi Onshore Field Lekhwair, Kharaib and Lower Shuaiba Formations," SPE-188420, Paper presented at the Abu Dhabi International Petroleum Exhibition & Conference, Abu Dhabi, UAE, November 2017.

Jeong, J., Kang, J., and Bonin, A., 2016, "Sedimentological Characterisation and Sequence Stratigraphy of the Lowermost Lekhwair Deposits of the Southern Tethys

Early Cretaceous, Onshore Abu Dhabi," Paper SPE-183316 presented at the Abu Dhabi International Petroleum Exhibition & Conference, Abu Dhabi, UAE, November 2016.

Mahgoub, M.I., Padmanabhan, E., and Abdullatif, O., 2017, "Seismic inversion as a predictive tool for porosity and facies delineation in Paleocene fluvial/lacustrine reservoirs, Melut Basin, Sudan," Marine and Petroleum Geology, 86.

Menon, P., Ali, A., Guergour, M.N., Ebeid, M., Jeong, J., and Darous, C., 2016, "Petrophysical Modeling Based on Porosity Partitioning, a Case Study in Thamama Formation," Paper SPE-183391 presented at the Abu Dhabi International Petroleum Exhibition & Conference, Abu Dhabi, UAE, November 2016.

Noufal, A., Obaid, K., and Ali, M.Y., 2016, "Abu Dhabi Stress Map, UAE," Paper SPE-182919 presented at the Abu Dhabi International Petroleum Exhibition & Conference, Abu Dhabi, UAE, November 2016.

Rassas, A.A., Ren, S., Sun, R., Zafar, A., Moharam, S., Guan, Z., Ahmed, A., and Alomaisi, M., 2020, "Application of 3D Reservoir Geological Model on Es1 Formation, Block Nv32, Shenvsi Oilfield, China," Open Journal of Yangtze Gas and Oil, 5:54-72.

SAExploration, https://saexploration.com/marine-transition-zone

Schlumberger, https://www.software.slb.com/products/petrel/features#faultsealdepo

Schlumberger, https://www.software.slb.com/products/omega

Schlumberger, https://www.slb.com/drilling/surface-and-downhole-logging/mud-logging-services/flairflex-advanced-real-time-fluid-logging-and-analysis-service

Schlumberger, https://www.slb.com/resource-library/case-study/dr2/provision-plus-evaluate-deviated-deepwater-well

Schlumberger, https://www.software.slb.com/products/petrel/features#improveperf

Schlumberger Oilfield Summer 2012, Seismic detection of subtle faults and fractures

Shell FDP guideline

Strohmenger, C.J., Weber, L.J. Ghani, A., Ghani, A., and J.C. Mitchell, 2006, "High-resolution sequence stratigraphy and reservoir characterization of Upper Thamama (Lower Cretaceous) reservoirs of a giant Abu Dhabi oil field, United Arab Emirates," AAPG Memoir 88:139-171.

Vose software, https://www.vosesoftware.com/models/002.php

https://production-technology.org/pvt-sampling-methods

https://slideplayer.com/slide/11544775/ Penn State Online Degree

http://www.businesskorea.co.kr/news/articleView.html?idxno=3712

https://www.hartenergy.com/exclusives/mozambique-frontier-area-costs-are-coming

https://www.searchanddiscovery.com/pdfz/documents/2016/41783milad/ndx_milad.pdf.html

https://www.researchgate.net/figure/Porosity-permeability-relationship_fig1_254535977

https://testwells.com/production-flow-test-well-test/

https://www.researchgate.net/figure/Correlation-between-porosity-and-permeability_fig1_265979680

https://www.mdpi.com/1996-1073/14/20/6629/htm

CHAPTER 04

기본설계 · 상세설계 · 설치 · 시운전

개발 작업은 광구개발단계(field development stage)에 따라 개념설계 단계 후 본격적으로 시설물에 대한 기본설계(front end engineering and design, FEED) 및 상세설계-구매-건설-설치-시운전(engineering, procurement, construction, installation, commissioning, EPCIC)을 수행하는 단계이다.

4.1 기본설계

4.1.1 기본설계 개요

FEED의 정확한 의미는 기본설계(basic engineering)의 "End"와 EPCIC 중 상세설계의 "Front"를 연계시키는 연결설계로 기본설계와는 차이가 있으나 본 장에서는 간결한 설명을 위해 기본설계라고 한다.

FEED는 EPCIC 입찰을 위한 기본 설계과정으로 요약할 수 있다. 주요 수행 업무는 산출된 전체 투자비용(total investment cost, TIC) 추산에 대한 평가, 전반적인 프로젝트 수행 계획안 개발, EPCIC 계약자 선정 입찰을 위한 입찰자료 작성 및 최종투자결정(final investment decision, FID) 승인 등이다. 기본설계는 원천기술 라이선서(licenser)가 제공하는 공정패키지(process package)를 말한다. 기본설계는 보통 계통

흐름도(flow diagram), 배관 및 계측도면(piping and instrument diagram, P&ID), 기기 및 계기의 사양서 등으로 이루어진다.

FEED는 다수의 EPCIC 입찰자가 동일한 기준과 자료를 가지고 견적가를 산출하여 입찰할 수 있도록 하는 데 그 목적이 있다. 서로 다른 여러 공정의 라이센서를 동반하는 경우 P&ID 및 사양 표기법을 통일하여 입찰자가 동등한 조건에서 입찰에 응할 수 있도록 만든 설계자료이기도 하다. FEED 입찰기간 동안 입찰자는 제공된 자료에 대한 질의 사항을 기술설명세션(technical clarification session)을 통해 해소하게 된다. 통상 2~3개월의 기간 동안 이루어지며 동 내용이 계약서에 반영되는 것이 상례이다. 오랜 기간 입찰과정이 수행되는 이유는 계약 후 발주자의 요구사항변경(change order)이 발생하지 않도록 시공사 상세설계를 원활히 수행하는데 필수적인 설계도서이기 때문이다. 따라서, FEED 결과 자체로는 건설을 위한 상세 설계성과품이 아니고 공정한 EPCIC 수행을 위한 입찰정보를 입찰자에게 제시하는 과정으로 이해하면 된다.

대부분의 발주사는 운영인력의 한계가 있으므로 FEED 등 설계용역을 위한 관리 인력을 상시 대기시킬 수 없어 프로젝트 관리용역(project management consultant, PMC)의 전문기술을 지원받는 경우가 대부분이다. 발주사는 자체 프로젝트 관리조직(project management team, PMT)을 구성하여 운영하고 있으나 대부분 소규모 조직으로 부족한 전문기술인력은 PMC를 활용하여 프로젝트가 효율적으로 진행될 수 있도록 한다. PMC는 프로젝트 관리자(project manager) 아래 각 분야별로 엔지니어(engineer)를 두어 FEED 수행을 지원한다. 대표적인 FEED 및 PMC 서비스회사는 Technip, Worley Parsons, Woods, Fluor, KBR, Petrofac, Blifinger 등과 같은 회사가 있다.

4.1.2 기본설계 내용

FEED는 개념설계 완료 후 주주사의 승인을 받아 진행하는 개발단계이다. 개념설계의 설계성과품에 대한 검증작업을 시작으로 공정, 기계, 전기, 토목, 구조 등 설계작업을 수행한다. FEED 설계성과품의 품질이 낮을 경우 EPCIC 진행 시 많은 변경 사항이 발생할 수 있으므로 품질 높은 FEED 수행이 결과적으로 성공적인 프로젝트 완수에 필수적인 요소이다. 통상적으로 FEED 단계는 그림 4.1과 같은 흐름으로 진행된다.

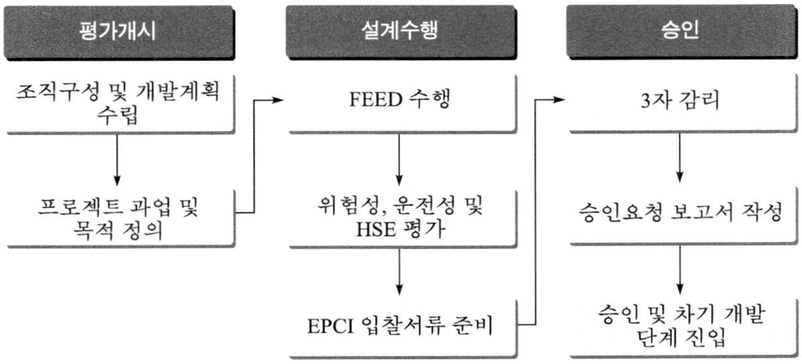

그림 4.1 FEED 진행 순서 (출처: ADNOC Value assurance process)

개념설계 과정은 선정된 개발안에 대한 개념수립 수준의 설계이며 개념설계 설계성과품은 설치를 위한 자료가 아니고 FEED 단계를 위한 준비 단계로 이해하면 된다. FEED 단계에서는 업데이트된 저류모델 및 지반/지형조사(geotechnical & topography survey) 등 실제 현장조사를 바탕으로 다양한 분야별 설계성과품이 만들어진다. 현장 지형조사를 통해 토양의 종류, 환경보호 지역의 유무, 지형의 고저, 주변 시설물 등과 생산시설물, 수송 파이프라인 및 전기 공급설비 설치의 좌표정보를 취득하게 된다. 기본설계는 개념설계 과정에서 작성된 표 4.1과 같은 설계성과품에 대하여 업데이트가 진행된다.

표 4.1 기본설계 시 업데이트 설계성과품

사업안(business case)
광구설명(field description)
기술 불확실성(technical uncertainties)
통합 subsurface study(geology, geophysics, reservoir engineering)
저류층 모델, 생산 프로파일 및 생산 메커니즘
단계별 개발계획(development phasing)
기본설계 조직도
운영 및 유지보수 관리 철학(operation & maintenance philosophy)
프로젝트 위험등록부 및 관리 계획 등

개념설계 과정에서 선정된 최종 개발개념은 기본설계 과정을 통해 업데이트 및 업그레이드되며 프로젝트의 최종 과업을 확정하게 된다. 또한, 개념설계 과정에서 산출된 예상비용은 업데이트된 입력값과 현장조사 결과를 바탕으로 기본설계 과정에서 더욱 정확하게 산출된다. 예상비용의 정확도는 ±15% 수준으로 산출되며 프로젝트 일정 또한 Level 2 수준으로 업데이트된다.

전체 FEED 과정 중 최우선적으로 수행되는 프로세스 설계 흐름은 아래 그림 4.2와 같다.

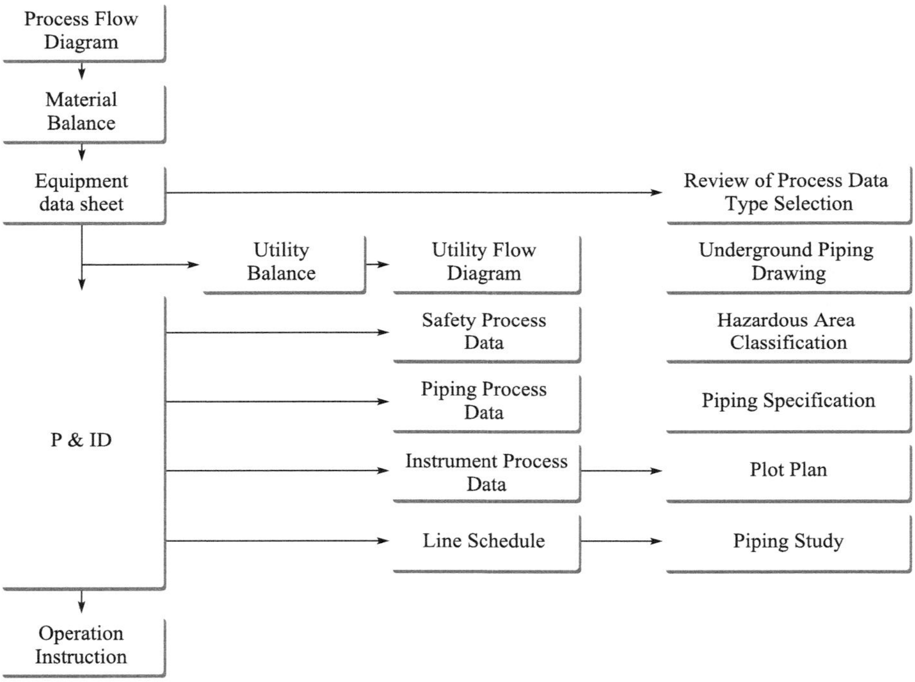

그림 4.2 FEED 설계 진행 과정

각 진행순서에 대한 용어 정리는 아래와 같다.

- PFD: 공정흐름도(process flow diagram)의 약어로 공정흐름 및 제어, 물질 및 에너지수지(mass & heat balance) 등 운전 압력 및 온도를 표시한 도면 (그림 4.3 참조)
- P&ID: Piping and instrument diagram의 약어로 공정 전체에 대한 기계, 전기, 배관, 토건과 관련된 설계정보(engineering information)를 각종 기호, 숫자 및 그림으로 나타내어 플랜트 설계의 기준이 되는 도면 (그림 4.4 참조)

- UFD: Utility flow diagram의 약어로 유틸리티시스템(utility system)에 대한 PFD, P&ID를 포함한 도면장비 데이터시트(equipment data sheet): 각종 기계 및 기기에 대한 공정상의 최소 요구사항을 나타낸 자료
- 안전공정 데이터(safety process data): 위험물질 발생 가능기기 및 위험물질에 대한 특성을 나타낸 자료
- 배관공정 데이터(piping process data): 파이프 내를 흐르는 유체의 종류별 운전조건(온도, 압력), 설계조건(온도, 압력) 및 기본 재질을 나타낸 자료
- 계장공정 데이터(instrument process data)
  · 제어밸브(control valve)
  · 안전밸브(safety valve)
  · 압력계, 온도계, 액위 측정기, 유량계 등에 대한 공정조건을 표시한 자료
- 라인스케줄(line schedule): 각각의 배관에 대한 공정조건(process condition)을 나타낸 자료
- 기타: 장비리스트(equipment list), 운영 매뉴얼(operation manual) 등

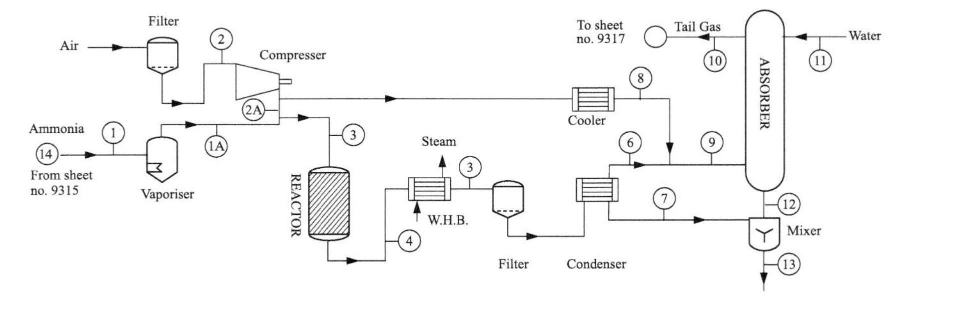

Flows(kg/h) Pressures nominal

Line No. Stream / Component	1 Ammonia Feed	1A Ammonia Vapour	2 Filtered Air	2A Oxidiser Air	3 Oxidiser Feed	4 Oxidiser Feed	5 W.H.B. Outlet	6 Condenser Gas	7 Condenser Acid	8 Condenser Air	9 Absorber Feed	10 Tail(2) Gas	11 Water Feed	12 Absorber Acid	13 Product Acid
NH3	731.0	731.0	--	--	731.0	NIL	--	--	--	--	--	--	--	--	--
O2	--	--	3036.9	2628.2	2628.2	935.7	935.7	275.2	TRACE	408.7	603.9	371.5	--	TRACE	TRACE
N2	--	--	9990.8	8644.7	8644.7	8668.8	8668.8	8668.8	TRACE	1346.1	10014.7	10014.7	--	TRACE	TRACE
NO	--	--	--	--	--	1238.4	1238.4	202.5	--	--	202.5	21.9	--	TRACE	TRACE
NO2	--	--	--	--	--	TRACE	(?)	967.2	--	--	967.2	TRACE	--	TRACE	TRACE
HNO3	--	--	--	--	--	NIL	NIL	--	850.6	--	--	--	--	1704.0	2554.6
H2O	--	--	TRACE	TRACE	--	1161.0	1161.0	29.4	1010.1	--	29.4	26.3	1376.9	1136.0	2146.0
Total	731.0	731.0	13027.7	112727.9	12003.9	12003.9	12003.9	10143.1	1860.7	1754.8	11897.7	10434.4	1376.9	2840.0	4700.6
Press(Bar)	8	8	1	8	8	8	8	8	1	8	8	1	8	1	1
Temp(°C)	15	20	15	230	204	907	234	40	40	40	40	25	25	40	43

그림 4.3 전형적인 PFD

주어진 생산 프로파일, 생산유체의 조성, 생산물의 판매사양, 시설물의 위치, 판매시설의 위치 등을 기준으로 공정설계의 첫 단추인 PFD가 작성된다. 이후 물질수지, 장비리스트, UFD, P&ID 및 운전지침 순으로 작성된다. 관련 설계조직과의 협업을 통해 배관, 위험지역 구분도면, 배관사양 및 배치도 등의 설계자료를 작성한다. 그림 4.4에 나타나듯이 P&ID는 시공을 위한 기초자료로서 공정, 전기, 계장, 배관, 구조, 안전자료 등의 정보가 포함되어 있다.

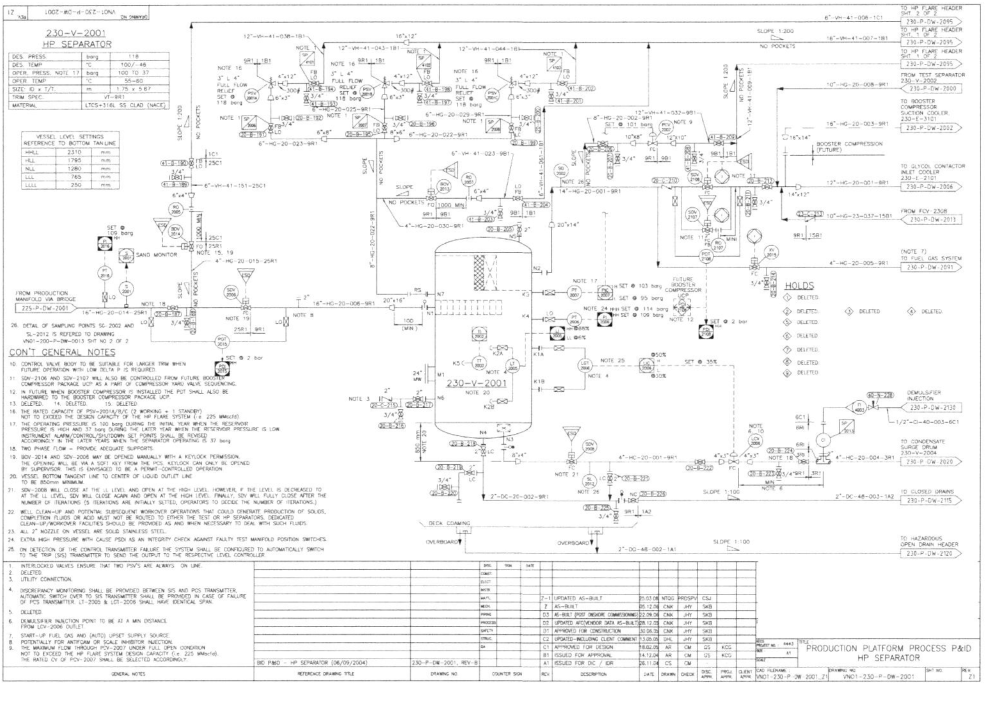

그림 4.4 전형적인 분리기(separator)의 P&ID

기본설계의 주요 요소인 프로세스 공정, 기계공정, 전기공정, 안전공정 등 설계 시 주요 요소에 대한 이해를 돕기 위해 아래 내용을 설명한다. 첫째 프로세스 공정은 저류분야에서 제공받은 생산 프로파일 등의 자료 외에 물질 압력-체적-온도시험(pressure-volume-temperature, PVT) 결과와 표 4.2의 주요 물성값을 기반으로 설계가 진행된다.

표 4.2 유체의 주요 물성값

인화/폭발의 가능성이 있는 물질의 종류
각 물질의 인화점 및 발화점
폭발 한계 (상한선 및 하한선)
비중/비등점 등

프로세스 공정의 핵심인 P&ID는 FEED 진행에 가장 근본이 되는 자료로 기계흐름도(mechanical flow diagram) 또는 설계흐름도(engineering flow diagram)라고 부르는 경우도 있다. P&ID에는 각종 기호 또는 약어 등을 이용하여 기계, 배관, 전기, 계장, 토건 등의 관련 자료를 가능한 최대로 표시하는 것이 원칙이다. 통상 작성하는 범위 중 시공을 위해 승인된(approved for construction, AFC) P&ID에는 공급자 정보의 수정 등 기타 최종정보 등을 수정 반영한다. 최종적으로 P&ID는 AFC 단계에서 완료되지만, 현장 작업 및 기동운전(startup operation) 시에 불가피하게 수정된 사항들을 시공 완료 후 P&ID에 반영하는데 이것을 최신화(as-built) P&ID라 한다.

P&ID가 작성된 후 기계 및 기기와 관련된 공정설계가 진행되며 각 장치의 설계(design calculation), 장비 데이터시트 작성, 설계도면(engineering drawing) 및 벤더자료(vendor print) 확인 등의 작업이 진행된다. 또한 배관설계(piping design)와 관련하여 이루어져야 할 부문 설계에는 배관공정 데이터(piping process data) 및 배관정보(line schedule) 작성이 진행된다.

- 배관공정 데이터

  배관공정 데이터는 배관설계 중 배관재질 분류(piping rating)와 관련된 설계 등 배관 사양 작성의 기초가 되는 것으로 다음과 같은 사항이 포함된다.

  · 배관 내 유동 유체의 종류, 온도, 압력
  · 설계 온도 및 압력
  · 기본자재(base material)
  · 부식조건(corrosion condition)
  · 부식허용(corrosion allowance)

- 배관정보

  배관정보는 배관설계의 배관스터디, 시운전 시 시험세정(test flushing) 계획 수립 등을 위하여 작성하는 것으로 다음과 같은 사항이 포함된다.

· 배관을 흐르는 유체의 종류, 및 온도 압력
· 설계 온도 및 압력
· 시험세정용 유체의 종류
· 단열정보(insulation information)
· 전기·계장 관련 설계

- 계장공정 데이터(instrument process data)

계장공정 데이터란 각종 측정기(gauge,) 계측기(indicator), 계량기(meter), 분석기(analyzer), 제어밸브(control valve), 안전밸브(safety valve) 등 계장설비에 대한 공정요건(process requirement)을 기입한 것을 의미한다. 계장분야서는 이 데이터를 근거로 하여 계측장비의 전반적인 사항(크기, 종류, 재질, 형태 등)을 결정하는 자료인 계장정보(instrument information)를 작성하게 한다.

- 인터락 및 순서(interlock & sequence)

인터락 및 순서 관련 공정설계는 비정상 운전조건에서 플랜트나 단위기기의 보호 등 플랜트 안전(plant safety)을 위한 탈수(dehydration) 설비 등 사용에 있어 순차적인 운전이 필요한 자동화 설비의 제어시스템(control system) 설계 등으로 크게 나눌 수 있다.

- 안전공정 데이터(safety process data)

안전공정 데이터는 구역분류(area classification)의 기초가 되며 전기/계장 관련기기의 형태 선정에 사용된다. 다시 말해 안전공정 데이터는 공장에서 사용되는 유체들의 특성을 미리 파악하여 비정상 시의 인화 및 폭발을 사전에 방지하고자 위험의 정도에 따라 구역을 구분할 수 있도록 관계된 제반 자료를 나타낸 것이다.

- 보건, 안전, 환경영향평가(health, safety and environment impact assessment, HSEIA) Phase I

HSE study의 근간이 되는 평가로 HSE 관리시스템(HSE management system, HSEMS), HSE 주요 장비시스템(HSE critical equipment system, HSECES), 환경영향평가서(environment impact statement, EIS), 직업보건 위험평가(occupational health risk assessment, OHRA), 주요 사고 위험 규제의 통제(control of major accident hazards regulation, COMAH) 등 HSE 관련 주요 절차 및 지침과 관련되어 있다. 정두구역(wellhead area), 중앙처리시설(central processing facilities), 파

이프라인(pipelines) 등 생산시설의 설치, 운전 및 철거 시 HSE 측면에서 시설의 전 주기(life cycle) 동안 발생할 수 있는 환경영향을 평가하고 대처방안을 검토함에 있다. HSEIA 개발 과정은 아래와 같다.

HSEIA 단계는 아래와 같이 단계별로 생산시설물의 전 주기에 걸쳐 관리된다.

· HSEIA Phase 1: Conceptual design and FEED (Front End Engineering & Design)

· HSEIA Phase 2: Engineering, procurement and construction, installation & commissioning (EPCIC)

· HSEIA Phase 3: Operation

· HSEIA Phase 4: Decommissioning

- 보건안전환경 경영시스템(health, safety & environment management system, HSEMS)

기업 HSE 정책의 하위 시스템에 해당되며 아래 개별 내용을 포괄하는 HSE 관리 시스템이다. HSE 관련 전반적인 내용을 포함한다.

- 최신기술(best available control technology, BACT): 정두구역, 중앙처리시설, 파이프라인 등 생산시설의 설치로 인해 야기되는 환경문제를 효율적인 기술을 이용하여 방지 또는 경감하기 위한 용역이다. 대기오염, 소음, 배출, 폐기물관리 등과 같이 다양한 부분의 최고 기술(best technology)에 대한 평가가 진행된다.

  · 환경위험요인 식별(environment hazard identification, ENVID): 정두구역, 중앙처리시설, 파이프라인 등 생산시설이 미치는 환경영향을 도출하고 평가한다.

- 위험요인 식별(hazard identification, HAZID): 주로 FEED 단계에서 수행되며 큰 틀에서 주변의 환경이나 사회에 미치는 잠재적 위험을 파악하고 대응하기 위해 작성된다.

- 위험성 및 운전성 검토(hazard and operability, HAZOP): 생산시설의 위험성과 운전성을 정해진 규칙과 P&ID에 시스템별 노드를 나누어 체계적으로 분석하고 평가하는 기법이다.

- HSE 주요장비 및 시스템(health, safety & environment critical equipment and systems, HSECES): 고장이 심각하거나 치명적인 결과를 초래하거나 사고를 유발할 수 있는 주요 장비 및 시스템을 효율적으로 관리하기 위해 장비의 식별, 문서화

를 통해 중요 장비의 고장 위험으로부터 작업자와 환경을 보호하는 데 목적이 있다.

- 직업보건위험 식별(occupational health hazard identification, OHID) 등: 정두구역, 중앙처리시설, 파이프라인 등 생산시설의 운전, 유지보수 시 작업자에 미치는 영향을 평가하고 도출한다.

설계와 별개로 FEED가 진행되면 설계성과품에 대한 독립검증기관(independent verification body, IVB)의 기술 감리는 의무사항이다. 발주자는 DNV, Bereau Veritas, Lloyd 등 제3자 검증사를 고용하여 생산시설의 모든 분야에서 생성된 설계물에 대해 기술 및 안전 감리를 받아야 한다. 감리사의 의견은 설계성과품에 반영되어야 한다.

4.1.3 FEED 성과품

설계사는 요구되는 설계성과품에 따라 용역비용을 산출하므로 EPCIC 입찰 시 입찰문서에 성과품이 포함되어 입찰자에게 제공된다. 성과품의 종류 및 수량에 따라 입찰비용이 달라지고 설계용역 기간의 연장 등이 발생하므로 프로젝트 진행 시 매우 중요한 자료이다. 발주자는 FEED 단계에서 어떤 설계성과품이 작성되는지 알고 있어야 하며 발주사의 결정에 따라 가감할 수 있다. 생산시설 분야의 요약 성과품 목록은 아래와 같으며 전체 성과품 목록은 부록에 첨부하였다. FEED 단계의 성과품 개수는 약 600~700여 개 수준이다.

1	Project Management
1.1	Interface management plan
2	Technology
2.1	Technology Selection report
3	Maintenance & Integrity
3.1	Project Integrity Management Plan
4	HSE Critical Equipment Systems (HSECES)
4.1	Scope of IVB
4.2	HSE Critical Equipment / Systems Register
5	Quality Control
5.1	Scope of TPI authority
6	HSE

6.1	Project HSE Philosophy
7	Project (General) Engineering
7.1	Basis of Design
8	Process Engineering
8.1	Description of existing & New Facility
9	Civil Engineering
9.1	Civil Engineering Design Basis
10	Architectural Engineering
10.1	Architectural Design Basis
11	Structural Engineering
11.1	Structural Design Basis / Report
12	Structural Drawings
12.1	Deck Framing Plan Drawings
13	Mechanical-HVACP
13.1	Basis of Design and philosophies
14	Mechanical-Static Equipment
14.1	Equipment / Packages Design Basis
15	Mechanical-Rotating Machinery Equipment
15.1	Rotating Machinery Design Basis
16	Gas Turbine
16.1	Gas Turbine specifications
17	Compressor
17.1	Compressor 's Specifications
18	Pump
18.1	Pump's specification
19	Diesel Engine
19.1	Diesel Engines Specifications
20	Fan
20.1	Fan Specifications
22	Mechanical-Piping
22.1	Plot Plan Design Criteria
23	Pipeline (Onshore)
23.1	Design Dossier
23.2	Drawings

24	Pipeline (Submarine)
24.1	Offshore Pipeline Design Basis report
25	Specification / Reports
25.1	Pipeline Route Selection Report
26	Drawings
26.1	Pipeline Route Drawing
27	Instrumentation & Control
27.1	Philosophies
27.2	Specifications
27.3	Datasheets
27.4	Calculation Sheets
27.5	Drawings / Documents
27.6	Reports
28	Electrical
28.1	General
28.2	Power System Study report
28.3	Other relevant documents
28.4	Calculations
28.5	Layout
28.6	Drawings
28.7	Datasheet & Specification
29	Marine Facilities and Operations
29.1	Life Saving Equipment Specifications
30	Procurement
30.1	Procurement Schedule For Material
31	Construction
31.1	Construction strategy
32	Commissioning
32.1	Pre-commissioning & Commissioning Philosophy

FEED가 완료되면 전체 광구개발 과정 중 비용 측면에서 약 40~50%를 차지하는 EPCIC 수행을 위한 모든 준비가 완료된다. FEED 완료 후 주주사(shareholders), 내외부 이해관계자(internal & external stakeholders)의 승인이 완료되면 최종투자결정(final investment decision, FID)에 대하여 주주, 내외부 이해관계자로 부터 승인

이 진행된다. 일반적으로 FID 최종 승인 전에 EPCIC 입찰패키지(tender package) 준비가 시작되고 FID 승인과 동시에 공개입찰 또는 제한 경쟁입찰 방식 등으로 입찰이 진행된다. 일반적으로 FEED는 입찰(약 3~4개월) 및 승인기간을 제외하고 약 9~10개월의 기간과 총 개발비용의 약 2% 수준(수백만 달러~천만 달러 수준)의 비용이 소요된다.

문제 Question

최종투자계획(FID)은 개발단계 중 어느 단계 이후에 작성되고 승인되어야 하는가?

풀이 Answer

FEED 이후 작성

4.2 EPCIC

EPCIC는 광구개발의 최종 단계로 생산을 위한 시설물이 설치되며 상세설계, 구매, 설치 및 시운전 전체를 포함하는 하나의 계약으로 수행된다. 실제 시설물의 건설이 이뤄지는 EPCIC는 시설물의 규모나 설치 난이도에 따라 상이하다. 비용측면에서는 수천억에서 수조 원대까지 다양하며 건설기간은 육상플랜트의 경우 평균 27~36개월, 해상플랜트의 경우 평균 36~48개월이 소요된다. 일반적으로 전체 광구개발과정의 총비용 및 기간의 약 40~50%가 소요되는 작업임을 인지해야 한다. 먼저 EPCIC 입찰 및 계약방식에 대한 이해가 필요하다.

대부분의 해외입찰은 공개경쟁입찰(open tender) 방식으로 진행되나 중동 산유국의 경우 제한경쟁입찰(restricted tender)을 선호한다. 공개경쟁입찰은 산유국 국영석유사의 웹사이트, 신문 및 전문잡지 등에 입찰공고를 하는 방식이고 제한경쟁입찰은 건설업 수행을 위해 사전등록된 업체만이 입찰에 참여할 수 있는 방식이다. 중동 산유국의 경우 입찰의 투명성 확보를 위해 등록된 업체들에게 입찰공고를 알리도록 강제하고 있다. 입찰참여 의사가 있는 입찰자는 참여의향(express of interest, EOI)을 발주자에게 공식적으로 알리는 방식이다. 발주자는 입찰기간의 장기화를 방지하기 위해 EOI를 제출한 입찰자의 회사규모, 재무상태, 과거실적, 현지 평판 등을 종합적으로 고려하여 10개 이하로 선별하는 과정을 거치는데 이 과정을 입찰참가자격 사전심사(prequalification, PQ)라고 한다. EPCIC는 실제 시공을 위한 수많은 설계자료가 작성되므로 발주사의 요구사항을 입찰자가 이해하고 기술제안서에 포함하였는지 여부를 기술규명세션(technical clarification session, TCS)을 통해 철저히 검증해야 한다. 통상 아래 그림 4.5와 같이 진행되며 약 7~9개월의 기간이 소요된다.

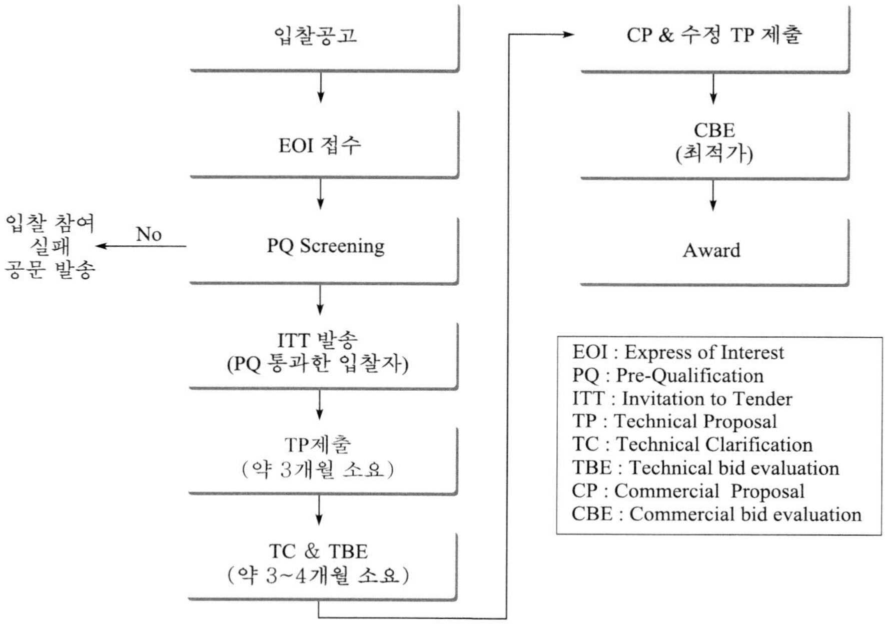

그림 4.5 EPCIC 경쟁제한입찰 진행순서

EPCIC 입찰자는 발주자가 제공한 입찰초청서 패키지(ITT Package, FEED 설계성과품 포함)를 기준으로 자체 데이터와 장비 견적 등을 활용하여 입찰금액을 산정하게 된다. ITT 패키지는 일반적으로 아래 내용으로 구성되어 있다.

Typical ITT Package

VOLUME 1

PART 0 INSTRUCTIONS TO BIDDERS
- SECTION 1 General Instruction
- SECTION 2 Tender Presentation
- SECTION 3 Site Visits
- SECTION 4 Pro Forma Documents

PART I DRAFT AGREEMENT
- SECTION 1 Articles of Agreement
- SECTION 2 Appendices:
  - Appendix A Project Description
  - Appendix B Scope of the Work
  - Appendix C Project Schedule, Reporting and Controls.
  - Appendix D Schedule of Prices
  - Appendix E Invoicing and Payment
  - Appendix F Key Personnel
  - Appendix G HSE Requirements
  - Appendix H Company Supplied Services
  - Appendix J Site Execution Constraints
  - Appendix K List of proposed Subcontractors
  - Appendix L Logistic Procedure
  - Appendix M Quality Management System Specification.
  - Appendix N Vendor Documents and Data Requirements for Spare parts

VOLUME 2

Technical Documents
- CD1 FEED Documents
- CD2 Studies Electric/Topographical and Geotechnical Survey Reports
- CD3 Document handling procedure
  - HSE Procedures
  - Company standards
  - Other Guidelines and Procedures
  - Vendor Document and Data Requirements for Spare Parts

VOLUME 3

· Evaluation and qualification forms
· Bidding forms
· Employer's requirements
· General conditions of contract
· Particular conditions of contract
· Contract forms

통상적으로 EPCIC 단가계약 방식은 아래 3가지 형태로 이뤄지나 EPCIC 계약은 대부분 총액계약 방식으로 이뤄진다.

① 총액계약(lump sum price): 발주자가 제시한 ITT 패키지 내 기술자료에 의해 입찰자가 산정해서 제시한 금액으로 공사비가 결정되며 실제 시공물량과는 무관하다. 따라서, 국내 E&C(engineering & construction) 기업들이 2010년대 해외 유가스 분야 EPCIC 계약에서 큰 손실을 본 사례가 있다. 이러한 문제를 보완하기 위해 예상물량을 초과하는 경우 추가보상이 가능하게 하거나 추가 발생 가능 물량에 대한 단가를 사전에 정해서 계약서에 명시해서 대처방안을 강구해야 한다. 대금지급은 아래와 같이 합의된 방식에 따라 진행된다.
- 정해진 예상공정표(schedule milestone)에 따라 지급
- 진척된 작업진행(work progress)에 따라 지급
- 산출내역서 작성에 따라 지급

② 단가계약(unit price contract): 발주자가 공사의 내용과 물량을 결정해 ITT에 제시하고 입찰자가 제시하는 단가에 대해 합의하는 계약방식이다. 설계가 완벽하다는 가정 하에 진행되나 변경되는 경우가 대부분으로 시공사가 설계에 대한 위험에 노출될 수밖에 없다. 이 방식 또한 극단적인 불이익이 초래될 수 있다.

③ 비용 수수료 지급계약(reimbursable contract): 현장에서 실제로 발생한 비용에 시공자의 관리비(overhead) 및 이익(profit)을 수수료(fee)의 형태로 추가하여 시공자에게 보상해 주기로 하는 계약방식이다. 계약 체결 시 작업의 내용을 정확하게 알 수 없는 경우, 즉 계획(plan)이나 시방서(specification), 도면(drawing) 등이 확정되기 전에 공사가 발주되기를 원하거나 공사가 도중에 중단되어 잔여작업을 정확하게 확인할 수 없는 공사를 긴급하게 발주하려는 경우에 적용할 수 있는 계약 형태이다.

계약자와의 계약 서명 절차 및 승인이 완료되면 계약자는 주작업실(home office)을 설치하고 프로젝트 수행 조직을 구성하게 된다. 발주자의 대리인(representative)이 계약자의 주작업실에 상주하며 작업진행 확인 및 신속한 의사결정을 위한 중간역할을 수행한다.

상세설계-구매-건설-시운전은 체계적인 프로젝트 관리가 필요하며 일반적인 EPCIC 프로젝트 수행조직은 아래 그림 4.6과 같이 구성한다.

FEED 설계성과품을 기본으로 조달(procurement), 설치(installation), 시운전(commissioning)

을 위한 상세설계가 이뤄진다. 건설을 위해 필요한 설계도서와 FEED에 기초해 기자재를 구매하기 위한 상세 자재 청구서(bill of material)를 개발하는 것이라고 요약할 수 있다. 구매한 기자재를 설치하고 시운전하는 과정을 연속해서 수행한다.

문제 Question

통상적으로 EPCIC 입찰 시 가장 많이 사용되고 있는 단가계약방식은 무엇인가?

풀이 Answer

총액계약(lump sum price) 방식

- 프로젝트 관리팀(project management team, PMT)

  발주자의 프로젝트 관리조직으로 프로젝트 관리, 기술, 운전, 안전/환경/보건, 행정, IT, 계약 & 구매 등의 조직으로 구성되고 프로젝트를 총괄적으로 지휘, 관리한다. 운영비용을 감안하여 소수의 필수인력으로 구성되는 경우가 많다.

- 프로젝트 관리컨설팅(project management consultancy, PMC)

  발주자의 PMT 조직을 지원하기 위한 서비스회사로 프로젝트 관리, 기술지원, 구매, 품질, 건설관리에 대한 전문적 기술지원을 한다.

- EPCIC 계약자

  상세설계, 구매, 설치, 시운전을 일괄 수행하는 시공자이다.

- 관련 서비스계약자 (Associated contractor)

  프로젝트 진행 시 법적으로 명시하는 독립적 인허가, 인증, 감리를 수행하는 서비스회사이다.

  · 독립검증기관(independent verification body, IVB): 법적으로 명시된 규정에 따라 HSECES에 대한 검토/검증/인증을 독립적으로 수행하는 서비스회사이다. HSECES 설비의 고장 시에 발생할 수 있는 인적, 물적 피해가 발생하지 않도록 위험 및 영향을 기술적으로 검토한다.

  · 제3자 검증기관(third party agency, TPA): 법적으로 명시된 규정에 따라 EPCIC의 상세설계, 구매, 제작, 구조분석, 수송, 건설, 설치, 시운전 등 EPCIC 전반에 걸친 기술요소에 대한 검토/검증/인증을 독립적으로 수행하는 서비스회사이다. 국제규제 요구사항을 충족하도록 인증받은 회사들이 수행하며 Bureau Veritas, DNV, Llyod 등이 있다.

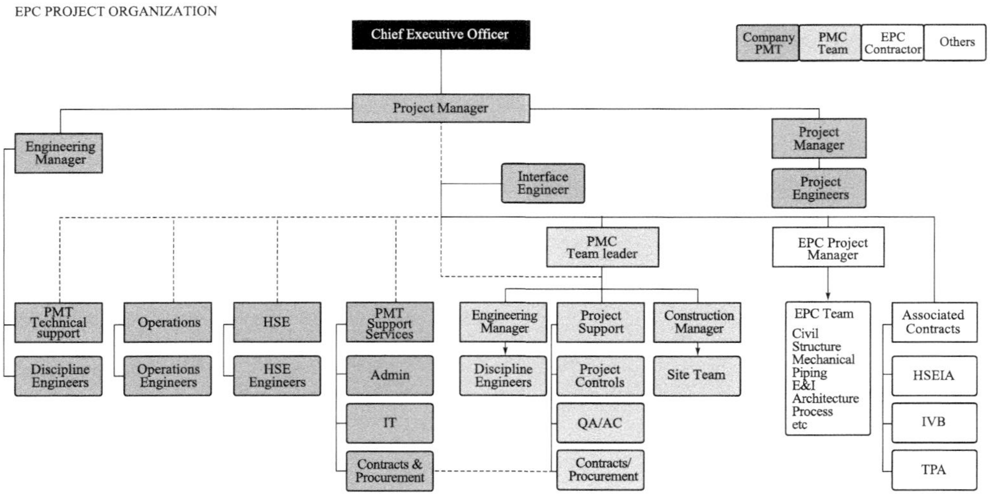

PMT : Project management team(발주자)
PMC : Project management consultancy(프로젝트 관리컨설팅 용역)
IVB : Independent verification body : HSECES 검증, 확인, 인증(발주자가 용역)
TPA : Third party agency : EPIC 관련 설계, 구매, 제작, 설치, 수송, 시운전에 관련된 모든 검토, 검증, 인증작업 수행(발주자가 용역)
HSEIA : HSE Impact assessment 환경영향평가수행(발주자가 용역)

그림 4.6 전형적인 프로젝트 관리 조직도

EPCIC는 대규모 자본투자 및 장기간이 소요되므로 프로젝트의 예산, 일정, 과업범위 준수를 위해 어떤 방식으로 프로젝트를 효율적으로 관리하는지에 관해 설명하고자 한다. 아래 그림 4.7에 나타난 것처럼 프로젝트 수행계획(project execution plan, PEP)에 따라 시공사가 각 작업에 대한 주요 공정목록(key milestone list)과 그림 4.8과 같은 계약일정표(contract schedule) 등을 작성하고 주요공정(critical path)에 대한 상세일정을 작성한다. 시공사는 상세설계부터 시운전까지 주 단위 또는 월 단위로 발주사에 보고한다. 발주사의 PMT는 지속적인 모니터링 및 관리를 통해 프로젝트 지연을 방지하기 위해 프로젝트를 관리하게 된다.

Activity ID	Milestone No	Description	Contractual Date	Baseline Plan
		KEY MILESTONES		
HAMSKY1000	M-01	Effective date of contract	30-Oct-17	**30-Oct-17**
HAMSKY1010	M-02	Kick-off meeting	13-Nov-17	**07-Nov-17**
HAMSKY1020	M-03	Complete mobilization of key team members*	28-Nov-17	**02-Jan-18**
HAMSKY1030	M-04	90 days Front End Schedule (Final)	28-Nov-17	**08-Dec-17**
HAMSKY1040	M-05	Overall Project Execution Plan - Issued for implemenation	28-Jan-18	**17-Jan-18**
HAMSKY1050	M-06	Project Controls Procedures - Issued for implemenation	28-Jan-18	**17-Jan-18**
HAMSKY1060	M-07	Overall Planning Package - Issued for implemenation	26-Feb-18	**26-Feb-18**
HAMSKY1070	M-08	Level 3 & 4 Construction Schedule	26-Feb-18	**26-Feb-18**
HAMSKY1080	M-09	Systemwise Precommissioning & Commissioning Schedule	30-Jun-18	**17-May-18**
HAMSKY1090	M-10	Detailed modification & Tie-in Schedule	31-Jul-18	**18-Jul-18**
HAMSKY1100	M-11	Commencement of Detailed Engineering	1-Dec-17	**07-Nov-17**
HAMSKY1110	M-12	HAZOP workshop	28-Mar-18	**25-Apr-18**
HAMSKY1120	M-13	Completion of Detailed Engineering	28-Nov-18	**01-Dec-18**
HAMSKY1130	M-14	Commencement of Procurement	29-Dec-17	**28-Nov-17**
HAMSKY1140	M-15	Completion of Procurement (last delivery of equip/material)	2-Jul-19	**17-Jul-19**
HAMSKY1150	M-16	Commencement of Civil work	4-Mar-18	**03-Mar-18**
HAMSKY1160	M-17	Commencement of Concerete work	1-May-18	**18-Apr-18**
HAMSKY1170	M-18	Tie-in at	10-Mar-19	**29-Nov-18**
HAMSKY1180	M-19	Mechanical Completion - for Early Works Completion	17-Apr-19	**03-Apr-19**
HAMSKY1190	M-20	Ready for Commissioning (RFC) - for Early Works Completion	28-Apr-19	**30-Mar-19**
HAMSKY1200	M-21	First Oil	30-Apr-19	**29-Apr-19**
HAMSKY1210	M-22	Project Completion including As Built	29-Jan-20	**29-Jan-20**
		ENGINEERING MILESTONES		
HAMSEN1000	E-01	PFD - Issued for Approval by Company	18-Dec-17	**27-Dec-17**
HAMSEN1010	E-02	Material Requisition for Multi phase pumps - IFR/ IFQ	6-Feb-18	**24-Jan-18**
HAMSEN1020	E-03	Material Requisition for Water Injection Pump - IFR / IFQ	9-Nov-17	**27-Nov-17**
HAMSEN1030	E-04	Material Requisition for Pipeline - IFR / IFQ	4-May-18	**11-Dec-17**
HAMSEN1040	E-05	Material Requisition for 132kV GIS - IFR / IFQ	4-Mar-18	**24-Apr-18**
HAMSEN1050	E-06	PID's - Issued for Company approval	17-Jan-18	**30-Jan-18**
HAMSEN1060	E-07	Plot plan - Issued for Company approval	17-Jan-18	**25-Jan-18**
HAMSEN1070	E-08	PID Review workshop	31-Jan-18	**15-Feb-18**
HAMSEN1080	E-09	Plot Plan Review workshop	31-Jan-18	**16-Feb-18**
HAMSEN1090	E-10	HAZOP workshop	28-Mar-18	**25-Apr-18**
HAMSEN1100	E-11	Energy Optimization Review workshop	14-Feb-18	**15-Mar-18**
HAMSEN1110	E-12	Constructibility / SIMOPS review workshop	17-Jan-18	**12-Mar-18**
HAMSEN1120	E-13	RAM Study workshop	28-Feb-18	**06-Mar-18**
HAMSEN1130	E-14	ALARP Workshop	14-Mar-18	**03-Aug-18**
HAMSEN1140	E-15	30% Model Review workshop	17-Feb-18	**01-Mar-18**
HAMSEN1150	E-16	60% Model Review workshop	14-May-18	**29-Jun-18**
HAMSEN1160	E-17	90% Model review workshop	9-Aug-18	**13-Aug-18**
HAMSEN1170	E-18	50% Isometrics Issued	10-Aug-18	**11-Sep-18**
HAMSEN1180	E-19	100% Isometrics Issued	25-Nov-18	**26-Nov-18**
HAMSEN1190	E-20	HSEIA-3 Report - Approved by Company	3-Jun-18	**20-Apr-19**
		PROCUREMENT MILESTONES		
HAMSPC1000	P-01	PO placement for Multi Phase Pump (MPP)	27-Feb-18	**30-Mar-18**
HAMSPC1010	P-02	PO placement for Pipelines	19-Jun-18	**05-Feb-18**
HAMSPC1020	P-03	PO placement for Water injection Pump	29-Nov-17	**31-Jan-18**
HAMSPC1030	P-04	PO placement for FOC	18-Mar-18	**06-Jun-18**
HAMSPC1040	P-05	PO placement for 132kV GIS	31-Mar-18	**18-Jul-18**
HAMSPC1050	P-06	PO placement for ESD Valves	22-May-18	**21-May-18**

그림 4.7 주요 공정목록

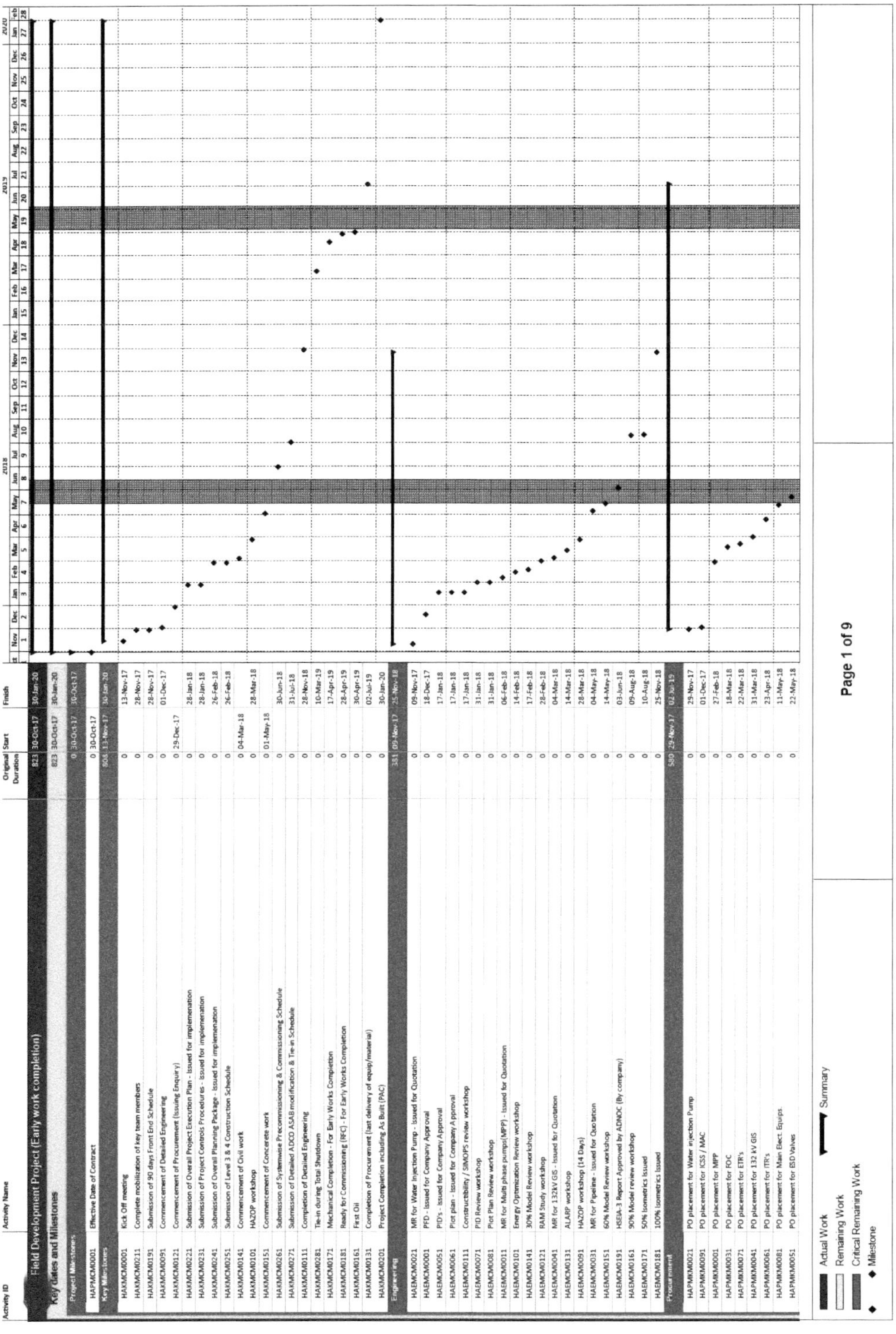
Activity ID | Activity Name | Original Duration | Start | Finish
Field Development Project (Early work completion) 823 30-Oct-17 30-Jan-20
Key dates and Milestones 823 30-Oct-17 30-Jan-20
Project Milestones 0 30-Oct-17 30-Oct-17
HAPMCM0001 Effective Date of Contract 0 30-Oct-17
Key Milestones 808 13-Nov-17 30-Jan-20
HAKMCM0001 Kick Off meeting 0 13-Nov-17
HAKMCM0211 Complete mobilization of key team members 0 28-Nov-17
HAKMCM0191 Submission of 90 days Front End Schedule 0 28-Nov-17
HAKMCM0091 Commencement of Detailed Engineering 0 01-Dec-17
HAKMCM0121 Commencement of Procurement (Issuing Enquiry) 0 29-Dec-17
HAKMCM0221 Submission of Overall Project Execution Plan - Issued for implemenation 0 28-Jan-18
HAKMCM0231 Submission of Project Controls Procedures - Issued for implemenation 0 28-Jan-18
HAKMCM0241 Submission of Overall Planning Package - Issued for implemenation 0 26-Feb-18
HAKMCM0251 Submission of Level 3 & 4 Construction Schedule 0 26-Feb-18
HAKMCM0141 Commencement of Civil work 0 04-Mar-18
HAKMCM0101 HAZOP workshop 0 28-Mar-18
HAKMCM0151 Commencement of Concerete work 0 01-May-18
HAKMCM0261 Submission of Systemwise Precommissioning & Commissioning Schedule 0 30-Jun-18
HAKMCM0271 Submission of Detailed ADCO ASAB modification & Tie-in Schedule 0 31-Jul-18
HAKMCM0111 Completion of Detailed Engineering 0 28-Nov-18
HAKMCM0281 Tie-in during Total Shutdown 0 10-Mar-19
HAKMCM0171 Mechanical Completion - For Early Works Completion 0 17-Apr-19
HAKMCM0181 Ready for Commissioning (RFC) - For Early Works Completion 0 28-Apr-19
HAKMCM0161 First Oil 0 30-Apr-19
HAKMCM0131 Completion of Procurement (last delivery of equip/material) 0 02-Jul-19
HAKMCM0201 Project Completion including As Built (PAC) 0 30-Jan-20
Engineering 381 09-Nov-17 25-Nov-18
HAEMCM0021 MR for Water Injection Pump - Issued for Quotation 0 09-Nov-17
HAEMCM0001 PFD - Issued for Company Approval 0 18-Dec-17
HAEMCM0051 PID's - Issued for Company Approval 0 17-Jan-18
HAEMCM0061 Plot plan - Issued for Company Approval 0 17-Jan-18
HAEMCM0111 Constructbility / SIMOPS review workshop 0 17-Jan-18
HAEMCM0071 PID Review workshop 0 31-Jan-18
HAEMCM0081 Plot Plan Review workshop 0 31-Jan-18
HAEMCM0011 MR for Multi phase pumps(MPP) - Issued for Quotation 0 06-Feb-18
HAEMCM0101 Energy Optimization Review workshop 0 14-Feb-18
HAEMCM0141 30% Model Review workshop 0 17-Feb-18
HAEMCM0121 RAM Study workshop 0 28-Feb-18
HAEMCM0041 MR for 132kV GIS - Issued for Quotation 0 04-Mar-18
HAEMCM0131 ALARP workshop 0 14-Mar-18
HAEMCM0091 HAZOP workshop (14 Days) 0 28-Mar-18
HAEMCM0031 MR for Pipeline - Issued for Quotation 0 04-May-18
HAEMCM0151 60% Model Review workshop 0 14-May-18
HAEMCM0191 HSEIA-3 Report Approved by ADNOC (By company) 0 03-Jun-18
HAEMCM0161 90% Model review workshop 0 09-Aug-18
HAEMCM0171 50% Isometrics Issued 0 10-Aug-18
HAEMCM0181 100% Isometrics Issued 0 25-Nov-18
Procurement 580 29-Nov-17 02-Jul-19
HAPMKM0021 PO placement for Water injection Pump 0 29-Nov-17
HAPMKM0091 PO placement for ICSS / MAC 0 01-Dec-17
HAPMKM0001 PO placement for MPP 0 27-Feb-18
HAPMKM0031 PO placement for FOC 0 18-Mar-18
HAPMKM0071 PO placement for ETR's 0 22-Mar-18
HAPMKM0041 PO placement for 132 kV GIS 0 31-Mar-18
HAPMKM0061 PO placement for ITR's 0 23-Apr-18
HAPMKM0081 PO placement for Main Elect. Equips. 0 11-May-18
HAPMKM0051 PO placement for ESD Valves 0 22-May-18
2018 2019 2020
Nov Dec Jan Feb Mar Apr May Jun Jul Aug Sep Oct Nov Dec Jan Feb Mar Apr May Jun Jul Aug Sep Oct Nov Dec Jan Feb
1 2 3 4 5 6 7 8 9 10 11 12 13 14 15 16 17 18 19 20 21 22 23 24 25 26 27 28
Actual Work
Remaining Work
Critical Remaining Work
Milestone
Summary
Page 1 of 9

그림 4.8 계약일정표

주간 진도보고서(weekly progress report, WPR), 월간 진도보고서(monthly progress report, MPR) 등을 통해 작업진도를 면밀히 관리한다. 일정지연(delay in schedule)이 발생하면 발주사는 시공사에 복구계획(recovery plan) 작성 및 이행을 요구하게 된다. 작업진행(work progress)은 S-Curve 등 다양한 툴을 통해 관리되며 기준 대비 일정지연 발생 현황, 지연사유, 복구방안 검토 및 이행을 통해 지연을 최소화해야 한다. 최초 시공사에서 계획한 인력공급도(manpower histogram) 대비 실제 인력 투입현황을 확인하고 지연이 발생할 경우 추가 인력공급을 적기에 할 수 있도록 관리한다.

프로젝트 지연의 위험성을 파악하고 통제 및 관리함으로써 효율적으로 프로젝트를 관리할 수 있다. 모든 프로젝트는 고유의 위험성을 내포하고 있으므로 위험성 식별, 대처방안을 작성하고 개별 위험성에 대해 담당자를 지정하여 관리하게 된다. 관리하는 통상적인 방법은 그림 4.9의 프로젝트 위험대장과 같이 프로젝트의 일정지연 또는 설계변경 등에 의한 위험을 사전에 파악하여 대처방안을 강구한다.

Risk #	Priority	Date Identified	Status (Open / Closed)	Package	Risk Description	Mitigating Plan required to resolve	Required Completion Date	Status of mitigation action	Escalated from last month	Consequences (1 -5)	Probability (A - E)	RAM Position	Risk Owner	Comments
1	Medium	01-Feb-18	Open	Engineering	Engineering Early curve requires 8.8% to 12.6% (from 3rd month to 8th Month) progress per month which is challenging considering the logical sequence of engineering activity in similar projects. The non-achievement may impact the WORK PROGRAM.	1. Parallel engineering activity i.e across the table review, prealignment before submission to avoid rejection/major comments. 2. Vendor input for engineering- Ordering and Vendor engineering shall be expedited through weekly reviews. 3. Identify the major activities contributing to the progress and have an expediting plan. 4. Quick turnaround of engineering queries. 5. Ensure availability of required resources from CONTRACTOR as well as COMPANY.	Ongoing	Under progress. To be reinforced and monitored.		3	C	C3	S Sridhar	
2	Medium	01-Feb-18	Open	Procurement	Procurement Early curve requires 7.6% to 12.7% (From 8th Month to 15th Month) progress per month which is challenging considering the required pre requisite for ordering. The non-achievement may impact the WORK PROGRAM.	1. Early Ordering. To achieve early ordering, expedite MR, data sheet and TBE. Unpriced offer of Vendors to be shared for parallel review and early finalization of TBE. 2. Identify the major activities contributing to the steep progess and have an expediting plan. 3. Post order monitoring for vendor engineering, supply and sub-suppliers. 4. Ensuring adequate cash flow for Vendor payment.	Ongoing	Under progress. To be reinforced and monitored.		3	C	C3	Sanjeev Desai	
3	Medium	01-Feb-18	Open	Construction	Construction Early curve requires 6.5% to 16.6% (From 11th Month to 16th Month) progress per month which is challenging considering.	1. Making available engineering documents in a phased manner to plan and initiate work fronts. 2. Deploy resources to align with work front availability. 2. Expedite Material delivery to Site,meeting RAS date at Site. 4. Contingency planning	Ongoing	Under progress. To be reinforced and monitored.		3	C	C3	CGPK	
4	Medium	30-Oct-17	Open	Engineering	Possibility of increase in Safety Separation distance from Multi Phase Pumps(MPP) due to possible increase of hydrocarbon hold up in the package because of increase in equipment of MPP. This will affect the finalization of layout in adjoining (60~70 mtr) to MPP package of Haliba CGF Plot Plan.	1.Early Finalization of MPP Package and HSE study for arriving revised safety Separation distance.	30-Apr-18	Under progress.	NA	2	B	B2	S Sridhar	Based on vendor discussion volume is not likely to increase extent of plot plan of CGF. Final confirmation from vendor by 22.03.2018. Overall impact on First Oil to be evaluated
5		02-Dec-17	Closed	Engineering	Impact on detailed engineering due to issue of Updated Design Basis Rev 7	1.Revise the deliverables already prepared and submitted to COMPANY in an accelerated manner 2.Finalize the commercial imlications of the VARIATION with COMPANY	30-Jan-18	CONTRACTOR reviewed the updated Design Basis Rev 7, revised the deliverables and resubmitted to COMPANY.	NA				S Sridhar	Closed. The impact of the delayed issue of the Design Basis Rev 7 (Change in Rely Upon Information) remains to be finalized with COMPANY as per the provisions of AGREEMENT.
6	Medium	01-Dec-17	Open	Engineering	Selection of MPP type and delay in ordering may impact on schedule	1. COMPANY and CONTRACTOR to jointly finalize the type of MPP and stick to the accelerated schedule.	30-Mar-18	Under progress.	NA	2	B	B2	S Sridhar	Risk Description has to be rephrased cosidering the impact on schedule
7	Medium	01-Jan-18	Open	Procurement	Delay in delivery of Material to the Project Site due to delay in customs clearances	1.Suitable flowcharts with timelines at each level/department for both COMPANY and CONTRACTOR to be finalized in consultation with COMPANY.	30-Apr-18	Under progress.	NA	2	C	C2	Sanjeev Desai/Pranay Johri	
8	Medium	30-Oct-18	Open	Procurement	Reliance on Vendors from specific Geographical Area	1.Check if the Gazette issued in July 2017 is still valid. 2.If the same is valid, then initiate more Vendors to participate in submitting offers promoting increased competetion and better delivery terms.	30-Apr-18	Under progress.	NA	3	A	A3	Sanjeev Desai/Pranay Johri	To be analys if material imported from CHINA
9	High	01-Dec-17	Open	Procurement	Delay in delivery of WISP shall impact First Oil Target.(Delay in submission and approval of vendor/sub vendor documents)	1. Parallel review and approval of Vendor Key documents by CONTRACTOR and COMPANY 2. Ensure quality document submission from Vendor inline with project specification 3.Monitoring of subordering,manufacturing and inspection acitities as per Manufacturing Schedule	Ongoing	Under progress.	NA	4	C	C4	Sanjeev Desai/Pranay Johri	
10	High	01-Dec-17	Open	Procurement	Delay in delivery of MPP shall impact RFC Target.(Delay in submission and approval of vendor/sub vendor documents)	1.Reach an early agreement with COMPANY on MOC and type of Pump. 2.Place PO of MPP ASAP 3. Ensure quality document submission from Vendor inline with project specification 4. Monitoring of subordering,manufacturing and inspection acitities as per Manufacturing Schedule	Ongoing	Under progress.	NA	4	C	C4	Sanjeev Desai/Pranay Johri	
11	High	01-Dec-17	Open	Procurement	Delay in timely delivery of ETR. CONTRACTOR shall consider all items with delivery period of 6 months and above as Long Lead item (Refer PBTC-007 Sl.No. GE-014 CONTRACTOR)	1. The placement of PO is to be expedited. 2.Forming of Task force for review/ resolution of outstanding issues on a daily basis.	ASAP	The matter is reviewed on a daily basis.	NA	4	C	C4	Gaurav Verma	ICSS, WISP, MPP & Substation and Control room identified separately. ETR is addressed here. Other items to be included, which are on critical list with a float of 2 weeks and less

그림 4.9 프로젝트 위험대장(project risk register)

앞서 설명한 바와 같이, 인적자원 활용 최적화, 이해관계자와의 원활한 의사소통, 위험통제, 적기 구매 등을 통해 EPCIC 프로젝트의 과업범위, 일정, 비용, 품질을 원하는 수준으로 확보하는 데 목적이 있다.

프로젝트 품질계획(project quality plan, PQP)은 그림 4.10에 나타난 프로젝트 품질시스템과 같이 프로젝트를 적기에 예산 범위 내에서 과업 범위를 완수하기 위하여 전체 프로젝트 과정의 품질을 확보할 수 있도록 해주는 시스템이다. PQP는 내부품질감사(internal quality audit), 제3자 검증(third party verification), 계약변경(contract changes), 문서관리(document control), 위험관리(risk management), 상호협의(coordination & communication), 현장검사(site inspection), 규정준수(compliance to codes and standards), 공급자 검사(vendor inspection), 보고(reporting) 등을 포함한다.

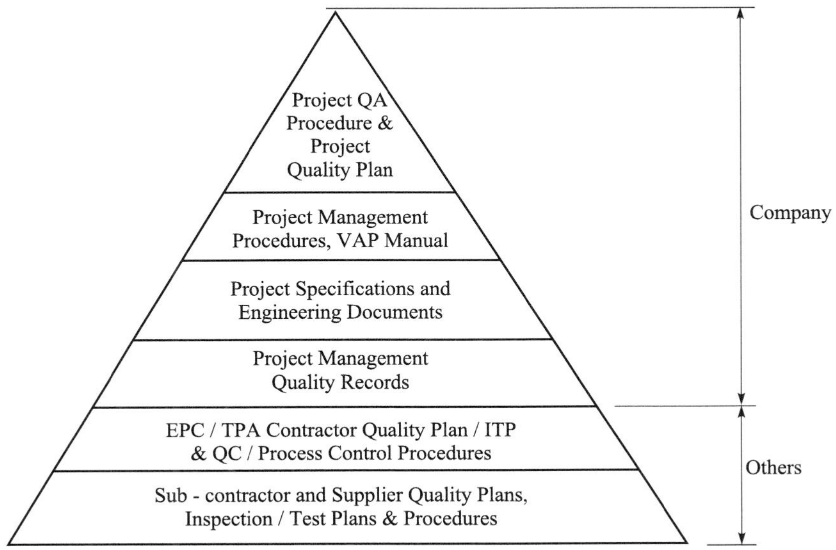

그림 4.10 프로젝트 품질시스템 (출처: Basic project management)

상기와 같이 프로젝트 관리절차, 프로젝트 사양 및 설계문서, EPCIC, TPA, 검사시험계획(inspection & test plan, ITP) 등 프로젝트 전반에 걸친 주요 활동 및 문서가 PQP 하에서 실행된다.

4.2.1 상세설계

상세설계 개요

FEED가 완성되면 이를 기본으로 본격적인 구매(procurement), 설치(installation) 및 시운전(commissioning) 단계를 위한 설계인 상세설계(detailed engineering)를 수행한다. 이는 건설을 위하여 시공을 위한 승인완료도서(approval for construction, AFC)까지 요구되는 설계자료와 FEED에 기초해 기자재 구매를 위한 상세 자재청구서(bill of material, BOM)를 개발하는 것이다. 상세설계는 FEED 자료에 대한 검증 결과와 공급 및 납품 업체의 기술정보를 통합한 후 시공을 위한 도면을 완성한다.

EPCIC 계약 후 시공사는 FEED 검증 과정을 최우선으로 수행하며 상세설계는 기자재를 조달하고 시공에 임할 수 있게 하는 설계성과품으로서 EPCIC 계약자가 수행한다. 계약자는 계약서에서 요구하는 모든 성능을 보장해야 하므로 상세설계 단계에서는 FEED의 오류를 수정하거나 필요한 사항을 추가하여 작업범위를 변경하는 경우가 있다. 따라서 상세설계 단계에서는 공정분야부터 FEED 오류, 부적합 및 불일치를 찾아 수정하거나 추가하는 일을 수행한다. 또한 상세설계 업무 영역에는 발주자와 함께 플랜트의 운전 및 보수의 편의성과 안전성을 점검하는 과업도 포함된다. 일반적으로 플랜트 프로젝트는 대부분 공기단축을 위해 설계, 조달, 시공을 겹쳐서 진행하는 패스트트랙(fast-track) 방식으로 진행하므로 부분적인 우선 시공이 요구되기도 한다. 통상 FEED 과정 중 장납기자재(long lead items, LLIs)를 발주자가 선발주하여 전체 EPCIC 기간을 단축한다. 발주자의 프로젝트 관리 조직의 규모가 작거나 시설분야의 전문인력이 부족한 경우 프로젝트의 품질을 향상시키기 위해 프로젝트 관리컨설팅(project management consultancy, PMC) 용역을 체결하여 프로젝트를 진행하는 경우도 있다. 개념설계, FEED, EPCIC 단계에 모두 적용 가능하며 PMC 서비스회사는 전문기술인력을 구성하여 발주사의 PMT 조직에 대한 공종별(화학공학, 기계공학, 전기공학 등) 기술지원을 수행한다.

EPCIC는 FEED 단계에서 작성된 자료에 기초하여 실제로 플랜트를 건설하기 위해 기기, 토목, 건축, 배관, 전기, 계장, 회전기기, 가열로 등의 전문분야에 대한 설계를 진행한다. 상세설계는 펌프, 컴프레서, 배관, 전기, 계장, 설비 등 제작사의 정보를 취합하여 작성되는 것으로 각 해당 범위에 대하여 명확한 구분이 필요하다. 상세설계는 각 전문분야의 고유 기술이 통합된 결과물로 플랜트의 규모에 따라 차이가 있으나 수만 개의 도면, 사양서, 규격서, 계산서, 자재표 등이 작성된다. EPCIC는 각 분야의 연계, 협업이 매우 중요한 요소로 각 전문분야 및 설비공급자를 연결하는 운영, 관리조직이 필요하므로 효율적인 관리가 필요하다.

상세설계 내용

상세설계는 앞서 언급되었듯이 PFD → Material balance → Equipment data sheet → P&ID의 흐름으로 진행되며 기계, 전기, 계장, 토목, 배관 등의 공종에 대한 설계가 병행해서 진행된다. 설계기간은 약 9~12개월 정도가 소요되며 작성되는 공종별 설계 성과품의 종류만 1,000여 개에 이른다. 프로젝트의 일정을 준수하기 위해 장납기자재에 대한 설계가 우선 수행되며 완료 후 기기, 설비, 자재구매가 시작된다. 일반적으로 8개월 이상의 납기를 필요로 하는 설비, 기기, 장비를 LLIs로 부른다.
EPCIC는 큰 틀에서 그림 4.11과 같이 진행된다.

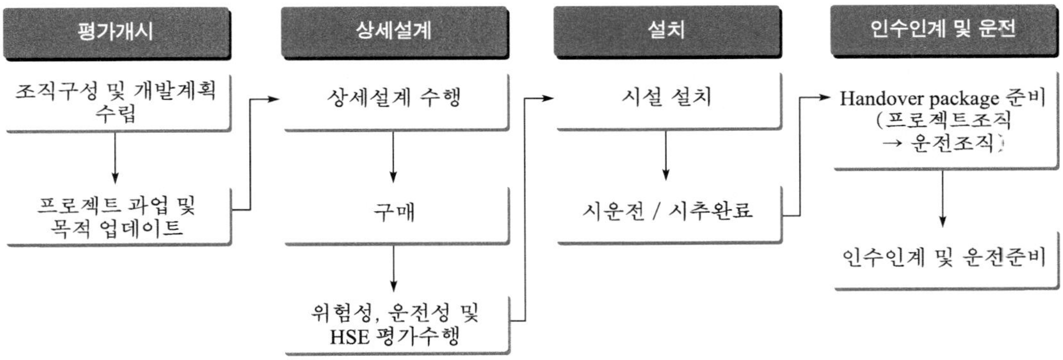

그림 4.11 EPCIC 진행순서

상세설계가 개시되면 입찰 시 제시된 성과품 목록 외 건설 및 시운전(construction & commissioning)에 필요한 설계성과품에 대해 그림 4.12와 같은 설계문서대장(engineering document deliverable register, EDDR)을 작성하여 건별로 작성일, 검토용 문서접수일(issued for review, IFR), 승인용 문서접수일(issued for approval, IFA), 수정현황(revision status), 최종 문서접수일(final issue date) 등을 작성 및 관리한다. 설계문서(engineering document)에 대한 검토 및 승인현황은 프로젝트 전체 일정에 많은 영향을 미치므로 설계문서 검토 사이클(engineering documents review cycle) 절차를 작성하여 문서 검토 기한을 정해 넘기지 않도록 관리한다. EPCIC의 진행 시 설계지연이 발생하면 순차적으로 구매 지연 → 건설/설치 지연 → 시운전지연 →

운전지연으로 이어진다. 이로 인해 전체 프로젝트의 막대한 손실을 초래하므로 프로젝트 관리 툴을 이용하여 면밀하게 관리해야 한다.

Description	Weight %	Doc. Class	Document started (*)			Draft Completed (*)			Squad Check Completed (*)			1st Issue to Company (IFR) (*)			1st Issue comments received			2nd Issue to Company (IFR/IFA)			2nd Issue approval/comments received			Approved by COMPANY (*)			Final Issue (Without HOLD) (*)		
		1	5%			35%			10%			10%			0%			10%			0%			20%			10%		
		2	5%			35%			10%			10%			0%			10%			0%			20%			10%		
		3	5%			35%			10%			10%			0%			0%			0%			0%			40%		
		4	5%			35%			10%			10%			0%			0%			0%			0%			40%		
		Class	Planned	Forecast	Actual	Planned	Forecast	Actual	Planned	Forecast	Actual	Planned	Forecast	Actual	Planned	Forecast	Actual	Planned	Forecast	Actual	Planned	Forecast	Actual	Planned	Forecast	Actual	Planned	Forecast	Actual
P&ID CORROSION INHIBITOR INJECTION PACKAGE	0.08%	1	11-Dec-17			11-Dec-17			29-Dec-17			29-Dec-17			22-Jan-18			30-Jan-18			08-Mar-18			28-May-18			17-Sep-18		
P&ID CORROSION INHIBITOR INJECTION PACKAGE - WELL GROUP 1	0.03%	1	11-Dec-17			25-Dec-17			27-Dec-17			29-Dec-17			22-Jan-18			30-Jan-18			06-Feb-18			13-Feb-18			17-Sep-18		
P&ID CORROSION INHIBITOR INJECTION PACKAGE - WELL GROUP 2	0.03%	1	11-Dec-17			25-Dec-17			27-Dec-17			29-Dec-17			22-Jan-18			30-Jan-18			06-Feb-18			13-Feb-18			17-Sep-18		
P&ID CORROSION INHIBITOR INJECTION PACKAGE - WELL GROUP 3	0.03%	1	11-Dec-17			25-Dec-17			27-Dec-17			29-Dec-17			22-Jan-18			30-Jan-18			06-Feb-18			13-Feb-18			17-Sep-18		
P&ID CORROSION INHIBITOR INJECTION PACKAGE - WELL GROUP 4	0.03%	1	11-Dec-17			25-Dec-17			27-Dec-17			29-Dec-17			22-Jan-18			30-Jan-18			06-Feb-18			13-Feb-18			17-Sep-18		
P&ID CORROSION INHIBITOR INJECTION PACKAGE - WELL GROUP 5	0.03%	1	11-Dec-17			25-Dec-17			27-Dec-17			29-Dec-17			22-Jan-18			30-Jan-18			06-Feb-18			13-Feb-18			17-Sep-18		
P&ID CORROSION INHIBITOR INJECTION PACKAGE - WELL GROUP 6	0.03%	1	11-Dec-17			25-Dec-17			27-Dec-17			29-Dec-17			22-Jan-18			30-Jan-18			06-Feb-18			13-Feb-18			17-Sep-18		
P&ID CORROSION INHIBITOR INJECTION PACKAGE - WELL GROUP 7	0.03%	1	11-Dec-17			25-Dec-17			27-Dec-17			29-Dec-17			22-Jan-18			30-Jan-18			06-Feb-18			13-Feb-18			17-Sep-18		
P&ID DIESEL OIL AND TRANSFER SYSTEM	0.08%	1	11-Dec-17			11-Dec-17			29-Dec-17			29-Dec-17			22-Jan-18			30-Jan-18			08-Mar-18			28-May-18			17-Sep-18		
P&ID DISPOSAL WELL	0.03%	1	11-Dec-17			25-Dec-17			27-Dec-17			29-Dec-17			22-Jan-18			30-Jan-18			06-Feb-18			13-Feb-18			17-Sep-18		
P&ID FLARE SYSTEM (TIE-IN)	0.08%	1	11-Dec-17			11-Dec-17			29-Dec-17			29-Dec-17			22-Jan-18			30-Jan-18			08-Mar-18			28-May-18			17-Sep-18		
P&ID FLARE SYSTEM (TIE-IN) - DEMOLITION	0.08%	1	11-Dec-17			11-Dec-17			29-Dec-17			29-Dec-17			22-Jan-18			30-Jan-18			08-Mar-18			28-May-18			17-Sep-18		
P&ID HALIBA CRUDE OIL PIG LAUNCHER	0.03%	1	11-Dec-17			25-Dec-17			27-Dec-17			29-Dec-17			22-Jan-18			30-Jan-18			06-Feb-18			13-Feb-18			17-Sep-18		
P&ID HALIBA CRUDE OIL PIG RECEIVER AT ASAB CDS	0.03%	1	11-Dec-17			25-Dec-17			27-Dec-17			29-Dec-17			22-Jan-18			30-Jan-18			06-Feb-18			13-Feb-18			17-Sep-18		
P&ID INJECTION WATER DISTRIBUTION	0.03%	1	11-Dec-17			25-Dec-17			27-Dec-17			29-Dec-17			22-Jan-18			30-Jan-18			06-Feb-18			13-Feb-18			17-Sep-18		
P&ID INSTRUMENT AIR AT ASAB (TIE-IN)	0.08%	1	11-Dec-17			11-Dec-17			29-Dec-17			29-Dec-17			22-Jan-18			30-Jan-18			08-Mar-18			28-May-18			17-Sep-18		
P&ID INSTRUMENT AIR AT ASAB (TIE-IN) - DEMOLITION	0.08%	1	11-Dec-17			11-Dec-17			29-Dec-17			29-Dec-17			22-Jan-18			30-Jan-18			08-Mar-18			28-May-18			17-Sep-18		

그림 4.12 설계문서 대장(engineering document deliverable register)

적기에 설계문서 완성 및 품질확보를 위해 그림 4.13과 같이 공종간 검토 매트릭스(interdiscipline review matrix)를 작성하여 관리한다. 상세설계 성과품은 프로젝트의 규모에 따라 다르나 통상 약 1,000개 이상의 종류이며 개별 종류별로 수백 개의 도면 및 문서가 작성됨으로 수만 개의 문서가 작성된다. 따라서, 많은 설계성과품에 대한 품질확보 및 적기 완성은 매우 중요한 요소라 할 수 있다. 아래는 공종간 검토 매트릭스로 성과품별 역할 및 책임 매트릭스(responsibility, accountability, consult, information chart, RACI matrix)를 작성하여 관리한다. 각 성과품은 RACI 매트릭스에 의해 책임과 역할(role & responsibility, R&R)이 정해지고 적기에 내부 전문가의 검토 및 코멘트를 반영하여 관리되어야 한다.

예를 들어 배관에 대한 상세설계 과정을 살펴보자. 먼저 건설용 P&ID가 승인되면 설비 및 장비 배치도(plot plan and equipment layout)가 작성된다. 이후 배관배치도, 배관도면(piping isometric), 자재소요서(bill of material), 배관 배열도면(piping arrangement drawing)이 작성된다. 배관 배열도면(그림 4.14)은 2차원 평면도이고 등각투상도(isometric drawing, 그림 4.15)는 3차원으로 입체적이다. 등각투상도에서는 밸브, 플랜지, 계장 등 해당 부분에 설치되는 자재의 재질, 정확한 사이즈, 길이, 위치, 분기점, 설치방향 등 구매 및 현장설치에 대한 모든 정보가 포함되어 있다. 실제 건설현장에서도 배관등각투상도(piping isometric drawing)를 기준으로 배관자재의 구매 및 설치작업이 진행된다. 일반적으로 등각투상도는 공정의 복잡성에 따라 수백 장에서 수천 장이 작성된다. 신규 설치작업은 등각투상도 전문가가 현장에서 3D로 스케치하고 graphic officer가 CAD로 전환하여 방법을 사용한다. 보완 설치작업(기존 시설에 배관추가 등)의 경우 현재는 3D 스캐너(scanner)로 기존 현장을 스캐닝하여 그림 4.16과 같은 3D 그래픽을 직접 작성하여 추가설치 작업이 가능하도록 한다. 3D 도면의 일부분을 클릭하면 배관자재, 길이, 플랜지 종류 등의 상세 정보가 입력되어있다. 상세설계는 FEED 등과 달리 현장 시공을 위한 실질적인 도면 등이 작성된다.

INTERDISCIPLINE REVIEW MATRI										
Legend	**Description of activity**									
R	Responsible for performing the review, providing consolidated comments & results of the review, and seeking appropriate resolution of conflicts									
A	Accountable for the result of the review, approving the review results are acceptable; resolves conflicts									
C	Consulted for required input into the review, providing comments and concerns as part of final review results									
I	Informed by providing review materials, review results and outputs									
	ITEM DESCRIPTION									
Item No.	**DELIVERABLE**	**Class**	**VP-EP**	**Project Manager ADP**	**Team Leader - P**	**Engineering Ma -ADP**	**Engineering Ma -PMC**	**Contracts**	**Procurement**	**Interface Manag**
6	**PROCESS ENGINEERING**									
6.1	**Philosophies**									
6.1.1	Design Pressure & Temperature Philosophy	1		I	I	I	A			
6.1.2	Equipment Sizing Philosophy	1		I	I	I	A			
6.1.3	Line Sizing Philosophy	1		I	I	I	A			
6.1.4	Emergency Depressurising Philosophy	1		I	I	C	A			
6.1.5	Operating and Control Philosophy	1		I	I	C	A			
6.1.6	Startup and Shutdown Philosophy	1		I	I	C	A			
6.1.7	Sparing Philosophy	1		I	I	C	A			
6.1.8	Emergency Shutdown Philosophy	1		I	I	C	A			
6.1.9	Blowdown and Flaring Philosophy	1		I	I	C	A			
6.1.10	Isolation & Maintenance Philosophy	1		I	I	C	A			
6.1.11	Venting and Drain System Philosophy	1		I	I	C	A			
6.1.12	Overpressure Protection Philosophy	1		I	I	C	A			
6.1.13	Flow Measurement Philosophy	1		I	I	C	A			
6.1.14	Pre commissioning & Commissioning Philosophy (including pipeline pigging, etc.)	1		I	I	I	A			
6.1.15	Demolition Philosophy	1		I	I	C	A			
6.1.16	Tie-in and Switchover Philosophy	1		I	I	C	A			
6.2	**Process and Process Systems**									
6.2.1.1	Process & Utility Design Basis	1		I	I	C	A			
6.2.1.2	Process & Utility Description - CPP	1		I	I	C	A			
6.2.1.3	Process & Utility Description - Clusters and Wells	1		I	I	C	A			
6.2.1.4	Product Specification Document	1		I	I	C	A			
6.2.2	**Studies, Reports, Calculations**									
6.2.2.1	Utility & Chemical Consumption Report	2		I	I	I	A		I	
6.2.2.2	Process Simulation Report (Steady State)	1		I	I	I	A			
6.2.2.3	Operating And Control Narrative	1		I	I	I	A			
6.2.2.4	Process Safeguarding Memorandum	1		I	I	I	A			
6.2.2.5	Relief Valve Scenarios and Calculations	2		I	I	I	A			
6.2.2.6	Line Sizing Report	2		I	I	I	A			
6.2.2.7	Steady State, Transient Hydraulic and Surge Analysis and Report	1		I	I	I	A			
6.2.2.8	Equipment Sizing and Process Design Calculations and Report	2		I	I	I	A			
6.2.2.9	Flare Design and Calculation Report	1		I	I	I	A			
6.3	**Procedures**									
6.3.1	Performance Test Procedure	1		I	I	C	A			
6.3.2	Pre-Commissioning and Commissioning Procedures	1		I	I	I	A			
6.4	**Data Sheets**									
6.4.1	Process Data Sheets – Equipment	1		I	I	I	A			
6.4.2	Process Data Sheets – Instruments	2		I	I	I	A			

Responsible: Task 실행에 대한 책임　　Accountable: 의사결정에 대한 책임 (주로 PM)
Consulted: 전문가 컨설팅　　Informed: 보고 (경영진)

그림 4.13 공종간(interdiscipline) 검토 매트릭스

ELIVERABLES AND DISTRIBUTION

	Description
	Documents which require formal approval of Company
	Documents to be issued for review only, Company Comments(if any) to incorporated without requiring formal approval from Company
	Documents to be issued for information only & then IFC
l	Documents produced from any Model Work were model review & approval is carried out Jointly. All document to be issued for Review & IFC

PMT/ PMC / AUH

Site HSE	Process	Pipelines	Piping	Machinery/Rota	Static	Electrical	Instrumentation Control	Telecom	Civil & Structur	HVAC	Corrosion and Metallurgy	Draughting	Construction & Commissioning	Operations	Asset Integrity	QA/QC	Corporate HSE	ADCO	ADP (CEO/SVP)	Remarks
C	R	C	C	C	I	I	I		I		I			C						
C	R	I	I	C	C	I	I	I	I					I						
C	R	C	I	I	I	I	I		I					I						
C	R	I	I	I	I	I	I	I			I			C			C	I		
C	R	C	I	C	I	I	C	C						C				I		
C	R	C	I	C	I	I	C	C						C				C		
C	R	I	I	I	I	I	I	I						C						
C	R	I	I	I	I	I	C	C						C				C		
C	R	I	I	C	I	I	C	C			I			C			C			
C	R	C	C	C	C	I	C	I	I		I			C				C		
C	R	I	C	C	C	I	C	I	C		I			C						
C	R	I	I	C	I	I	C	I						C						
C	R	I	I				C	C						C						
C	R	C	I	C	I	I	C	C			C			C						
C	R	C	C	C	C	C	C	C	C		C			C						
C	R	C	C	I	I	C	C	C	C					C						
C	R	I	I	I	I	I	I				I			C				C		
C	R	I	I	C	C	C	C	I	I		I			C						
I	R	I	I	C	C	C	C	I	I		I			C						
I	R	I	I	I	I	I	I				I			C						
I	R	I			I	I	I				C			C	I					
	R	I	I											C						
C	R	I	I	C	C	C	C	C	I		I			C						
C	R						C							C						
I	R		I		I		C				I			I						
I	R	C	C											I						
	R	I	I	I										C						
I	R			I	I				I					I						
C	R		I	I	I		I		I					I						
	R	I	I	I	I	I	I	I						C						
	R	C	C	C	C	C	C	C						C						
	R	I	I	I	I		I				I			C						
	R	I		I	I		I				I			C						

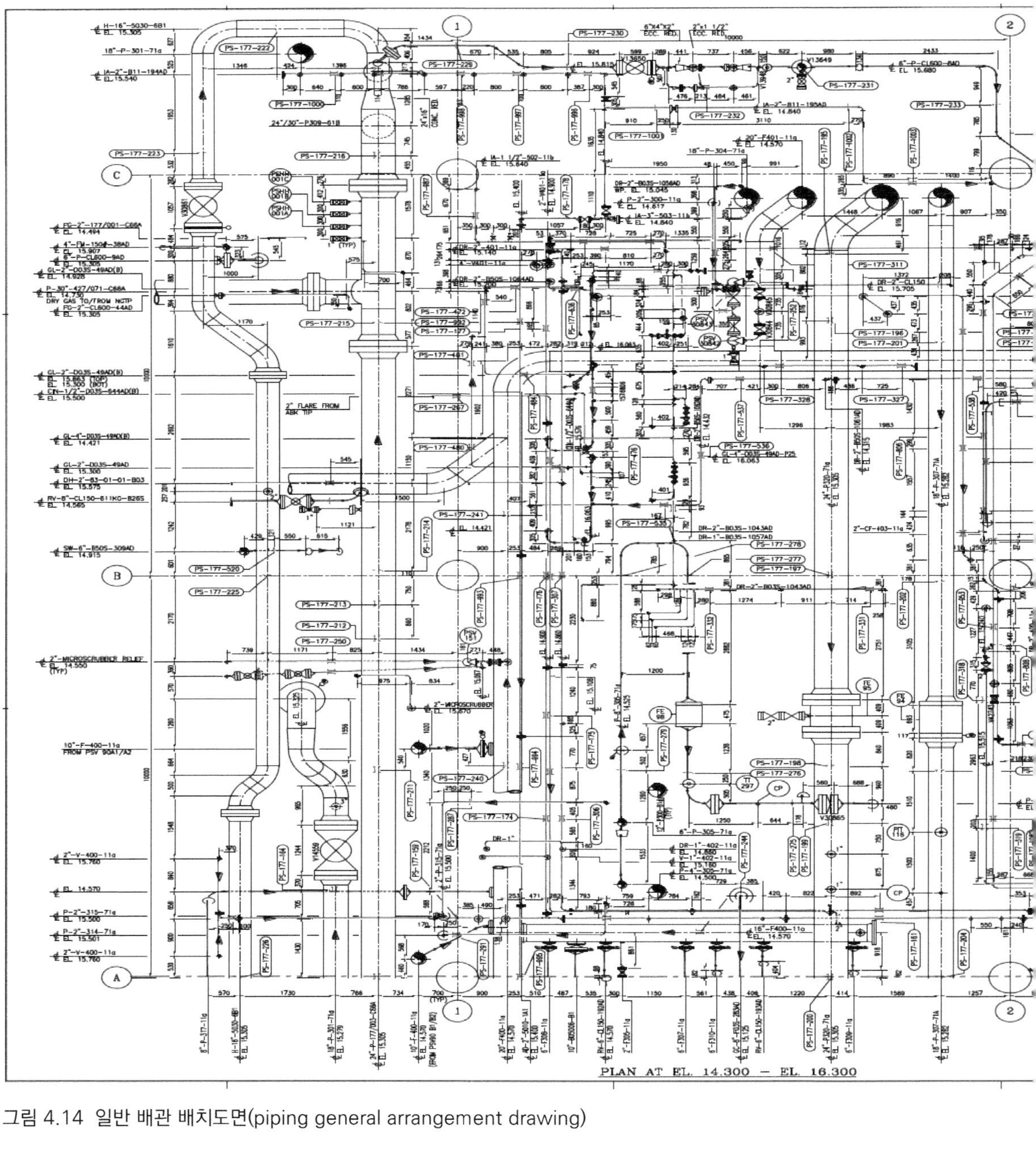

그림 4.14 일반 배관 배치도면(piping general arrangement drawing)

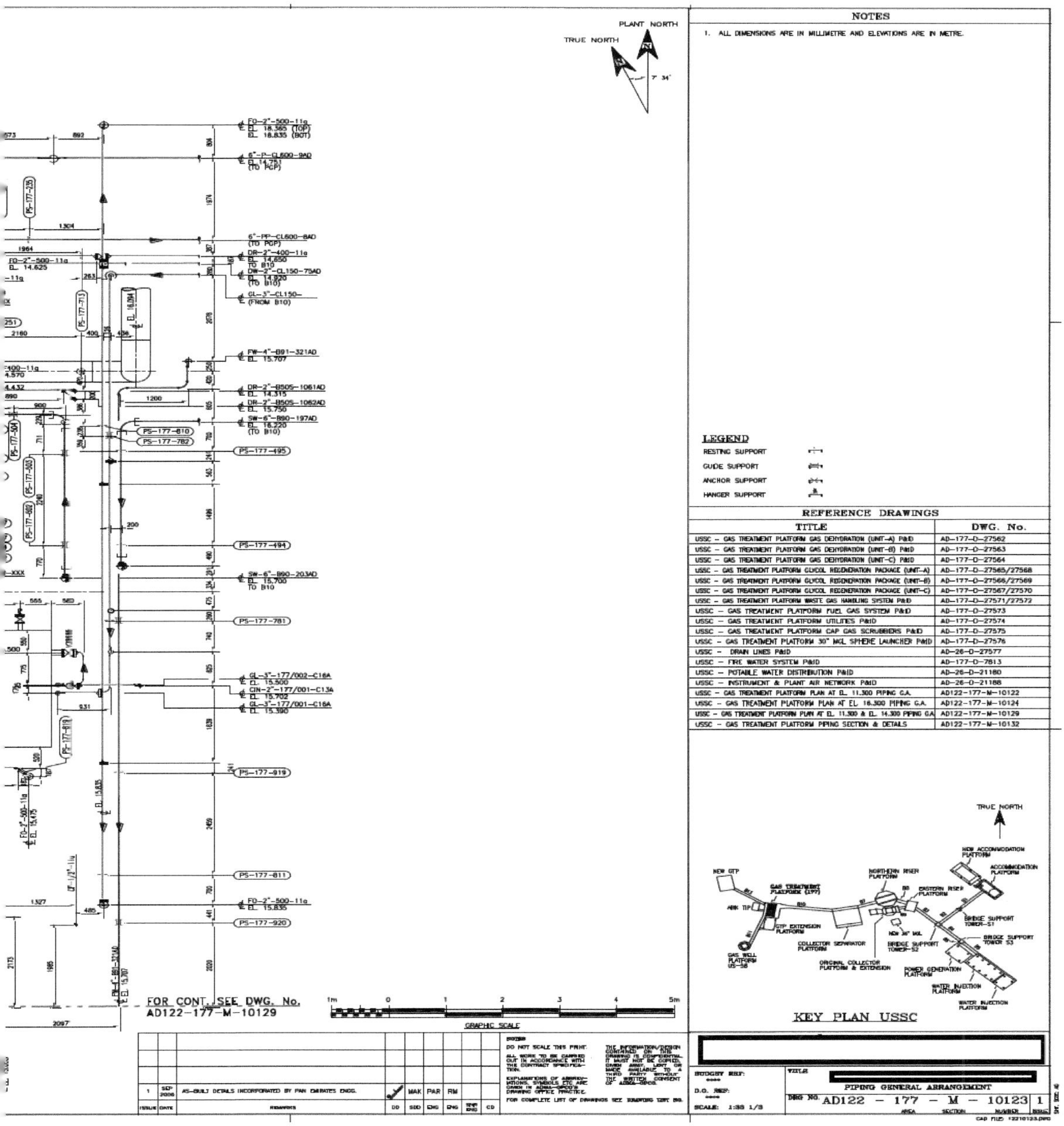
PLANT NORTH
TRUE NORTH
NOTES
1. ALL DIMENSIONS ARE IN MILLIMETRE AND ELEVATIONS ARE IN METRE.
LEGEND
RESTING SUPPORT
GUIDE SUPPORT
ANCHOR SUPPORT
HANGER SUPPORT
REFERENCE DRAWINGS
TITLE
DWG. No.
USSC - GAS TREATMENT PLATFORM GAS DEHYDRATION (UNIT-A) P&ID
AD-177-D-27562
USSC - GAS TREATMENT PLATFORM GAS DEHYDRATION (UNIT-B) P&ID
AD-177-D-27563
USSC - GAS TREATMENT PLATFORM GAS DEHYDRATION (UNIT-C) P&ID
AD-177-D-27564
USSC - GAS TREATMENT PLATFORM GLYCOL REGENERATION PACKAGE (UNIT-A)
AD-177-D-27565/27568
USSC - GAS TREATMENT PLATFORM GLYCOL REGENERATION PACKAGE (UNIT-B)
AD-177-D-27566/27569
USSC - GAS TREATMENT PLATFORM GLYCOL REGENERATION PACKAGE (UNIT-C)
AD-177-D-27567/27570
USSC - GAS TREATMENT PLATFORM WASTE GAS HANDLING SYSTEM P&ID
AD-177-D-27571/27572
USSC - GAS TREATMENT PLATFORM FUEL GAS SYSTEM P&ID
AD-177-D-27573
USSC - GAS TREATMENT PLATFORM UTILITES P&ID
AD-177-D-27574
USSC - GAS TREATMENT PLATFORM CAP GAS SCRUBBERS P&ID
AD-177-D-27575
USSC - GAS TREATMENT PLATFORM 30" MOL SPHERE LAUNCHER P&ID
AD-177-D-27576
USSC - DRAIN LINES P&ID
AD-26-D-27577
USSC - FIRE WATER SYSTEM P&ID
AD-177-D-7813
USSC - POTABLE WATER DISTRIBUTION P&ID
AD-26-D-21180
USSC - INSTRUMENT & PLANT AIR NETWORK P&ID
AD-26-D-21188
USSC - GAS TREATMENT PLATFORM PLAN AT EL. 11.300 PIPING G.A.
AD122-177-M-10122
USSC - GAS TREATMENT PLATFORM PLAN AT EL. 16.300 PIPING G.A.
AD122-177-M-10124
USSC - GAS TREATMENT PLATFORM PLAN AT EL. 11.300 & EL. 14.300 PIPING G.A.
AD122-177-M-10129
USSC - GAS TREATMENT PLATFORM PIPING SECTION & DETAILS
AD122-177-M-10132
TRUE NORTH
KEY PLAN USSC
FOR CONT. SEE DWG. No. AD122-177-M-10129
GRAPHIC SCALE
AS-BUILT DETAILS INCORPORATED BY PAN EMIRATES ENGG.
PIPING GENERAL ARRANGEMENT
AD122 - 177 - M - 10123 1
SCALE: 1:33 1/3

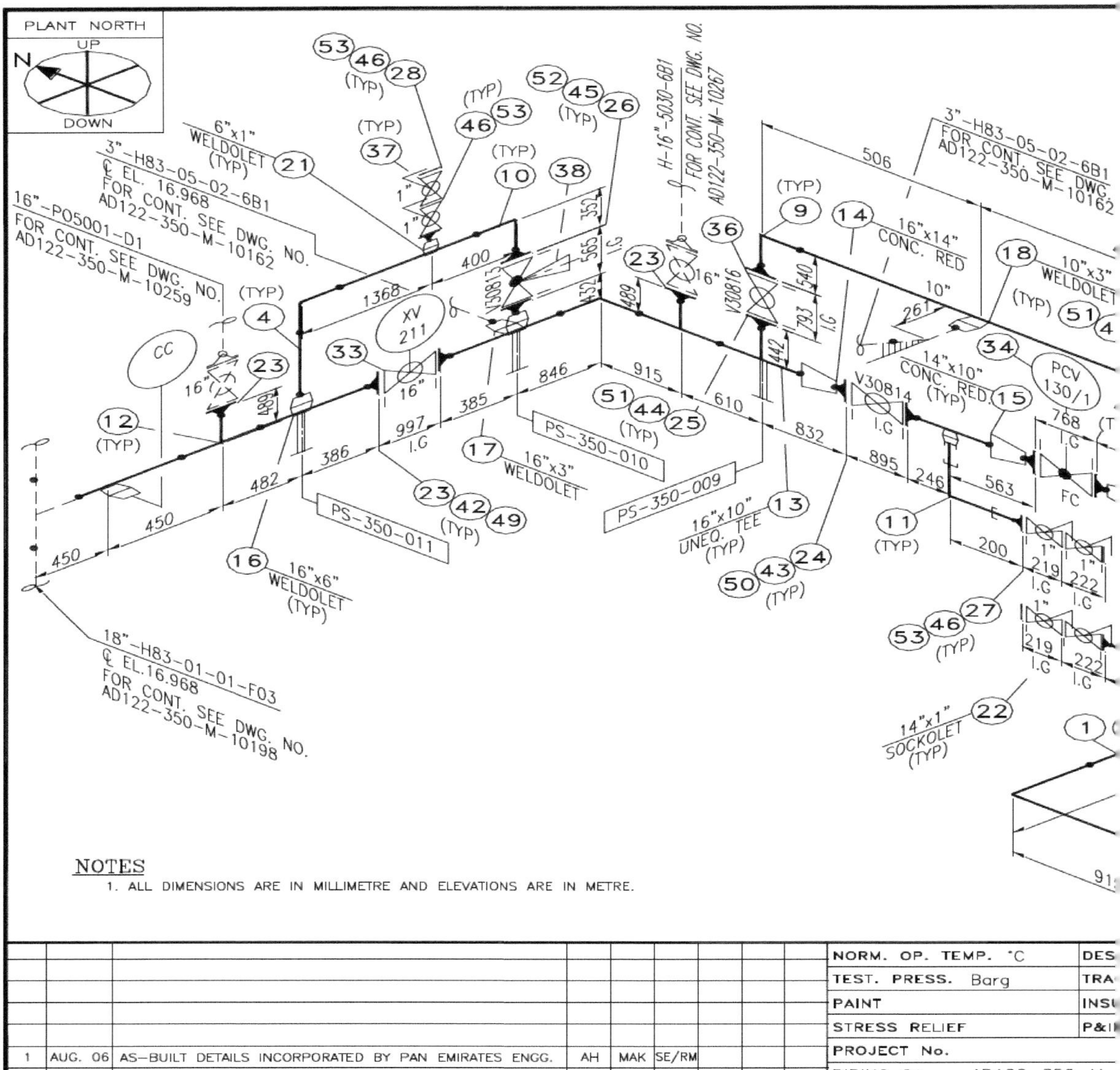

그림 4.15 배관 3차원 도면(piping isometric drawing)

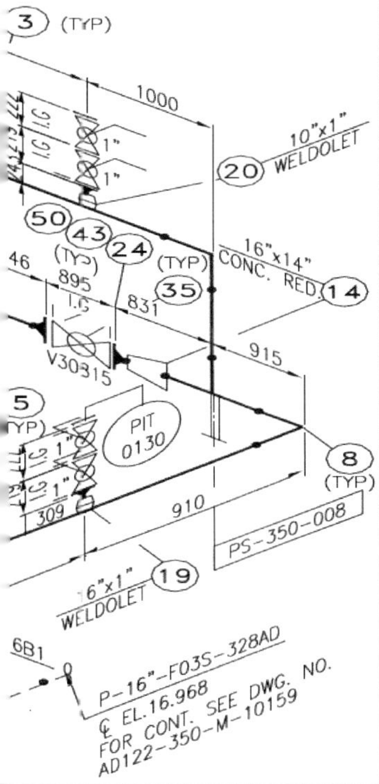

°C	DES. PRESS. Barg
	COAT & WRAP
	STRESS SKETCH
–D–27581	CLASS 600#
REA 350	
INE No. 16"–H83–05–02–F03	

NOTE: ALL MATERIAL SHOULD BE TO NACE MR–01–75 AND ADMA–OPCO SUPPLEMENTARY REQUIREMENTS SP–1000. EXCEPT FOR STUD BOLTS AND NUTS.

B I L L O F M A T E R I A L S

	ITEM	QTY.	UNIT	MPR/VOCAB No.	SIZE	RATING	DESCRIPTION
PIPES	1	3.5	M		16"		PIPE SMLS BE SCH 80 API 5L GR B
	2	1.0	M		14"		PIPE SMLS BE SCH 80 API 5L GR B
	3	7.5	M		10"		PIPE SMLS BE SCH 80 API 5L GR B
	4	2.5	M		6"		PIPE SMLS BE SCH 80 API 5L GR B
	5	0.5	M		1"		PIPE SMLS BE SCH 160 API 5L GR B
	6						
	7						
FITTINGS	8	3	Nos.		16"		ELBOW LR 90° SCH 80 SMLS A234 WP GR B
	9	2	Nos.		10"		ELBOW LR 90° SCH 80 SMLS A234 WP GR B
	10	2	Nos.		6"		ELBOW LR 90° SCH 80 SMLS A234 WP GR B
	11	2	Nos.		1"	3000#	ELBOW LR 90° SMLS A105N
	12	2	Nos.		16"		TEE EQUAL SCH 80 SMLS A234 WP GR B
	13	2	Nos.		16"x10"		RED.TEE SCH 80 SMLS A234 WP GR B
	14	2	Nos.		16"x14"		CONC.REDUCER SCH 80 SMLS A234 WP GR B
	15	2	Nos.		14"x10"		CONC.REDUCER SCH 80 SMLS A234 WP GR B
	16	2	Nos.		16"x6"		WELDOLET SCH 80 A105N
	17	1	No.		16"x3"		WELDOLET SCH 80 A105N
	18	1	No.		10"x3"		WELDOLET SCH 80 A105N
	19	1	No.		16"x1"		WELDOLET SCH 160 A105N
	20	1	No.		10"x1"		WELDOLET SCH 160 A105N
	21	1	No.		6"x1"		WELDOLET SCH 160 A105N
	22	2	Nos.		14"x1"	3000#	SOCKOLET SW A105N
FLANGES	23	4	Nos.		16"	600#	FLANGE WELDNECK RF SCH 80 A105N
	24	4	Nos.		14"	600#	FLANGE WELDNECK RF SCH 80 A105N
	25	4	Nos.		10"	600#	FLANGE WELDNECK RF SCH 80 A105N
	26	2	Nos.		6"	600#	FLANGE WELDNECK RF SCH 80 A105N
	27	5	Nos.		1"	600#	FLANGE WELDNECK RF SCH 160 A105N
	28	5	Nos.		1"	600#	BLIND FLANGE RF SCH 160 A105N
	29						
	30						
	31						
	32						
VALVES	33	1	No.		16"	600#	XV 211
	34	1	No.		10"	600#	PCV 130/1
	35	2	Nos.		14"	600#	BALL VALVE FLANGED RF A216 WCB TRIM 13.CR+ST
	36	1	No.		10"	600#	BALL VALVE FLANGED RF A216 WCB TRIM 13.CR+ST
	37	10	Nos.		1"	600#	BALL VALVE FLANGED RF A105N TRIM 13.CR+ST
	38	1	No.		6"	600#	GLOBE VALVE FLANGED RF A216 WCB TRIM 13.CR+ST
	39						
	40						
	41						
GASKETS	42	2	Nos.		16"	600#	SPIRAL WOUND GASKET CNAF FILLER 316SS WINDING
	43	4	Nos.		14"	600#	SPIRAL WOUND GASKET CNAF FILLER 316SS WINDING
	44	4	Nos.		10"	600#	SPIRAL WOUND GASKET CNAF FILLER 316SS WINDING
	45	2	Nos.		6"	600#	SPIRAL WOUND GASKET CNAF FILLER 316SS WINDING
	46	15	Nos.		1"	600#	SPIRAL WOUND GASKET CNAF FILLER 316SS WINDING
	47						
	48						
STUD BOLTS	49	40	Nos.		1 1/2"x10 7/8"	16"–600	STUD BOLTS&2NUTS A193 GR B7M/A194 GR 2HM
	50	80	Nos.		1 3/8"x9 7/8"	14"–600	STUD BOLTS&2NUTS A193 GR B7M/A194 GR 2HM
	51	64	Nos.		1 1/4"x9"	10"–600	STUD BOLTS&2NUTS A193 GR B7M/A194 GR 2HM
	52	24	Nos.		1"x7 1/4"	6"–600	STUD BOLTS&2NUTS A193 GR B7M/A194 GR 2HM
	53	60	Nos.		5/8"x3 1/2"	1"–600	STUD BOLTS&2NUTS A193 GR B7M/A194 GR 2HM
	54						
	55						
INSTRUMENT	56						
	57						
	58						
	59						
	60						
MISC	61						
	62						
	63						
	64						

BUDGET REF: XX	TITLE – GTP EXTENSION PLATFORM 16"–H83–05–02–F03 PIPING ISOMETRIC & BOM	
D.O. REF: ****	DRG NO. AD122 – 350 – M – 10160 (AREA, SECTION, NUMBER)	1 (ISSUE)
SCALE: NTS		

그림 4.16 3D 현장스캔도면(site scanning drawing)

EPCIC 단계에서의 전형적인 성과품 목록은 부록에 첨부되어 있다.

4.2.2 조달

조달(procurement)은 구매(purchase), 구매추적(expediting), 검사(inspection), 수송(logistic)의 4개 요소로 이뤄지며 모든 프로젝트는 프로젝트 구매계획(project procurement plan, PPP)을 세우고 이에 따라 조달업무를 수행하게 된다. 먼저 PPP의 목적은 표 4.3과 같다.

표 4.3 프로젝트 구매계획 수립의 목적

최적비용
프로젝트 목적에 부합하는 품질만족, 안전, 환경규제 만족
프로젝트 요구사항을 만족하는 자재수급
사양에 맞는 자재의 적기현장 배송
프로젝트 일정 준수
구매예산 준수
재작업 비용 최소화
잉여자재 최소화 등

조달업무는 기술부서와의 긴밀한 협업이 필요하며 주로 산유국의 국가에 선별된 사전 등록된 공급자 또는 제작자에 견적 요청서(request for quotation, RFQ)를 발송하고 입찰에 응한 사전등록 공급자를 통한 제한경쟁입찰을 진행하는 형식으로 진행된다. 일반적인 조달은 아래와 같이 진행된다. 설비 및 장비의 제작이 완료되면 제품출하테스트(factory acceptance test, FAT)를 수행하고 승인하는 과정이 진행된다. 일반적으로 발주사는 국제적으로 공인된 제3자 검증을 통해 제조 장소가 위치한 국가의 TPA 인력을 고용하여 설계 내용과의 일치, 기능테스트, 압력테스트 등 검사를 수행하고 해당 장비 또는 설비에 대한 인정서를 발행하면 수송이 진행된다. 설명된 일련의 작업을 조달이라고 한다. 조달과정은 그림 4.17을 참고한다.

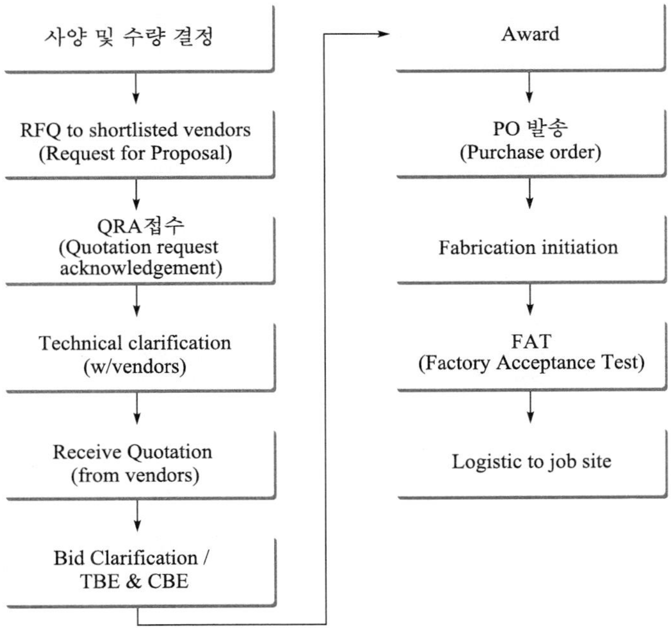

그림 4.17 조달 진행흐름 (출처: basic project management)

앞서 언급된 바와 같이 프로젝트의 일정에 가장 영향을 많이 미치는 조달품은 LLIs이다. 장납기자재는 그림 4.18과 같이 조달일정(schedule of LLIs)을 특별히 관리하여 프로젝트 지연을 최소화하도록 관리한다.

PROCUREMENT STATUS OF LONG LEAD ITEMS														
Description	MR Issue Date		MR Approved Date		TBE approval Date		PO Issued Date		Key Vendor Documents Approved by Company Date		Inspection / FAT Date		Receipt at Site Date	
	Plan	Act	Plan	Act	Plan	Act	Plan	Act	Plan	Act	Plan	Act	Plan	Act
Water Injection Pump	27-Nov-17	25-Nov-17	18-Dec-17	3-Jan-18	23-Jan-18	7-Feb-18	31-Jan-18	8-Feb-18	30-Mar-18	16-Apr-18	23-Feb-19		9-Apr-19	
LINEPIPE	11-Dec-17	11-Dec-17	23-Jan-18	3-Jan-18	3-Feb-18	29-Jan-18	5-Feb-18	7-Feb-18	-		-		5-Jul-18	
Multi Phase Pump	24-Jan-18	12-Jan-18	22-Feb-18	31-Jan-18	22-Mar-18	30-Mar-18	30-Mar-18	30-Mar-18	7-Jun-18		2-Jun-19		17-Jul-19	
HIPPS (Moved to MAC)	9-Feb-18		9-Mar-18		27-Apr-18		7-May-18		14-Jun-18		10-Jan-19		9-Feb-19	
132kV GIS	5-May-18	5-Jan-18	22-May-18	14-Feb-18	5-Jul-18		18-Jul-18		16-Aug-18		13-Apr-19		13-May-19	
Hot Induction Bends	1-Feb-18	15-Dec-17	15-Mar-18	7-Feb-18	19-Apr-18		24-Apr-18		-		-		7-Jan-19	
Barred Tees	1-Feb-18	8-Feb-18	8-Mar-18	9-Mar-18	19-Apr-18		1-May-18		-		-		7-Dec-18	
Diesel Generator	1-Feb-18	23-Jan-18	28-Feb-18	8-Feb-18	18-Apr-18		30-Apr-18		4-Jul-18		24-Dec-18		23-Jan-19	

그림 4.18 구매진행대장(procurement progress register)

프로젝트에서 조달 지연이 발생할 가능성은 매우 큰 편이다. 따라서, LLIs, 주요자재 등은 PMT 인력 또는 외부 전문인력을 고용하고 제조사에 상주시켜 관리감독을 하는 경우도 있다.

4.2.3 설치

현장 건설작업은 매우 노동집약적인 과정으로 진행 관리가 주요한 요소이다. 따라서, 효율적 건설작업을 위해 건설실행계획(construction execution plan, CEP)이 작성되어 관리된다. 건설실행계획은 표 4.4의 내용을 포함한다.

표 4.4 건설실행계획

현장조사 범위
작업인력 운용계획
설비, 배관, 구조물, 파이프라인, 전기계장시설, 건물 등 설치 방식
하도급 작업 목록
주요 건설장비 리스트
기존 시설과의 주요 연결작업 방법 및 작업 절차
flowline 및 파이프라인 설치 및 시운전 절차 및 계획
장비 수송계획
인허가 리스트
토목작업 방식 및 절차
시운전 방식 및 절차, 검사 및 테스트 계획(inspection & test plan, ITA)
임시 건설 시설(작업 공간, 거주캠프, 사무실 등) 설치 계획 등

시설물 요소별로 인력(manhour), 건설 진행률(construction progress) 및 작업의 시작·종료시점 등을 면밀히 관리하게 되고 프로젝트 진행률을 주 또는 격주 단위로 작성하여 일정 지연의 발생 여부를 모니터링하고 관리한다(그림 4.19 및 4.20 참고).

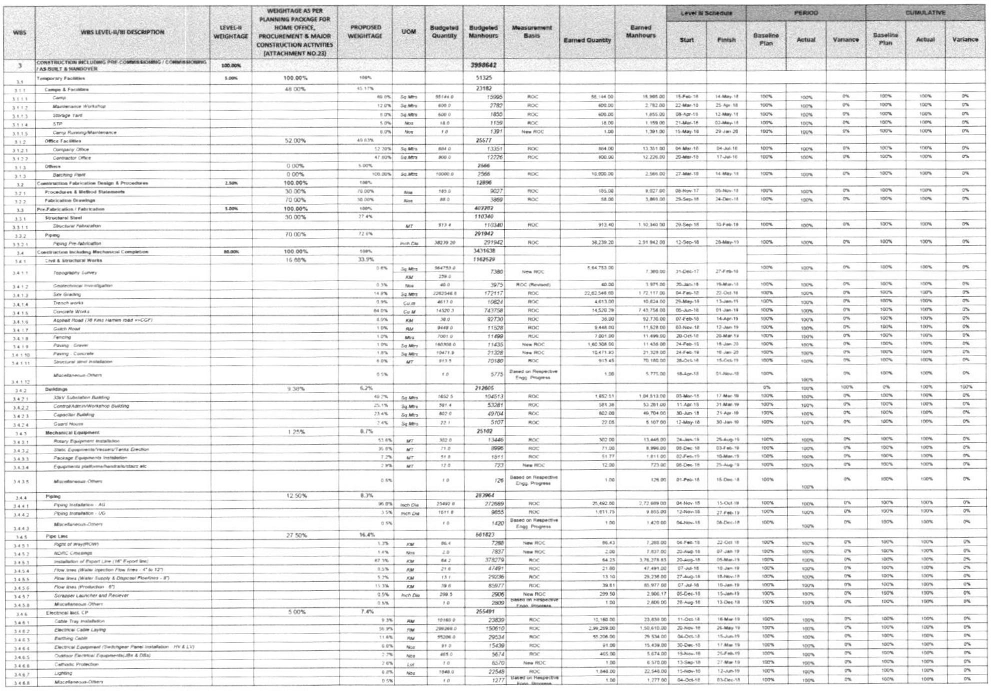

그림 4.19 공종별 건설현황 관리대장

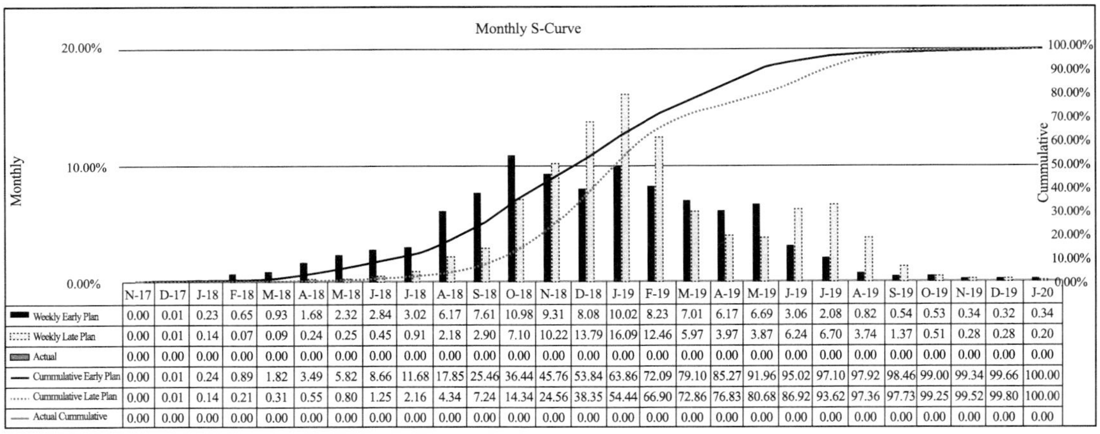

	N-17	D-17	J-18	F-18	M-18	A-18	M-18	J-18	J-18	A-18	S-18	O-18	N-18	D-18	J-19	F-19	M-19	A-19	M-19	J-19	J-19	A-19	S-19	O-19	N-19	D-19	J-20
Weekly Early Plan	0.00	0.01	0.23	0.65	0.93	1.68	2.32	2.84	3.02	6.17	7.61	10.98	9.31	8.08	10.02	8.23	7.01	6.17	6.69	3.06	2.08	0.82	0.54	0.53	0.34	0.32	0.34
Weekly Late Plan	0.00	0.01	0.14	0.07	0.09	0.24	0.25	0.45	0.91	2.18	2.90	7.10	10.22	13.79	16.09	12.46	5.97	3.97	3.87	6.24	6.70	3.74	1.37	0.51	0.28	0.28	0.20
Actual	0.00	0.00	0.00	0.00	0.00	0.00	0.00	0.00	0.00	0.00	0.00	0.00	0.00	0.00	0.00	0.00	0.00	0.00	0.00	0.00	0.00	0.00	0.00	0.00	0.00	0.00	0.00
Cummulative Early Plan	0.00	0.01	0.24	0.89	1.82	3.49	5.82	8.66	11.68	17.85	25.46	36.44	45.76	53.84	63.86	72.09	79.10	85.27	91.96	95.02	97.10	97.92	98.46	99.00	99.34	99.66	100.00
Cummulative Late Plan	0.00	0.01	0.14	0.21	0.31	0.55	0.80	1.25	2.16	4.34	7.24	14.34	24.56	38.35	54.44	66.90	72.86	76.83	80.68	86.92	93.62	97.36	97.73	99.25	99.52	99.80	100.00
Actual Cummulative	0.00	0.00	0.00	0.00	0.00	0.00	0.00	0.00	0.00	0.00	0.00	0.00	0.00	0.00	0.00	0.00	0.00	0.00	0.00	0.00	0.00	0.00	0.00	0.00	0.00	0.00	0.00

그림 4.20 건설 S-Curve

각종 시공계획 및 인력운용계획, 장비이동계획, 자재보관절차, 건설실행절차 등 시공을 위한 문서 및 상세설계 결과물에 대한 검토 및 승인현황을 관리한다. 아래와 같이 시공, 제작 설계 등에 대한 성과품 일정관리를 통해 프로젝트 일정을 관리하고 모니터링하여 프로젝트 납기를 준수할 수 있도록 한다. 그림 4.21은 전형적인 건설, 제작 진행률 관리대장이다.

WBS CODE (LIII SCHEDULE)	WBS Code LII	Document #	DISC	Description	Weight %	Doc. Class	Document started (*)			Draft Completed (*)			Squad Check Completed (*)			1st Issue to Company (IFR) (*)			1st Issue comments received			2nd Issue to Company (IFR/IFA)			2nd issue approval/comments received			Approved by COMPANY (*)			Final Issue (Without HOLD) (*)			% Planned (Deliverable)	% Completed (Deliverable)	% Planned (Overall)	% Earned Progress(Overall)
						Class	Planned	Forecast	Actual	Planned	Forecast	Actual	Planned	Forecast	Actual	Planned	Forecast	Actual	Planned	Forecast	Actual	Planned	Forecast	Actual	Planned	Forecast	Actual	Planned	Forecast	Actual	Planned	Forecast	Actual				
HFD.3.2.1				CONSTRUCTION PLANS & PROCEDURES	3%																															100%	100%
	1.2.2	1-01-99-11-1601	CONSTRUCTION	CONSTRUCTION EXECUTION PLAN	0.38%	1	12-Jan-18		15-Dec-17	27-Jan-18		19-Dec-17	29-Jan-18		23-Dec-17	12-Feb-18		26-Dec-17	14-Feb-18		01-Feb-18	19-Feb-18		26-Feb-18	21-Feb-18		14-Mar-18	24-Feb-18			01-Mar-18			100.0%	100.0%	12.50%	12.50%
	1.2.2	1-01-99-11-1840	CONSTRUCTION	CONSTRUCTION MOBILIZATION PLAN	0.38%	2	03-Dec-17		03-Dec-17	07-Dec-17		07-Dec-17	11-Dec-17		11-Dec-17	14-Dec-17		14-Dec-17	21-Dec-17		21-Dec-17	12-Jan-18		12-Jan-18	08-Feb-18		08-Feb-18	08-Feb-18		14-Mar-18	15-Mar-18		15-Mar-18	100.0%	100.0%	12.50%	12.50%
	1.2.2	1-01-99-23-1839	CONSTRUCTION	PIPING HANDLING AND PRESERVATION PROCEDURE	0.38%	2	18-Nov-18			23-Nov-18			25-Nov-18			27-Nov-18			11-Dec-18			17-Dec-18			21-Dec-18			23-Dec-18			25-Dec-18			100.0%	100.0%	12.50%	12.50%
	1.2.2	1-01-99-23-1829	CONSTRUCTION	PROCEDURE FOR CALIBRATION OF INSTRUMENTS	0.38%	2	18-Oct-18			23-Oct-18			25-Oct-18			27-Oct-18			10-Nov-18			16-Nov-18			20-Nov-18			22-Nov-18			24-Nov-18			100.0%	100.0%	12.50%	12.50%
	1.2.2	1-01-99-23-1828	CONSTRUCTION	PROCEDURE FOR ELECTRODE BAKING & ISSUE (WELDING CONSUMABLE CONTROL)	0.38%	2	18-Jun-18			23-Jun-18			25-Jun-18			27-Jun-18			11-Jul-18			17-Jul-18			21-Jul-18			23-Jul-18			25-Jul-18			100.0%	100.0%	12.50%	12.50%
	1.2.2	1-01-99-23-1831	CONSTRUCTION	PROCEDURE FOR MATERIAL CONTROL SYSTEM & PRESERVATION	0.38%	2	11-Dec-17		10-Dec-17	03-Jan-18		03-Jan-18	07-Jan-18		07-Jan-18	10-Jan-18		10-Jan-18	24-Jan-18		24-Jan-18	07-Feb-18		07-Feb-18	15-Feb-18		15-Feb-18	16-Mar-18		16-Mar-18	21-Mar-18			100.0%	100.0%	12.50%	12.50%
	1.2.2	1-01-99-23-1830	CONSTRUCTION	PROCEDURE FOR MATERIAL TRACEABILITY	0.38%	2	02-Apr-18			07-Apr-18			09-Apr-18			11-Apr-18			25-Apr-18			01-May-18			05-May-18			07-May-18			09-May-18			100.0%	100.0%	12.50%	12.50%
	1.2.2	1-01-99-23-1836	CONSTRUCTION	PROCEDURE QUALIFICATION RECORD	0.38%	2	05-May-18			10-May-18			12-May-18			14-May-18			28-May-18			03-Jun-18			07-Jun-18			09-Jun-18			11-Jun-18			100.0%	100.0%	12.50%	12.50%
HFD.3.2.2				CONSTRUCTION METHOD STATEMENTS	46%																															100%	100%
	1.2.2	1-01-42-67-1640	ELECTRICAL	METHOD STATEMENT FOR 132KV GIS INSTALLATION WORKS	0.38%	2	09-Jun-18			11-Jun-18			12-Jun-18			13-Jun-18			23-Jun-18			26-Jun-18			10-Jul-18			15-Jul-18			16-Jul-18			100.0%	100.0%	0.83%	0.83%
	1.2.2	1-01-42-67-1644	ELECTRICAL	METHOD STATEMENT FOR CT/VT TESTING	0.38%	2	05-Aug-18			07-Aug-18			08-Aug-18			09-Aug-18			19-Aug-18			22-Aug-18			05-Sep-18			10-Sep-18			11-Sep-18			100.0%	100.0%	0.83%	0.83%
	1.2.2	1-01-42-67-1645	ELECTRICAL	METHOD STATEMENT FOR EARTHING STEP AND TOUCH POTENTIAL TEST AND GRID RESISTANCE MEASUREMENT TEST.	0.38%	2	05-Jun-18			07-Jun-18			08-Jun-18			09-Jun-18			19-Jun-18			22-Jun-18			08-Aug-18			13-Aug-18			14-Aug-18			100.0%	100.0%	0.83%	0.83%
	1.2.2	1-01-42-67-1637	ELECTRICAL	METHOD STATEMENT FOR INSTALLATION EARTH MAT WORKS	0.38%	2	05-Aug-18			10-Aug-18			12-Aug-18			14-Aug-18			28-Aug-18			03-Sep-18			07-Sep-18			09-Sep-18			11-Sep-18			100.0%	100.0%	0.83%	0.83%

그림 4.21 건설 및 제작 진행률 관리대장

현장 투입 인력계획을 작성하여 관리하고 주단위로 인력투입 히스토그램(manhour histogram)을 작성하여 계획 대비 실제 현장에 투입된 인력을 확인한다. 작업에 지연이 생기면 작업인력 추가 투입, 24시간 교대작업 등의 방법을 통해 지연을 복구한다. 실제 건설현장에서 작업 지연이 빈번히 발생하는 편이므로 다양한 복구방안을 계획하고 실행한다. 인력투입 히스토그램을 이용하여 계획-실제-복구계획으로 나눠 인력투입 현황을 관리함으로써 작업의 공정률을 지속적으로 확인 및 관리하게 된다. 그림 4.22는 인력투입 히스토그램으로서 계획/실제/계획을 표시하여 지연 발생 시 추가 인력투입 등 대처방안 수립에 이용한다. 또한, 전체 작업진행률은 그림 4.23과 같이 관리되고 인력 히스토그램과 동일하게 계획/실제/계획 진행률을 표시하여 프로젝트 일정을 관리한다.

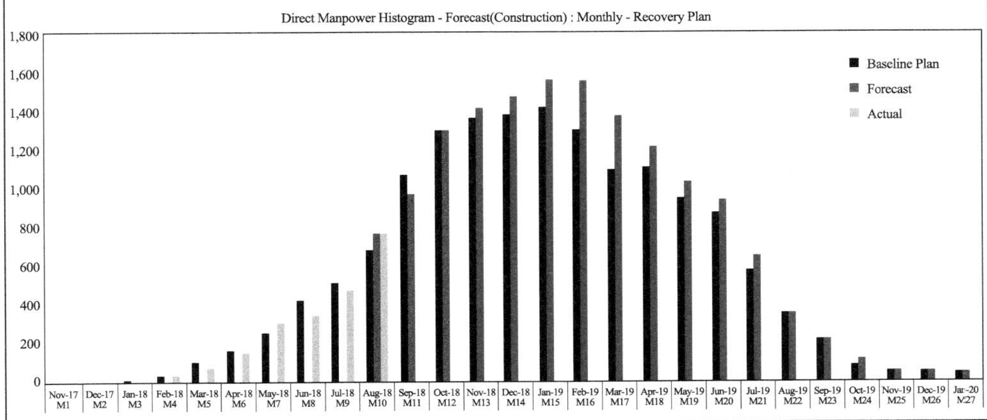

00000	M1	M2	M3	M4	M5	M6	M7	M8	M9	M10	M11	M12	M13	M14	M15	M16	M17	M18	M19	M20	M21	M22	M23	M24	M25	M26	M27
	Nov-17	Nov-17	Jan-18	Feb-18	Mar-18	Apr-18	May-18	Jun-18	Jul-18	Aug-18	Sep-18	Oct-18	Nov-18	Dec-18	Jan-19	Feb-19	Mar-19	Apr-19	May-19	Jun-19	Jul-19	Aug-19	Sep-19	Oct-19	Nov-19	Dec-19	Jan-20
0000 Plan	0	0	3	34	102	163	263	420	608	674	1070	1290	1388	1374	1409	1293	1051	1106	943	838	681	356	218	82	51	51	47
0000	0	0	0	31	72	151	204	342	465	762																	
00000										762	366	1292	1416	1466	1650	1660	1267	1203	1026	933	661	356	218	117	51	51	47

그림 4.22 공종 히스토그램 – 복구계획

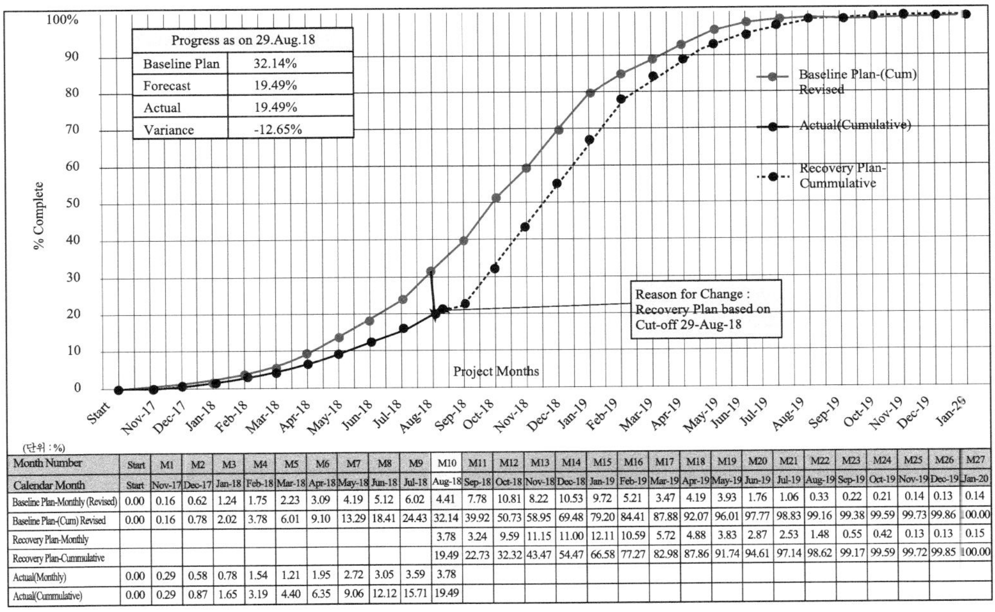

(단위 : %)

Month Number	Start	M1	M2	M3	M4	M5	M6	M7	M8	M9	M10	M11	M12	M13	M14	M15	M16	M17	M18	M19	M20	M21	M22	M23	M24	M25	M26	M27
Calendar Month	Start	Nov-17	Dec-17	Jan-18	Feb-18	Mar-18	Apr-18	May-18	Jun-18	Jul-18	Aug-18	Sep-18	Oct-18	Nov-18	Dec-18	Jan-19	Feb-19	Mar-19	Apr-19	May-19	Jun-19	Jul-19	Aug-19	Sep-19	Oct-19	Nov-19	Dec-19	Jan-20
Baseline Plan-Monthly (Revised)	0.00	0.16	0.62	1.24	1.75	2.23	3.09	4.19	5.12	6.02	4.41	7.78	10.81	8.22	10.53	9.72	5.21	3.47	4.19	3.93	1.76	1.06	0.33	0.22	0.21	0.14	0.13	0.14
Baseline Plan-(Cum) Revised	0.00	0.16	0.78	2.02	3.78	6.01	9.10	13.29	18.41	24.43	32.14	39.92	50.73	58.95	69.48	79.20	84.41	87.88	92.07	96.01	97.77	98.83	99.16	99.38	99.59	99.73	99.86	100.00
Recovery Plan-Monthly											3.78	3.24	9.59	11.15	11.00	12.11	10.59	5.72	4.88	3.83	2.87	2.53	1.48	0.55	0.42	0.13	0.13	0.15
Recovery Plan-Cummulative											19.49	22.73	32.32	43.47	54.47	66.58	77.27	82.98	87.86	91.74	94.61	97.14	98.62	99.17	99.59	99.72	99.85	100.00
Actual(Monthly)	0.00	0.29	0.58	0.78	1.54	1.21	1.95	2.72	3.05	3.59	3.78																	
Actual(Cummulative)	0.00	0.29	0.87	1.65	3.19	4.40	6.35	9.06	12.12	15.71	19.49																	

그림 4.23 작업 진행률 – 복구계획

4.2.4 개발정 및 생산정 시추

생산정 시추는 EPCIC에 포함되는 작업은 아니지만 시설과의 연계성이 중요하다. 시추는 프로젝트의 진행 일정상 시설의 설치와 병행하여 이뤄지며 시추작업은 시설물의 시운전 시작 전에 시추관련 일련의 작업이 완료되어야 한다. 앞서 타당성평가, 기본 개념설계, FDP를 통한 최적개발 도출을 통해서 도출된 시나리오에 따라 시추를 수행하게 된다.

개발과정 이전의 저류층에 대한 정보는 상당히 제한적이다. 사전에 다양한 지질학적/지구물리학적 연구를 수행했다 하더라도 실제 탄화수소의 부존 여부와 지표까지의 유동성 여부를 확인하는 작업, 즉 탐사정 시추가 제한적이기 때문이다. 개발단계에 진입하는 단계에서 개념설계, 지질모델/시뮬레이션 모델을 구축, 참여사/정부기관 등의 인증을 받았다고 하더라도 태생적으로 많은 불확실성을 내포하게 된다. 시추를 통한 지역적 자료들의 특성분포 변화, 생산거동에 미치는 영향 등은 추후 자료취득을 통해서 규명하게 된다.

FDP 승인 이후에는 개발정, 생산정 시추를 본격적으로 계획/실행하게 된다. CAPEX가 많이 들어가는 작업이므로 최대한 효율적으로 이루어져야 한다. 특히 중요한 점은 시추를 통해서 자료를 추가적으로 취득함에 따라 지형 및 유체 부존여부, 유동성 변화 등의 불확실성/불균질성을 파악하고 완화(mitigation)시켜 나가는 방향으로 시추계획을 수립한다는 점이다.

시추계획은 시설 운영계획과 서로 피드백을 주고받으며 적절하게 CAPEX 소비 계획을 수립하여야 한다. 예를 들어 해상시추의 경우, 정두 플랫폼(well head platform)이 설치된 이후에 시추를 한다면 운영 파이프라인의 감압, 기존 생산정 운영 등을 충분히 고려하여 시추 스케줄과 시추 운영을 제어해야 한다.

4.2.5 시운전

시운전(commissioning)은 EPCIC 완료 및 생산개시를 위한 최종 관문이며 시설을 운전(operation) 조직에 인수인계하는 단계이다. 설치된 시설이 안전하게 운전되고 요구되는 사양의 제품을 생산할 수 있도록 하는 최종 마무리 단계이다. 시설이 계획한 바와 같이 기능하고 작동하는지를 확인하는 단계이다. 대부분의 프로젝트 시운전단계에는 많은 문제가 발생하게 되나 시운전기간에 보완작업을 통해 생산개시가 가능하도록 진행하는 과정이다. 전형적인 시운전의 프로세스는 그림 4.24와 같다.

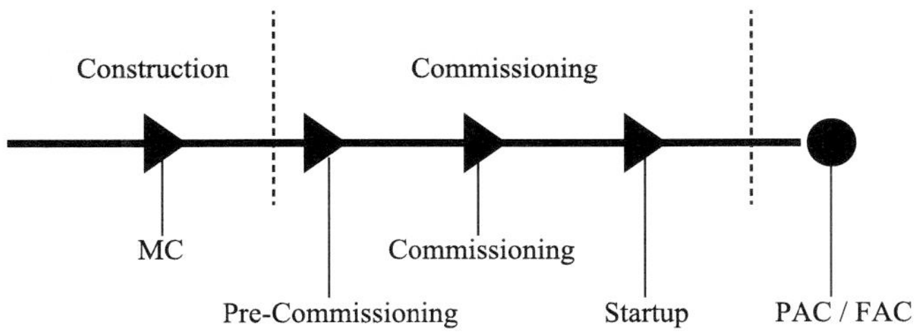

- 기계적 설치완료(mechanical completion, MC)
  기계, 배관, 파이프라인, 구조물, 건물 등 공정의 시설이 도면대로 모두 설치되고 배관의 기압 또는 수압테스트 및 기계 설치 검사가 완료된 상태
- 예비시운전(pre-commissioning, PC)
  유틸리티 공급, 세정(flushing 및 cleaning), 전기 공급, 계장기기 확인 상태
- 시운전(commissioning)
  설계대로 운전 가능하도록 전기계장 기능테스트, 안전시스템 기능테스트 및 각종 케미컬(chemical) 등 충진
- 생산준비(ready for start up, RFSU)
  생산유체를 시설로 유입시켜 생산을 준비하는 단계
- 예비준공(provisional acceptance certificate, PAC)
  생산개시 후 공정이 설계와 같이 운전이 가능할 때 발주사가 시공사에 발급
- 준공(final acceptance certificate, FAC)
  품질보증기간(warranty period) 동안 공정운전에 문제가 없을 경우 발주자가 발급하며 법적으로 프로젝트의 종료를 의미

그림 4.24 시운전 프로세스

MC이후 전체 시운전 과정은 그림 4.25와 같이 진행된다.

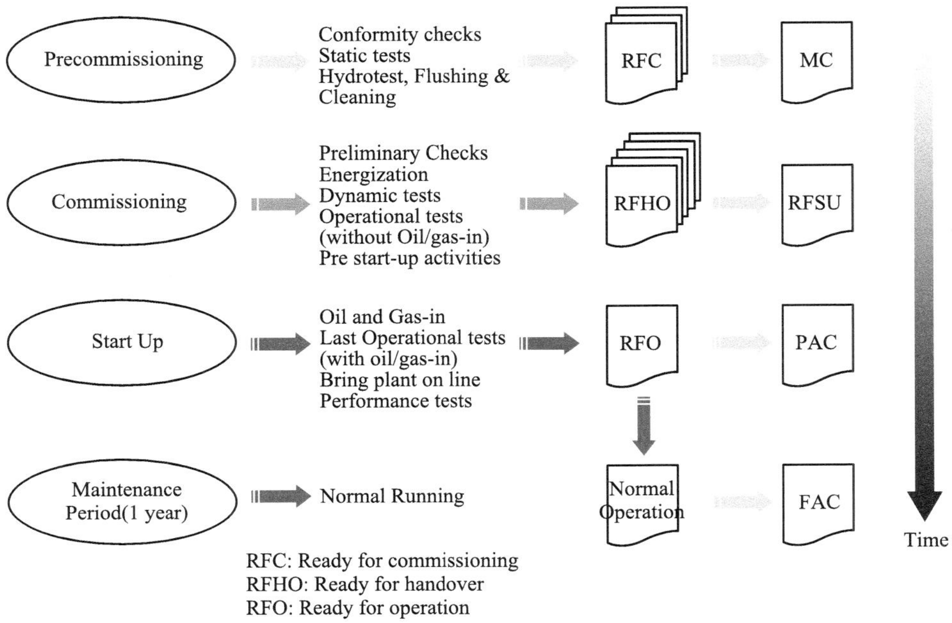

그림 4.25 시운전 및 성능 테스트

MC 기간에 설치된 공정시설에 대해 기압, 수압테스트 및 비파괴검사(non destructive test, NDT)를 통해 장비, 구조, 배관 등 설치된 시설물에 대한 테스트를 진행한다. NDT에는 국제적으로 인증된 방법에 의한 육안시험(visual test, VT), 방사선 사진을 이용한 비파괴시험(radiographic test, RT), 초음파를 이용한 비파괴시험(ultrasonic test, UT) 등 다양한 시험방법을 통해 공정시설이 기계적인 결함이 없는지 확인하는 단계이다. MC 기간에는 많은 보완 및 수리 작업이 발생하는데 이를 수선목록(punch list)이라고 한다. 수선목록에는 Category A, B, C와 같이 3개의 범주가 있으며 의미는 표 4.5와 같으며 그림 4.26은 설비별 범주를 나눌 때 사용하는 예시이다.

표 4.5 수선목록 분류

Category A	MC 이전에 필수적으로 완료가 필요한 보완 및 수리 아이템으로 MC 완료 후 예비시운전 (pre-commissioning) 진입 전 완료가 필요한 아이템
Category B	예비시운전 기간 중에 필수적으로 보완 및 수리가 필요한 아이템
Category C	시운전(commissioning) 시작 전에 필수적으로 보완 및 수리가 필수적으로 필요한 아이템

	Pcom	Com	S-Up
Instrumentation			
Check condition of equipment, quality of installation, and compliance with Project drawings, MANUFACTURERS instructions, safety rules, specifications and good practice	✓		
Remove in-line instruments before hydraulic tests 9except control valves)	✓		
Perform required pressure tests on: ❑ Instruments take-off piping. ❑ Air piping. ❑ Air tubing.	✓		
Reinstall instruments after pressure tests and flushing of the process lines.	✓		
Calibrate all instruments other than F&G detectors prior to installation	✓		
Check continuity of transmission and identification of indication, control and alarm signals ❑ Perform continuity and insulation tests for instrument cables. ❑ Perform continuity and tightness tests for pneumatic tubing.	✓		
Install sealing fluids where required	✓		
Calibrate all F&G detectors, synchronise with F&G panel		✓	
Test marshalling relay boxes, programmable logic controllers, sequential operators and all numeric control systems		✓	
Carry out loop testing		✓	
Test shutdown systems, interlocks and sequencers		✓	
Piping			
Check condition of equipment, quality of installation, and compliance with Project drawings, MANUFACTURERS instructions, safety rules, specifications and good practice. Verify especially gaskets and bolts types	✓		
Carry out hydrostatic testing of piping	✓		
Remove all temporary supports, protections, bracings, sea fastening stops, that were installed to prevent equipment damage during shipping, storage and erection	✓		
Alleviate any excess piping stresses that may be imposed on pipes, equipment (compressors, pump, etc) flanges	✓		
Provide and install all strainers, both temporary and permanent, spectacle blinds and temporary blanks required for start-up	✓		
Check packing and packing materials and lubrication of valves; repack and lubricate if necessary	✓		
Supply and install line identification tags and signs, stencil lines for identification	✓		

그림 4.26 작업분류시트(activities classification sheet)

EPCIC 프로젝트에서 MC가 의미하는 바가 크므로 MC 패키지(표 4.6)가 어떤 과정을 통해 준비되고 승인되는지에 대한 이해가 필요하다.

표 4.6 MC 패키지 구성

MC 수선목록	내외부 전문가의 현장점검(site inspection)에 의해 발견된 수선목록을 작성하여 문제가 있는 아이템에 대해 조치를 취하는 기본자료
기계적 작업 완료 인덱스 (mechanical completion status index, MCSI)	모든 장비, 설비, 배관, 계기, 전기설비 등의 태그(tag)를 기록한 목록
기계적 완료 확인기록 (mechanical completion check record, MCCR)	각종 설비, 장비에 대한 공종별 담당자가 MC 관련 문서에 대한 확인 및 조치사항을 기록한 기초자료
기계적 완료 증명서 (mechanical completion certificate, MCC)	모든 시설의 설치가 완료됨을 인증하는 증명서

모든 수선목록에 대한 조치가 완료되면 MC가 완료되었음을 인정하는 MC 패키지 증명서(MC package certificates)는 제3자검증기관(TPA) 및 독립검증기관(independent verification body, IVB) 등 공인인증기관에서 참여하여 공동으로 작성한다. MC 패키지가 작성되고 발주자의 승인이 나면 예비 시운전을 진행한다.

예비시운전은 MC 항목에 관한 확인 작업이 우선적으로 수행된다. 또한, MC 가동기간에는 유틸리티 공급, 배관 및 기계내부 세정(flushing 및 cleaning), 회전기기의 회전방향 확인을 위한 전기 공급 및 계장기기 확인 등이 이뤄지는 단계이다. 표 4.7과 같은 작업이 순차적으로 진행된다.

표 4.7 예비시운전 작업내용

배관 및 파이프라인의 세정 및 건조
배관시스템의 압력시험
전기계장 설비 작동 루프(loop) 확인
계장설비 교정(calibration)
회전기기 전원공급
회전기기 모터 회전방향
회전기기 회전축 일치 확인
시설물 유틸리티 시설물 작동 및 공급 등

시운전이란 공정시설이 설계대로 운전이 가능한 상태로 전기, 계장 기능시험, 안전장치 기능시험, 케미컬 충진 및 생산물의 공정 내 유입이 이뤄지는 단계를 말한다.

먼저 시공사는 표 4.8과 같이 시험 및 시운전 계획(testing and commissioning plan)을 작성하고 발주사의 승인을 받아야 한다.

표 4.8 시험 및 시운전 계획

시험 및 시운전 계획 시작 일정
시험 및 시운전 계획 완료 일정
전원 투입일(power ON date)
화재경보 작동일(fire alarm ON date)
개별 설비별 시험 및 시운전 일정 및 기간
개별 설비별 상세 시험 및 시운전 방법

시험 및 시운전이 완료되면 일반적인 공정시설 시운전 순서는 표 4.9와 같다.

표 4.9 공정시설 시운전 순서

전기시스템 전기 공급(energizing of electrical systems)
제어 및 자동화 시스템(control & automation system) 시험운전 (제어로직 시험 등)
예비시운전 확인사항(pre-commissioning checks) · 수선목록 작성 (수리항목 리스트) · 회전기기 무부하시험 · 회전기기 부하시험 · 안전시스템 시험 · 공정 시스템 세척 · 배관 세척 등
유틸리티 시설 시운전 · 화재 및 가스검출 시스템(fire & gas detection system) · 계장제어용 공기(instrument air) 및 질소 시스템(N2 system) · 소각시스템(flare system) · 드레인시스템(drain system) 등
처리공정 시설(생산물 처리시스템 전체) 시운전
처리공정 내 생산물 유입 및 생산개시 준비(ready for startup, RFSU)

생산개시 준비가 종료되면 시설가동(startup)이 진행된다. 이후 설치된 시설의 성능 확인과정이 진행되며 일반적으로 3개월간 설계상 최대, 최저처리량을 기준으로 시설물의 운전상황을 모니터링하고 보완이 필요한 사항이 발생하면 보완작업이 진행된다. 보완이 완료되면 발주사는 시공사에 예비준공계(provisional acceptance certificate, PAC)를 발행하고 마일스톤에 의해 계약 잔금의 일부를 지급하게 된다. 이후 장시간 상업생산 및 테스트를 병행하여 진행한다. 통상 1년간의 운전을 통해 생산시설의 결함을 찾고 보완하는 작업이 지속된다. 최종적으로 시설이 설계기준에 따라 정상 운전됨

을 확인하면 발주자는 시공사에 최종준공계(final acceptance certificate, FAC)를 발행하고 EPCIC 프로젝트가 종료된다. EPCIC 발주 시 전형적인 설계성과품 리스트는 부록에 수록하였다.

참고문헌 Reference

ADNOC Value assurance process

basic project management

CHAPTER 05 광구권 계약 및 경제성평가

5.1 광구권 계약의 중요성

광구권은 해당 광구를 탐사하고 개발할 수 있는 배타적 권리로 "광권", "광업권" 등으로도 불리지만 본 교재에서는 광구권으로 통일하여 사용하였다.

성공적인 E&P 사업을 위해서는 상업적으로 생산할 수 있는 많은 자원양도 중요하지만, 광구권의 구체적인 계약조건도 경제성에 큰 영향을 미친다. 구체적으로 계약에 명시된 기간 내에 석유를 개발하고 생산하여 투자한 비용을 보상받고 이익을 분해한다. 석유 E&P 사업을 "계약산업의 꽃"이라는 표현이 있듯이 석유사업은 계약으로 시작되고 계약으로 진행되며 계약으로 마무리된다.

광구권 계약은 사업자와 광구권 소유자 사이의 구속력 있는 약속으로 사업의 운영과 이익의 분배뿐만 아니라 상호 간 분쟁이 있을 때 법정에서 시시비비를 가리는 기준이 된다. 그림 5.1은 석유사업 주체들의 다양한 계약관계를 보여준다. 이들 계약에 따라 비용을 부담하고 창출된 수익을 분배하므로 계약의 내용은 사업자의 수익과 직결된다.

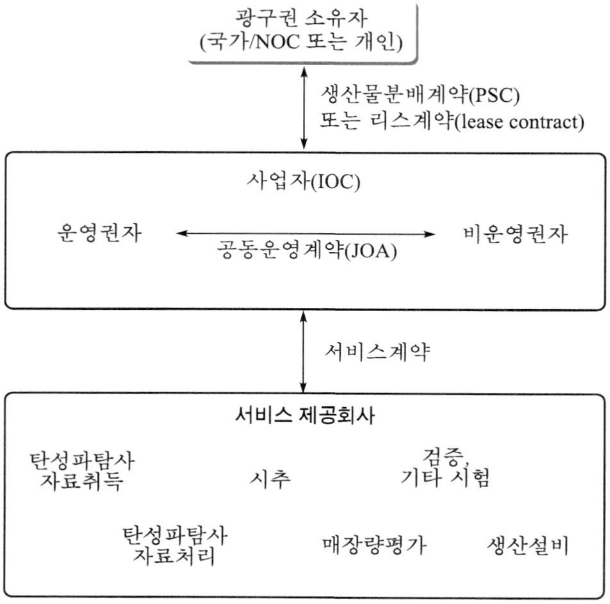

NOC (national oil company)
IOC (international oil company)
JOA (joint operating agreement)
PSC (production sharing contract)

그림 5.1 석유사업주체들의 계약관계

5.2 석유사업의 위험성

석유사업은 다른 사업과 달리 다양하고 복잡한 저류층이 대상이므로 제한된 정보로 인해 기술적 불확실성과 초기에 많은 투자가 필요한 고유한 특성이 있다. 특히 탐사에 실패하면 투자한 자금의 일부 또는 전부를 회수하지 못하며 사업을 마무리하는 시점에서는 잔존가치가 매우 낮다. 따라서 표 5.1과 같은 다양한 위험이 있다.

기술적 위험은 석유의 발견, 개발, 생산에 관련된 정보의 불확실성이나 기술의 한계에 따른 위험이다. 지질조사와 물리탐사를 통해 도출한 유망구조에 석유가 없거나 심부 및 심해에 위치하는 유망구조에 시추문제나 과도한 비용으로 도달하지 못할 수도 있다. 또한 저류층 조건이 나쁘거나 석유의 점도가 높아 생산하지 못하거나 계획한 대로 생산량을 유지할 수 없을 수도 있다. 이들은 모두 비용을 증가시키고 수익은 감소시켜 사업의 경제성을 악화시킨다.

표 5.1 석유개발사업에서 위험의 종류

위험의 종류		내용
기술적 위험	지질학적 위험	• 필요한 자료의 부재 또는 불확실성 • 근원암, 저류암, 덮개암, 저류구조 등의 존재 여부 • 석유의 생성, 이동, 집적의 부재
	공학적 위험	• 매장량 등에서 공학적 계산 또는 모델링의 한계 • 목표 구조를 시추하지 못하는 위험 • 생산광구 운영상의 위험 • 저류층의 압력 유지 및 관리 위험
	사업 고유 위험	• 한정된 자료 및 자료의 불확실성 • 지질구조의 복잡성(비균질성 및 이방성) • 긴 사업기간 • 다수의 이해관계자 • 실패 시 잔존가치가 낮음
경제적 위험	유가 위험	• 유가의 변동 및 급등락 • 예측의 어려움
	금융 위험	• 큰 초기 투자비용 • 긴 투자비 회수기간 • 투자비용의 조달 및 금융비용 • 이자율 변동
	환율 위험	• 환율의 변동 • 환율변동에 따른 자금조달의 어려움
국가 정치적 위험	국가 위험	• 해당 국가의 경제적 불안정성 • 국가의 금융 및 세제 제도 변경
	정치적 위험	• 투자 대상국의 정치적 불안정성 • 자원의 국유화 • 투자와 사업장에 따른 새로운 규제의 적용

또한 사업기간 동안 경제상황의 변화로 인한 경제적 위험요소가 있다. 유가는 수요와 공급, 지정학적 위험, 수출국 및 수입국의 정책 등 전통적인 가격변동 요인 외에도 국제정세, 국제금융시장 여건, 투기 및 심리 요인에 의해 크게 좌우된다. 이자율이나 환율이 상승하거나 유가가 하락하는 경우 사업의 수익성도 크게 변동된다.

무엇보다도 사업의 성공적 진행에 큰 영향을 미치는 것은 광구를 소유한 국가의 정치적 위험이다. 해당 국가가 정치적으로 불안정하거나 석유회계시스템이 개정되는 경우, 대부분 사업자에게 불리하게 적용된다. 과거 중동지역의 석유자원 국유화와 고유가 시대의 신자원민족주의는 그 대표적 예이다. 기술적 위험성은 사업이 진행될수록 집적구조와 풍부한 양의 석유가 발견되면 감소하지만 경제적, 정치적 위험은 오히려 증가하는 면이 있다.

5.3 광구권 계약의 분류

석유 E&P 사업에서 광구권의 계약과 소요비용의 부담 그리고 이익의 분배를 결정하는 기준이 되는 것이 각 나라의 석유회계시스템이다. 이는 정부와 E&P 사업자가 계약에 따라 돈을 지불하는 방식으로 매우 다양하다. 또한 특정 기간이나 E&P 사업을 촉진하기 위해 서로 다른 석유회계시스템이 적용되거나 유리한 조건이 제시되기도 한다. 그림 5.2는 석유자원의 소유 및 비용회수 및 리스크 부담 등에 따른 석유개발 계약의 종류를 보여준다. 컨세션시스템(concessionary system)은 회사 또는 개인이 광물의 소유권을 가질 수 있는 미국과 캐나다에서 주로 행해지는 계약시스템으로 로열티-택스 시스템(royalty-tax system)이라고도 한다. 계약시스템(contractual system)에서는 정부가 지하에 부존하는 석유의 소유권을 가진다. 사업자는 계약에 따라 생산된 석유와 가스 등의 현물이나 생산물 판매로 얻은 이익을 받는다. 계약시스템은 개발생산의 이익을 현물로 받는 생산물분배계약(production sharing contract, PSC)과 현금으로 받는 서비스계약(service contract)으로 나뉜다.

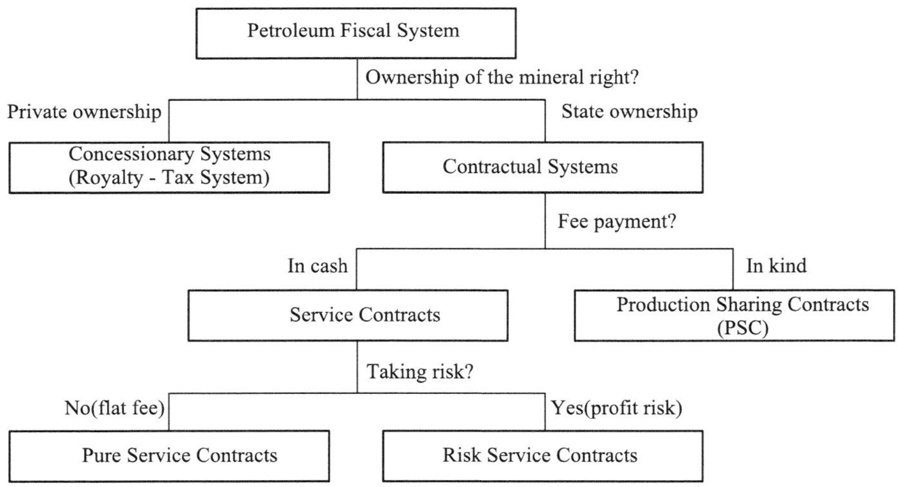

그림 5.2 석유개발 계약의 분류

서비스계약은 사업실패의 위험성을 갖느냐 가지지 않느냐에 따라 다시 순수 서비스계약(pure service contract)과 리스크 서비스계약(risk service contract)으로 나뉜다. 순수 서비스계약은 사업자가 탐사 및 개발에 필요한 기술력을 제공하는 조건으로 체결하는 계약으로 제공한 용역에 대한 수수료를 받는다. 리스크 서비스계약의 경우, 상업적 개발까지의 설비 시공 등 서비스 제공 계약조건에 따라 사업실패의 위험성을 부담하며 평균 일생산량에 대한 보상 등 사업의 실적에 따라 서비스 비용을 보상받는다.

5.3.1 계약관련 용어

계약의 종류는 다양하지만 사용되는 용어나 의미는 비슷하다. 기본적으로 계약 당사자, 광구정보, 지분 내역, 계약해지 조건, 분쟁해결 방안, 관련 법 등이 포함된다. 또한 사업의 성숙도에 따른 계약기간과 최소 작업량 그리고 광구의 부분 반환 일정을 명시하며 아래에 설명된 추가적인 항목에 대하여 구체적으로 명시한다.

로열티 또는 광구사용료 수익권은 광구권을 소지한 개인이나 정부가 자원개발을 허가함에 따라 얻는 "토지임대비"이다. 생산을 위한 비용은 부담하지 않고 생산이 시작되면 정해진 일정액 또는 생산량에 비례하여 수령하는 금액이다. 링펜싱(ring fencing)은 동일한 사업자가 광구권 내 여러 지역에서 E&P 사업을 진행하는 경우에 적용되는 조건으로 한 지역에서 발생하는 손익을 그 지역에 제한하는 것이다. 여러 지역 중 한 지역에서 성공한다 해도 나머지 지역의 비용을 회수할 수 없어 사업자에게는 부담으로 작용할 수 있다. 일부 자원보유국에서는 투자를 장려하기 위해 일정한 기간이나 지역에 대하여 링펜싱 조건을 해제하기도 한다.

광구권 벌금은 사업자가 계약서에 명시된 최소한의 작업을 정해진 계약기간까지 완수하지 않았을 경우 광구권 소유자에게 지불하게 된다. 주어진 기간 내의 최소 작업량은 전체 투자비, 탄성파 자료취득과 처리, 탐사공 시추 등 다양하게 설정되며 해당 작업을 완료하기 어려운 경우에는 미리 다른 작업을 수행하는 것으로 계약조건이 변경되어야 관련 벌금이 면제된다.

보너스(bonus)는 계약서명, 개발단계 진입, 생산단계 진입 등 석유사업의 각 단계 또는 계약을 갱신할 때 사업자가 광구권 소유자에게 지불하는 금액이다. 계약이 처음으로 체결되었을 때 서명보너스(signing bonus)를 지급한다. 그 외에도 석유발견, 경제성이 있다고 판단되는 석유의 생산 결정, 생산 시작, 목표생산량 달성 등 각 단계에 따라 추가적으로 보너스를 지불하기도 한다.

이익원유(profit oil)는 생산물분배계약에서 사용되는 개념으로 생산된 원유에서 로열티와 비용회수를 제외한 수익을 현물로 표현한 것이다. 이익원유 분배는 주로 생산량이나 이와 유사한 지표를 사용하여 생산량에 따라 비례적으로 결정된다. 생산물분배계약에서 사업자가 회수할 수 있는 비용의 한계를 정하는데 이를 비용회수 한계라 한다. 석유생산으로 수익이 창출되면 먼저 로열티를 우선적으로 지급하고 운영비와 개발 및 탐사 비용을 순차적으로 회수한다. 만약 회수하여야 할 비용이 설정된 한계를 초과하면 미회수된 차액은 다음 회수기간으로 넘어간다. 일부 자원보유국에서는 생산된 원유나 천연가스의 국제시장 가격보다 낮은 가격으로 국내에 공급하도록 하는데 이를 국내 의무물량(domestic market obligation)이라 한다. 이는 사업자의 수익을 감소시키는 요인으로 사업의 경제성에도 영향을 미친다.
이와 같이 계약에는 여러 요소들이 있기 때문에 이에 대한 바른 이해와 협상을 통한 합리적인 광구권 계약서를 작성해야 한다.

5.3.2 컨세션시스템

컨세션시스템은 150년이 넘는 E&P 역사를 가진 미국과 캐나다를 중심으로 발전한 석유개발계약이다. 계약에 따라 사업자는 로열티, 보너스, 세금 등을 최초 광권소유자에게 지불한다. 사업자가 사업의 진행에 대한 책임을 지고 성공 시에는 다양한 석유개발 비용을 제한 이익을 모두 갖는다.

예제 5.1 Question

컨세션시스템에서 로열티와 세금이 아래와 같다고 하자. 원유 1배럴의 가격이 $90일 때, 사업자가 갖는 금액과 비율을 구체적으로 계산하라.

- 로열티 20%
- 지방세 10%
- 연방정부세 35%
- 비용회수 총액 $40

풀이 Answer

그림 5.3은 〈예제 5.1〉의 조건에 따른 현금흐름표로 미국에서 E&P 사업 진행 시의 전형적인 예이다. 배럴당 유가가 $90이므로 $90의 매출이 발생한다. 먼저 광구권을 소유한 개인이나 정부에 20%의 로열티인 $18를 지불한다. 또한 사업자가 생산과 개발을 위해 투자한

금액 $40를 공제하면 $32의 이익이 남고 이 금액에 대해서는 세금이 부과된다. 주어진 조건에서 지방세 10%, 연방정부에 35% 세금을 납부한다. 세금을 낸 후 마지막 남은 $18.72가 순이익이다.

$90 중에서 사업자가 가지는 총액은 비용회수 금액과 세금 후 남은 순이익의 합인 $58.72이다. 이를 총수입으로 나눠주면 사업자가 65.24%, 그 외가 34.76%를 갖는다.

Concessionary System Flow Diagram

Conditions:	
20%	Royalty
10%	Provincial tax
35%	Federal income tax
$40	Total amount of deductions

Price of one barrel of oil	$90.00

Items	Rate	Amount, $	Remaining balance, $	Comments
Gross income			90.00	
Royalty	20%	18.00	72.00	net revenue
Deduction		40.00	32.00	taxable income
Provincial taxes	10%	3.20	28.80	(local taxes)
Federal income tax	35%	10.08	18.72	net after tax

Contractor Share

Items	Amount, $
Deduction	40.00
Net income after ta	18.72
Total	58.72
Relative %	65.24

Royalties & Taxes

Items	Amount, $
Royalty	18.00
Provincial taxes	3.20
Federal income tax	10.08
Total	31.28
Relative %	34.76

그림 5.3 컨세션시스템의 현금흐름표

예제 5.1-1 Question

〈예제 5.1〉과 같은 조건에서 원유 1배럴의 가격이 $120일 때, 사업자가 갖는 금액과 비율을 계산하라.

풀이 Answer

그사업자는 $72.76, 60.63%를 가짐

예제 5.1-2 Question

컨세션시스템에서 로열티와 세금이 아래와 같다고 하자. 원유 1배럴의 가격이 $85일 때, 사업자가 갖는 금액과 비율을 계산하라.

- 로열티 15%
- 지방세 10%
- 연방정부세 40%
- 비용회수 총액 $30

풀이 Answer

사업자는 $52.82, 62.14%를 가짐

5.3.3 생산물분배계약

생산물분배계약은 1960년대 초기에 인도네시아에서 처음 체결된 계약 형태이다. 탐사와 개발 및 생산에 필요한 투자는 사업자가 담당하지만 생산이 시작되면 그 소유권은 정부나 정부를 대신하는 국영석유회사가 가진다. 사업자는 운영비와 그동안의 투자비를 보상받고 이익원유에 대하여 일정한 비율로 분배받는다. 또한 자원보유국의 위상과 협상력이 강화되면서 사업자는 계약을 체결할 때 서명보너스, 개발단계에 따른 개발보너스, 특정 생산량에 도달하면 생산보너스 등을 정부에 지불한다.

예제 5.2 Question

PSC 계약에서 비용회수와 분배조건이 아래와 같다고 하자. 원유 1배럴의 가격이 $90일 때, 사업자가 갖는 금액과 비율을 계산하라.
- 로열티 10%
- 비용회수 한계 35% (총수익 기준)
- 비용회수 총액 $40
- 정부와 사업자 이익원유 분배 비율 70:30
- 정부세율 30%

풀이 Answer

그림 5.4는 〈예제 5.2〉의 조건에 따른 현금흐름표로 PSC의 개념을 잘 보여주는 예이다. 배럴당 유가를 $90으로 가정하였으니 총판매수익은 $90이 된다. 우선 광구보유국에 10%의 로열티인 $9을 지불한다. PSC에서는 회수가능한 금액을 총수익의 일정 비율로 제한하는 비용회수한계 조건에 있다. 이 예제에서는 그 값은 총수익의 35% 이내이고 보상받아야 하는 비용의 총액은 $40이다. 따라서 총수익의 35%인 $31.50만큼만 이번에 회수하고 $8.50은 다음 연도에 보상받는다. 로열티와 비용회수 금액을 제외한 $49.50이 이익원유이며 자원보유국과 사업자가 70:30으로 분배한다. 이익원유에 대하여 세금 30%를 지불하면 사업자가 얻는 순수익이 된다.

$90 중에서 사업자가 가지는 총액은 비용회수 금액과 세금 후 남은 순이익의 합이다. 이를 총수입인 $90로 나눠주면 사업자가 갖는 비율을 구할 수 있다. 이 계약에 따르면 사업자가 총수익의 46.55%인 $41.90를 갖는다. 만일 비용회수한계를 45%로 높여 모든 비용을 우선적으로 보상받는 경우 사업자는 매출액의 54.01%를 갖는다.

PSC의 특별한 경우로 총계분할(gross split)이 있다. 인도네시아가 2017년부터 이 계약을 적용하였으며 먼저 사업자의 비용을 회수하는 조건이 없고 생산된 석유 전체를 일정한 비율로 분배하는 것이다. 정부와 사업자가 원유의 경우 57:43, 천연가스의 경우 52:48로 분배하는 것을 기본으로 한다.

총계분할의 경우, 사업자는 분배받은 비율에 해당하는 석유에서 운영비와 투자비를 회수해야 한다. 따라서 투자비의 회수가 늦고 사업의 수익성이 저하되는 경우가 많아 다른 자원보유국에 비교하여 투자의 매력이 감소할 수 있다. 이와 같은 것을 보상하고 또 투자를 촉진하기 위해 인도네시아 정부는 유전의 개발단계, 위치, 저류층의 심도, 개발인프라 현황, 전통 및 비전통 자원, 원유의 밀도, 유가, 누적생산량 등을 고려하여 분배비율을 부분적으로 조정한다.

Production Sharing Contract Flow Diagram

Conditions:	
10%	Royalty
35%	Cost recovery limit (% of gross income)
$40	Total amount of deductions
70%	Government take of profit oil split
30%	Taxes

Price of one barrel of oil	$90.00

Items	Rate	Amount, $	Remaining balance, $	Comments
Gross income			90.00	
Royalty	10%	9.00	81.00	net revenue
Cost recovery	35%	31.50	49.50	profit oil
Government take	70%	34.65	14.85	profit oil split
Income taxes	30%	4.46	10.40	net after tax

Contractor Share

Items	Amount, $
Deduction	31.50
Net after taxes	10.40
Total	41.90
Relative %	46.55

Government Share

Items	Amount, $
Royalty	9.00
Government take	34.65
Income tax	4.46
Total	48.11
Relative %	53.45

그림 5.4 생산물분배계약(PSC)의 현금흐름표

예제 5.2-1 Question

〈예제 5.2〉 조건에서 원유 1배럴의 가격이 $120일 때, 사업자가 갖는 금액과 비율을 계산하라.

풀이 Answer

사업자는 $54.28, 45.23%를 가짐

예제 5.2-2 Question

PSC 계약에서 비용회수와 분배조건이 아래와 같다고 하자. 원유 1배럴의 가격이 $90 일 때, 사업자가 갖는 금액과 비율을 계산하라.
- 로열티 10%
- 비용회수 한계 45% (총수익 기준)
- 비용회수 총액 $40
- 정부와 사업자 이익원유 분배 비율 60:40
- 정부세율 30%

풀이 Answer

사업자는 $48.96, 57.60%를 가짐

5.3.4 서비스계약

서비스계약에서도 광구 및 석유 생산물의 소유권을 정부가 가진다. PSC와 매우 유사한 형태이나 서비스회사가 현물에 대한 소유권을 가지지 않는다. 대신 석유와 같은 현물이 아닌 현금으로 제공한 서비스에 대한 보상을 받는다.

서비스계약은 석유의 매장량이 많고 탐사성공률이 매우 높은 중동지역과 베네수엘라, 페루, 볼리비아 등 중남미 국가에서 이용된다. 순수 서비스계약은 자원보유국이 선진기술을 이용하여 유전을 개발하거나 생산량을 증가시키기 위해 고안한 계약이다. 이 계약을 체결한 서비스회사는 생산량과 관계없이 제공한 서비스에 대하여 계약된 금액을 서비스료로 받는다. 따라서 생산량이 많고 적음에 따라 수익이 변하는 위험이 없다. 반면 리스크 서비스계약은 생산량에 따라 수수료가 달라진다. 생산량이 일정 목표를 달성하지 못하면 수수료가 감소하고 생산량을 증가시켰을 경우 수수료가 증가한다. 사업 실패에 따른 수익률 변화의 위험성을 지닌 계약이라는 점에서 PSC와 유사한 형태이다. 리스크 서비스계약 체결 시 정부에 서명보너스를 지급하며 생산개시 후 로열티를 지급한다. 탐사, 시추, 개발, 생산과 관련한 모든 비용과 위험을 전적으로 서비스회사가 책임진다. 운영비용과 자본비용 등을 수수료로 회수할 수 있고 정부는 운영에 참여할 권리를 지닌다. PSC와 차이점은 현물이 아닌 현금으로 이익을 얻는다는 것이다.

5.4 경제성평가를 이용한 옵션선정 스텝

2장에서 설명한 바와 같이, 타당성평가 단계에서 브레인스토밍을 통해 도출된 10개 내외의 개발옵션을 도출하고 그중 기술적-경제적으로 개발 가능성이 높은 옵션을 4~5개가량 선별한다. 다음 단계인 개념설계 단계(conceptual design stage) 중 옵션선정 스텝(option selection step) 과정 후 최종적으로 최적 개발옵션을 도출하게 된다. 여기서는 가상의 생산물분배계약을 가정하고, C3+ 탄화수소 성분이 일부 함유된 부가스(rich gas) 개발에 대한 4가지 옵션을 비교하기 위하여 경제성평가를 이용하였으며, 최종적으로 하나의 옵션을 선정하였다.

5.4.1 선정광구 가정

광구가정

탐사개시: 2019년

가스 생산: 2026년 ~ 2036년

개발시추: 9공 (가스 7공, 오일 2공)

가스가격 ($/MMBTU): 7.5

Oil/Condensate Price ($/bbl): 80

LPG Price ($/bbl): 50

생산물분배계약(PSC) 가정

Royalty: 12.5%

Cost Recovery Ceiling: 80%

Profit Share: 45% for Oil & 60% for Gas

Petroleum Tax: 30% for Profit Share

탐사결과 부가스(발열량(heat value): 1.3 MBTU/scf)와 오일층 일부가 발견되었다. 광구권 소유자들 간의 회의 결과 아래의 4가지 개발옵션이 도출되었다. 크게 보면 부가스 개발 시 높은 열량 그대로 생산 및 판매할 것이지, 아니면 부가스에서 프로판가스(liquified petroleum gas, LPG) 성분을 분리하여 판매할 것인지와 FPSO를 건조시켜 운영 또는 대여(lease)할 것인지에 대한 옵션이다. 여기서, 생산종료 후 철거(decommissioning) 비용 및 FPSO의 매각수익은 생산기간 중 운영비에 포함 및 반영되어 있다고 가정하였다.

표 5.2 도출된 개발옵션

Option	Production Methods	Productions
1	Rich Gas Sales with Leased FPSO	1,000 bcf & 15 MM BO
2	Rich Gas Sales with Procured FPSO	1,000 bcf & 15 MM BO
3	Lean Gas Sales with Leased LPG FPSO	700 bcf & 15 MMBO & 90 MMbbl LPG
4	Lean Gas Sales with Procured LPG FPSO	700 bcf & 15 MMBO & 90 MMbbl LPG

5.4.2 옵션선정

각 옵션별 주요 경제성평가 결과는 다음과 같다. 먼저 부가스에서 프로판가스를 추출해서 가벼운 탄화수소로 구성된 빈가스(lean gas) 및 프로판가스로 판매할 경우의 매출(옵션 3, 4)은 부가스를 그대로 판매하는 경우(옵션 1, 2)의 매출보다 상승하였으나, 프로판가스 추출설비를 FPSO에 추가하는 비용도 같이 늘어나기 때문에 경제성평가 결과 실익이 없는 것으로 나타났다. 또한 FPSO를 대여하는 옵션 1, 3의 경제성이 FPSO를 직접 건조하여 생산하는 옵션 2, 4보다 각각 우수한 결과를 보여준다.

주어진 광구의 생산가정 및 PSC 하에서는 부가스를 그대로 판매하는 것이 가장 우수한 결과를 보이게 된다. 본 예제에서는 옵션 1이 최종 선정되었다. 하지만 본 예제는 현장 상황을 매우 단순화 시킨 것으로 가스가격 및 LPG 가격에 대한 신뢰성, 가스 및 오일의 생산기간 연장 가능성 등에 대한 예상이 달라질 경우에는 상이한 결과를 나타낼 수 있을 것이다.

용어정리 Arrangement of Terms

부가스 : 주성분인 C1, C2에 C3+ 성분이 일부 함유된 탄화수소
빈가스 : 주성분은 C1이며 소량의 C2 성분을 함유한 가스로 건가스(dry gas)로도 명칭
LPG : 주성분은 C3이며 소량의 C4 성분 함유

표 5.3 옵션 1 경제성평가 주요 결과

Base Year	2019	2022
IRR	23%	30%
NPV @8%, (U$MM)	585.8	843.1

Production		Revenue		
Oil	Rich Gas	Oil	Rich Gas	Sum
(Mil. bbl)	(bcf)	(Mil. $)	(Mil. $)	(Mil. $)
15.0	980.0	1,203.0	9,555.0	10,758.0

Expenditure				Cost Recovery			Profit Oil/Gas			Tax	Net C/F
OPEX	CAPEX	Expl.	SUM	Oil	Gas	SUM	Oil	Gas	SUM		
(Mil. $)	(Mil. $)	(Mil. $)	(Mil. $)	(Mil. $)	(Mil. $)	(Mil. $)	(Mil. $)	(Mil. $)	(Mil. $)	(Mil. $)	(Mil. $)
4,110.4	950.0	150.0	5,210.4	583.6	4,626.8	5,210.4	211.1	2,240.3	2,451.4	735.4	1,716.0

표 5.4 옵션 2 경제성평가 주요 결과

Base Year	2019	2022
IRR	14%	16%
NPV @8%, (U$MM)	422.0	636.8

Production		Revenue		
Oil	Rich Gas	Oil	Rich Gas	Sum
(Mil. bbl)	(bcf)	(Mil. $)	(Mil. $)	(Mil. $)
15.0	980.0	1,203.0	9,555.0	10,758.0

Expenditure				Cost Recovery			Profit Oil/Gas			Tax	Net C/F
OPEX	CAPEX	Expl.	SUM	Oil	Gas	SUM	Oil	Gas	SUM		
(Mil. $)	(Mil. $)	(Mil. $)	(Mil. $)	(Mil. $)	(Mil. $)	(Mil. $)	(Mil. $)	(Mil. $)	(Mil. $)	(Mil. $)	(Mil. $)
2,110.4	2,350.0	150.0	4,610.4	584.4	4,026.0	4,610.4	210.7	2,600.8	2,811.5	843.4	1,968.0

표 5.5 옵션 3 경제성평가 주요 결과

Base Year	2019	2022
IRR	22%	30%
NPV @8%, (U$MM)	504.7	740.9

Production		Revenue			
Oil	Rich Gas	Oil	Rich Gas	LPG	Sum
(Mil. bbl)	(bcf)	(Mil. $)	(Mil. $)	(Mil. $)	(Mil. $)
15.0	686.0	1,203.0	5,145.0	4,511.4	10,859.4

Expenditure				Cost Recovery			Profit Oil/Gas			Tax	Net C/F
OPEX	CAPEX	Expl.	SUM	Oil	Gas	SUM	Oil	Gas	SUM		
(Mil. $)	(Mil. $)	(Mil. $)	(Mil. $)	(Mil. $)	(Mil. $)	(Mil. $)	(Mil. $)	(Mil. $)	(Mil. $)	(Mil. $)	(Mil. $)
4,824.7	950.0	150.0	5,924.7	633.4	5,235.4	5,868.8	188.7	1,928.4	2,117.0	635.1	1,426.1

표 5.6 옵션 4 경제성평가 주요 결과

Base Year	2019	2022
IRR	11%	13%
NPV @8%, (U$MM)	276.0	452.9

Production		Revenue			
Oil	Rich Gas	Oil	Rich Gas	LPG	Sum
(Mil. bbl)	(bcf)	(Mil. $)	(Mil. $)	(Mil. $)	(Mil. $)
15.0	686.0	90.2	5,145.0	4,511.4	10,859.4

Expenditure				Cost Recovery			Profit Oil/Gas			Tax	Net C/F
OPEX	CAPEX	Expl.	SUM	Oil	Gas	SUM	Oil	Gas	SUM		
(Mil. $)	(Mil. $)	(Mil. $)	(Mil. $)	(Mil. $)	(Mil. $)	(Mil. $)	(Mil. $)	(Mil. $)	(Mil. $)	(Mil. $)	(Mil. $)
2,424.7	2,710.0	150.0	5,284.7	620.7	4,663.9	5,284.7	194.4	2,271.3	2,465.6	739.7	1,725.9

CHAPTER 06 광구개발 사례

6.1 국내 대륙붕 개발 개요

6.1.1 일반사항

한국석유공사는 그림 6.1에서와 같이 1998년 울산 남동쪽 50 km 해상에 위치한 국내 대륙붕 제6-1광구 고래 V구조에서 탐사시추를 수행하여 개발을 기대할 수 있는 가스발견에 성공하였다. 1999년 2공의 평가시추를 통해 고래 V구조에 부존되어 있는 탄화수소의 양을 평가하였고, 적절한 개발방식을 선정하여 경제성을 확인하여 개발에 착수하였다. 이때부터, 한국석유공사는 고래 V구조의 인근지역까지 포함하여 동해-1 가스전이라고 명명하였다.

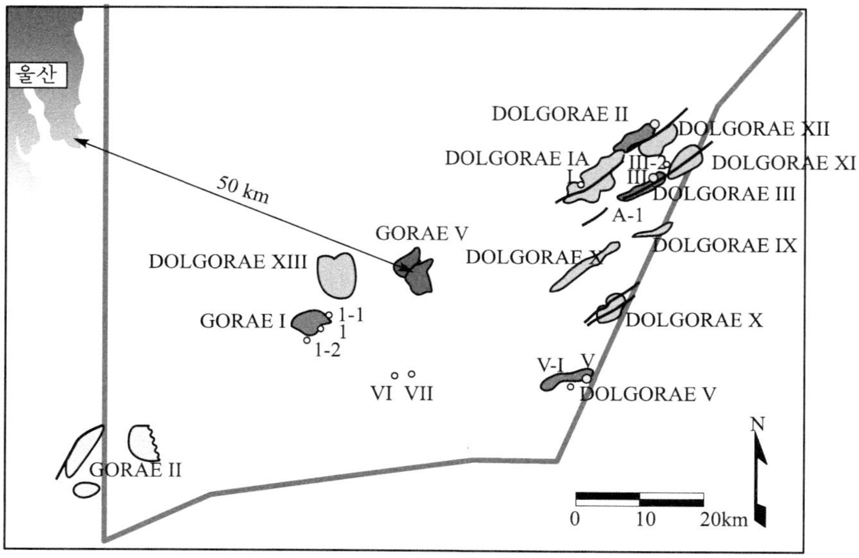

그림 6.1 국내대륙붕(동해-1 & 2) 가스전 위치 (출처: 동해-1 Basis of design)

동해가스전은 그림 6.2와 같이 4개의 층, 각각 B2, B3, B4, B5층을 대상으로 생산을 시작하였다. 2004년 생산개시 이후 2021년 말 가스공급 종료 시까지 천연가스 4,100만 배럴(원유환산 시), 초경질유 390만 배럴을 생산하면서 24억 달러가량의 수입대체 효과를 냈다. 투자액은 1조 2천억 원이지만 회수액은 2조 6천억 원으로 약 220%의 회수율을 달성하였다. 현재는 추후 CCS 사업에 활용할 계획으로 2025년 CO_2 주입 일정에 맞춰서 유지보수만을 수행할 계획으로 알려져 있다.

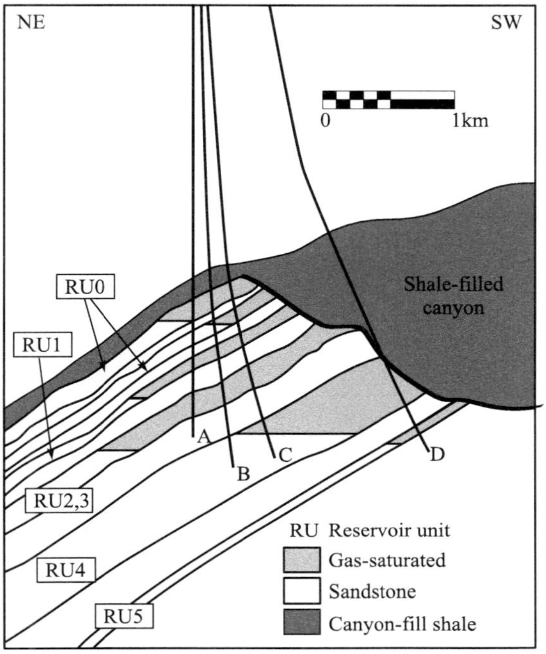

그림 6.2 국내대륙붕(동해-1) 저류층 분포 (출처: 기세일 등, 2022)

6.1.2 탐사연혁 및 가스발견

국내대륙붕(동해-1)에서의 석유탐사 활동은 1966년 8월 영일만 해역에서 실시된 탄성파 및 자력탐사로부터 시작되었다. 이후 1968년에 대륙붕 전역에 대해서 항공자력탐사와 개략 물리탐사가 수행되었고 그 결과 국내대륙붕 해저에 두터운 제3기 퇴적층 분포를 확인하게 되었다. 이에 따라 이 지역을 프론티어 지역으로 여겼던 외국 메이저 회사들과 정부의 지원 아래 몇 차례 탐사시추가 진행되었으나 아쉽게도 모두 실패도 끝나게 되었다. 이후, 이어진 70년대 두 차례 석유파동을 겪으면서 한국석유공사가 설립되었고 고래 1구조에 대해 가스발견에 성공하였으나(1993년) 평가시추로부터 가스층 연장 확인에는 실패하였다.

한국석유공사는 1996년 그간 모든 탐사자료에 대한 종합평가를 실시하였다. 그 결과 고래 V구조를 탐사 및 개발의 우선순위로 선정하였으며 1998년에 탐사시추를 통해 가스부존을 확인하게 되었다(그림 6.2). 다섯 개 층(B1, B2, B3, B4, B5)에서 가스 부존을 확인하였고, B4층 DST 결과 일일 7,500만 입방피트의 천연가스와 약 1,000배럴의 컨덴세이트를 생산할 수 있음을 확인하였다(그림 6.3 참조). 이후 이어진 평가정 시추로부터, B2, B3, B4, B5층으로부터 상업적 개발 및 생산이 가능한 가스전임을 확인하게 되었다. 아래의 그림 6.4는 탐사로부터 개발, 생산에 대해 당시에 계획하였던 절차를 정리하여 보여주고 있다.

그림 6.3 고래 V구조 B4 저류층 대상 DST (출처: 류상수 외, 2001)

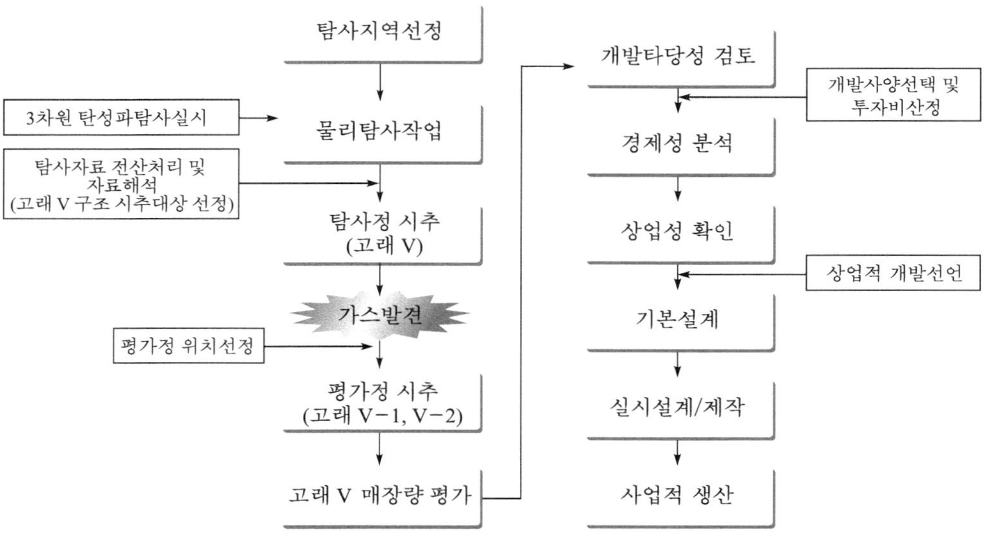

그림 6.4 동해-1 가스전 개발과정 (출처: 류상수 외, 2005)

6.2 국내 대륙붕 (동해-1 & 2) 설계

6.2.1 설계기준

개발방법의 선택에 있어서는 설계기준에 대한 내용 정립이 필요하다. 여기에는 저류층 물성자료, 유체자료, 매장량 등의 저류공학적 자료뿐 아니라 가스 판매조건, 생산시설물 설계조건, 자연환경자료, 경제성평가 등이 필요하다(류상수 외, 2001).

저류공학 자료

기존 탐사정 1공, 평가정 2공 시추, 물리검층, DST로부터 저류층 및 유체의 특성을, 지층수 특성, 모래생산 유무 등으로부터 가스부존량, 저류층 심도, 압력, 온도, 유체 비중, CGR 등을 파악하였다. 이로부터 생산정의 개수, 예측 생산량, 생산압력, 정두압력과 온도, 튜빙 직경 등의 유정완결 정보 등을 선정하였다. 이들을 통해 종합적으로 생산 프로파일을 도출하였다.

판매조건

생산 유체 특히 가스의 경우, 수요처와 가스의 판매사양에 대한 협의가 사전에 이뤄져야 하나 동해가스전 발견 당시에는 수요처가 정해지지 않은 상태였다. 이에 수요처를 가스공사로 가정하여, 일반적인 구매사양인 공급압력, 가스의 조성, 열량, 이슬점 온도, 수분함량, 유황함량, 질소, 이산화탄소 함량 등을 가정하였다.

시설물 설계조건

동해-1 가스전은 최종적으로 선정된 75 MMscfd의 가스, 769 bod의 컨덴세이트를 판매하기 위한 처리시설로 설계되었다.

자연환경자료

주로 기존 관측치나 시뮬레이션 등을 통해서 취득한다. 동해-1 개발 당시에는 해저조사자료, 대기자료, 기상자료, 파고, 지구조 자료 등에 관한 내용을 각종 조사를 통해서 취득하였다.

경제성 평가자료

생산시설 설계 및 건설에 소요되는 투자비와 운영 소요인원, 소모품, 자산관리, 유지보수 등의 운영비 등을 산출하였고, 가스 및 컨덴세이트 가격, 조광계약에 따른 로열티와 세제 등을 조사하여 적용하였다.

6.2.2 개발사양 평가

최적 개발 방법을 도출하기 위해 아래의 3단계 과정을 진행하였다.

옵션도출(타당성평가 과정)

개발 방법 사양은 크게 시추, 해양시설물 하부구조, 생산물 처리와 운송 등으로 나눌 수 있으며, 각각에 대해서 기술적으로 적용할 수 있는 다양한 개발방식들을 표 6.1과 같이 검토하였다.

표 6.1 고려된 개발방식

시추 방법	플랫폼시추, 보급선 지원(tender assist) 시추, 반잠수식 시추선을 이용한 시추 등
하부구조물	유동식 방법, 고정식 방법 및 하부구조물을 설치하지 않는 방법 등
생산유체 처리	해상, 육상, 해/육상의 세 가지 방법
생산물 운송	파이프라인 직경

이러한 다양한 옵션들에 대해서 시추에 따른 투자비용의 관계를 분석한 결과(그림 6.5) 반잠수식 시추선을 이용하여 시추한 후 정두를 해저(subsea)에 설치하는 것이 가장 경제적인 것으로 판명되었다. 또한 하부구조물을 설치하지 않는 방법은 하이드레이트 형성에 따른 위험으로 인해 배제되었고 유동식 방법은 기술적 리스크와 비싼 임대비용으로 배제되었다. 따라서, 기술적으로 안전하고 경제적인 고정식 방법이 선택되었고 파이프라인 직경은 가스와 컨덴세이트 양을 분석하여 14인치로 설정하였다.

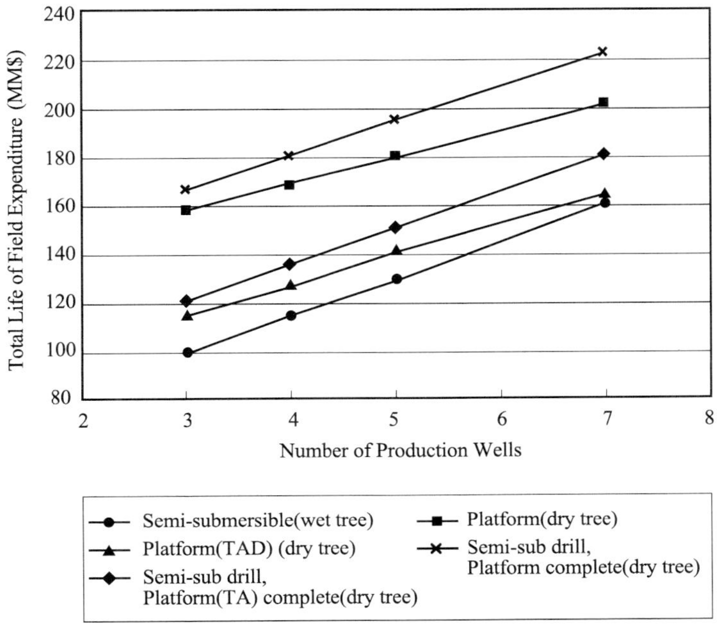

그림 6.5 개발방식과 시추비용에 대한 분석 (출처: 류상수 등, 2001)

개발개념 선정과정

그림 6.6은 개발옵션 스크리닝에 대해 모식적으로 설명한다. 동해-1 가스전 생산물의 주요 처리시설은 설치 위치에 따라 24가지가 제시되었다(Level 1). 이들은 수처리시설(bulk water separation), 가스 가압시설(compression), 탈수시설(dehydration), 이슬점 처리시설(dew pointing), 컨덴세이트 안정화시설(condensate stabilization) 등의 다섯 가지 주요 요소들에 포함된다. Level 2에서는 공급압력, 최적 운영압력, 기타 시설물들의 기능 등을 고려하여 사양들을 취사선택하는 과정이 이루어진다. Level 1과 2를 통해서 총 24개의 사양이 8개로 압축되었으며 다시 경제성평가를 통해 하나의 옵션이 도출되었다(그림 6.7).

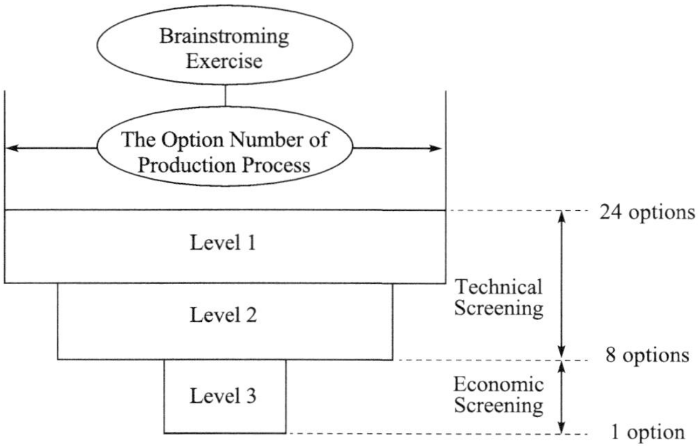

그림 6.6 옵션 스크리닝 (출처: 류상수 등, 2001)

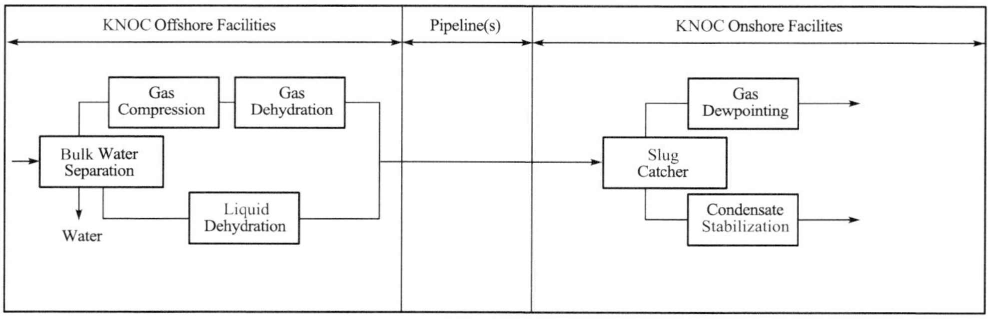

그림 6.7 도출된 옵션: 육상, 해상에서의 시설물 (출처: 류상수 등, 2001)

6.3 국내 대륙붕 개발과정

개념설계

타당성조사에서 도출된 다수의 개발옵션에 대한 기술평가 후 8개의 개발옵션으로 압축하였고 경제성평가를 통해 최종개발안을 선정하였다. 최종 선정된 개발안은 그림 6.7과 같이 해상에서 1차 수분제거 후 해저 파이프라인을 통하여 가스 및 컨덴세이트를 수송하고 육상에서 최종적으로 가스, 컨덴세이트 분리 및 2차 수분제거, 탄화수소 이슬점(hydrocarbon dew point) 등 판매사양을 충족시켜 판매하는 방식이다.

타당성평가 및 개념설계에서는 표 6.2의 내용에 초점을 두고 검토하였다.

표 6.2 타당성평가 및 개념설계 시 주요 검토 내용

개발옵션 도출 및 선정
생산유체 조성에 따른 수송옵션 (dry multiphase, wet multiphase 및 single phase pipeline)
육상도달 운영조건 · 가스 및 컨덴세이트 판매망 운전조건 · 해상 파이프라인의 해저지형
파이프라인 운영조건 · 가스 및 컨덴세이트 수송을 위한 파이프라인 운영조건 · 생산유체조성을 고려한 파이프라인 재질 및 부식억제방안
유동성 분석 · 저류층 압력·온도조건, 해상처리조건, 유체특성을 고려한 파이프라인 사이즈별 유동성분석 · 운전 특성별(initial startup, re-startup, shutdown 등) 컨덴세이트 서징율(condensate surging rate) · 파이프라인 피깅(pipeline pigging) · 파이프라인 구간별 액체체류(liquid holdup) 및 슬러그분석 (slug analysis) 등
하이드레이트 생성방지
가스송출용 압축기 (압축기 설치위치 및 계절별 최대, 최소유량 등)
환경자료 (해양 표층 및 심층온도, 바람속도, 조류 및 태풍 등 환경재해 조건
예상 비용 및 일정
가스 가채매장량별 민감도 분석 및 경제성평가
시설 및 생산정 위치에 따른 비용 민감도 분석
FEED 입찰을 위한 업무범위 및 시설개요 (subsea, offshore, pipeline, onshore terminal 등)

가스 및 컨덴세이트 처리 시설 구성 및 개념설계

사업추진의 특수성 등으로 인해 동해가스전 개발은 세계적인 광구개발단계 중 일부를 통합하여 수행하였다. 개념선정 및 개념설계가 타당성평가 단계에서 개략적으로 수행되었고 FEED 단계에서는 타당성조사 시 최종 선정된 2개의 옵션 1) full well stream(가스, 컨덴세이트, 수분)을 육상으로 송출 후 육상 처리시설에서 최종 처리 및 판매, 2) 해상 1차 처리 및 육상 최종처리 및 판매 방식을 비교 검토하여 최종 개발방식을 선정하였다. 타당성조사에서 8개의 개발옵션으로 선정한 후 최종적으로 2개의 옵션중 하나인 해상 1차처리 및 육상 최종처리 및 판매 방식의 개발방식이 선정되었다. 선정된 방식의 시설구성은 표 6.3 및 표 6.4와 같다.

표 6.3 최종 선정 해상 시설구성

해저시스템 (wet tree, flowline, 유정통제선(umbilical line) 및 해저장비 제어시스템 등)
해상 플랫폼(inlet separator, gas dehydration, condensate dehydration, export gas compressor, utility 등)
해저 수송파이프라인 (1차 수분 제거된 가스 및 컨덴세이트 수송용)
기타 시설물(utility system, living quarter, HVAC)

표 6.4 최종 선정 육상 시설구성

Slug catcher (생산개시, 생산재개, 생산량 변동 등이 발생하면 다량의 컨덴세이트가 육상으로 유입되어 이를 완충하기 위한 시설)
Inlet separator (slug catcher의 탑정으로 분리된 가스 중 컨덴세이트 제거를 위한 시설)
Dehydration system (가스 중 수분제거 시설)
Joule Thompson valve & LTS(low temperature separator) (가스 중 탄화수소 이슬점 조절 시설)
Gas metering system (가스판매를 위한 판매유량 측정 시설)
LPG injection system (국내도시가스법상 허용 열량으로 조절하기 위해 천연가스에 LPG주입 시설)
Odorant injection system (국내도시가스법상 누출인식을 위한 부취제 주입 시설)
Condensate stabilization system (stabilizer, heat exchanger, offgas compressor, metering 등)
Utilities (instrument air, N_2 generator, flare system, closed drain system 등)

예제 Question

가스전의 개발 시 가스판매사양 중 수송파이프라인 내 하이드레이트 생성 방지 및 가스 중 무거운 탄화수소 응축 방지를 위해 처리하는 공정을 각각 무엇이라 하는가?

풀이 Answer

(1) 파이프라인 내 수분 응축 시 하이드레이트 발생가능성이 급격히 증가함으로 수분 제거 필요 (dehydration unit)

(2) 처리된 가스를 파이프라인을 통해 수송 시 파이프라인 내 무거운 탄화수소의 응축을 방지하기 위해 탄화수소 이슬점 제어시설 필요 (Joule-Thompson valve & LTS)

기본설계 및 EPCIC

개념선정 및 설계단계에서 최종 선정된 개발개념(해저시스템 - 해상시설물 - 해저 파이프라인 육상터미널)에 대한 FEED가 2000년에 수행되었다. FEED 수행을 위한 주요 설계인자는 생산정 정보자료, 시설물 설계기준, 생산유체의 특성 및 생산성 등이며 적용된 기준은 아래와 같다(표 6.5, 6.6, 6.7).

표 6.5 개발정 데이터(development well data) (출처: 류상수 등 2001)

Parameter	Data
Development	
Initial number of wells	3 (2 producing, 1 to meet flowrate swing)
Future no of wells	3 satellites
Facilities design life (yrs)	20
Well data	
Gas rate per well (MMscfd)	
Normal	25
Max	40 (for testing)
Vertical depth (TVD, m)	2294~2574 2320~2600
Wellhead flowing pressure (WHFP)	-
Start of field life (bara)	198.3
End of plateau (bara)	35.5
End of field life (bara)	35.5
Wellhead shut in pressure (bara)	208
Wellhead flowing temperature (WHFT, ℃)	63
Nominal tubing size (inch)	4.5 (ID 4”)
Length of well tubing (m)	2650

표 6.6 저류층 조건 및 생산유체 조성(reservoir condition & wellstream composition) (출처: 동해-1 Basis of design)

Parameter	Data
Initial reservoir pressure (bara)	249
Reservoir temperature (℃)	104
Dead condensate gravity	0.769
API gravity	52.5
Recoverable reserve (bcf)	149
CGR	15
Well fluid composition (mol%)	
H_2S	0.00
CO_2	1.66
N_2	0.22
C1	88.86
C2	4.24
C3	2.07
iC4	0.50
nC4	0.61
iC5	0.28
nC5	0.20
C6	0,22
C7+	1,14
Sum	100.0
Mol. weight	19.8
Specific gravity	0.684
C7+ Properties	
API Gravity	4592
Mol. weight	124.16
Sp. Gr	0.797

상기와 같은 유정데이터 및 유체조성을 기초로 시설 설계기준이 표 6.7과 같이 작성되었다.

표 6.7 설비 설계기준(facilities design basis) (출처: 동해-1 Basis of design)

Parameter	Data
Production Profile	
Gas rate (MMscfd)	50 (avg)
Swing factor	
Max.	1.5
Min.	0.5
Design gas rate (MMscfd)	75
CGR	15
Condensate rate (bpd)	769
Water rate (bwpd)	17
Water Chlorine content (ppm)	21,000
Facility life (yrs)	20

상기 기준에 의해 안전하게 생산물을 처리하기 위해 아래 각 요소(표 6.8)에 대한 설계가 진행되었다.

표 6.8 생산시설 구성요소

Subsea system (해저생산시설)
Wellhead (정두시설)
Flowline (유동파이프라인)
Subsea control system (해저제어시스템)
Umbilical (유정통제라인)
Substructure (해상플랫폼 자켓 하부구조물)
Riser (라이저)
Topside process, electrical, instrument, piping, mechanical, structural, architectural 등 (해상플랫폼 상부 공정, 전기, 계장, 배관, 기계, 구조, 건축 등)
Pipeline route transient analysis & Flow assurance of export pipeline (송출 파이프라인에 대한 파이프라인 유동성 분석 등)
Onshore terminal process, electrical, instrument, piping, mechanical, structural, architectural 등 (육상터미널 공정, 전기, 계장, 배관, 기계, 구조, 건축 등)
Gas & condensate export system (가스 및 컨덴세이트 수송시스템)

최종 선정되어 개발된 동해-1 가스전의 개발 모식도는 그림 6.8과 같다.

그림 6.8 동해-1 가스전 개발 조감도 (출처: 한국석유공사 홈페이지)

2004년 생산개시 시 3개(P1, P2, P3)의 가스 생산정을 이용해 생산된 유체는 해저 정두시설에서 제어된 후 해상플랫폼으로 이송된다. 그림 6.9와 같이 해상플랫폼에서는 가스, 컨덴세이트 및 수분을 분리한 후, 가스와 컨덴세이트는 해저 파이프라인 내 하이드레이트 생성 및 부식방지를 위해 1차 수분제거를 거친 후 혼합되어 해저 파이프라인을 통해 육상터미널로 이송된다. 또한, 수분은 해상플랫폼에서 환경규제치를 준수하도록 처리 후 방류된다(기세일 등, 2022).

해상에서 해저 파이프라인을 통해 수송된 가스와 컨덴세이트는 육상터미널에서 슬러그캐쳐, 인입분리기(inlet separator)를 통해 분리된다. 인입분리기의 상부로부터 분리된 가스는 수분제거, 탄화수소 이슬점 제어, 프로판가스 주입 및 부취제(odorant) 주입 후 육상파이프라인을 통해 판매된다. 컨덴세이트는 슬러그캐쳐, 인입분리기의 하부로 분리된 후 컨덴세이트 안정탑(condensate stabilizer)으로 이송시켜 컨덴세이트 내 가스성분을 증류시켜 리드증기압(Reid vapor pressure, RVP)을 최대 12 psia로 맞춘 후 판매한다. 컨덴세이트를 증류하는 과정에서 발생되는 가스성분은 압축기를 통해 가스 stream으로 순환된다. 이후 2008년 P4 생산정을 추가로 개발하여 생산이 진행되었으며 계획에 따라 정두압력의 저하로 인한 생산 감소를 방지하기 위해 2016년 저압압축기(low pressure (LP) compressor)를 설치하여 운전하였다(기세일 등, 2022).

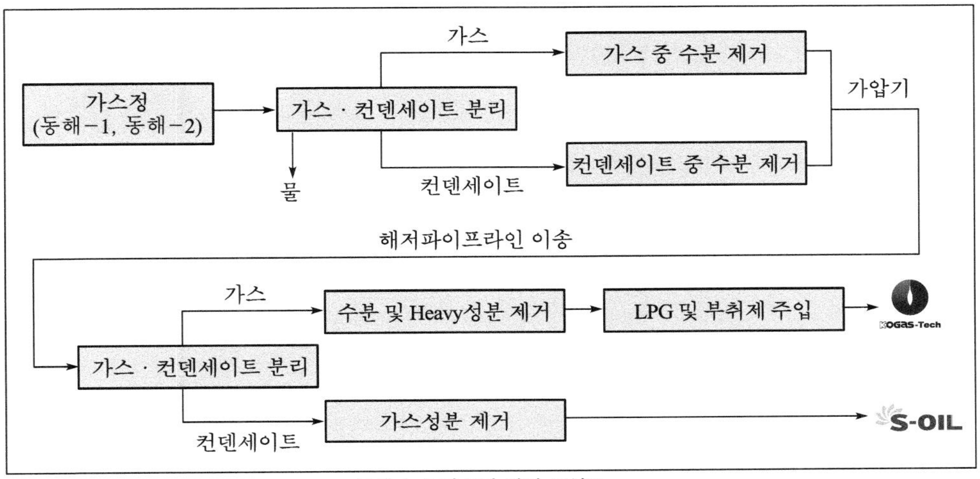

동해-1, 2 가스전 처리 모식도

그림 6.9 동해-1 가스전 육해상 블록다이아그램 (출처: 한국석유공사 홈페이지)

각 처리 공정별 역할은 아래와 같다.

①	가스정에서 생산된 가스는 1,2차 감압밸브를 거쳐 분리기로 이송
②	분리기에서 분리된 가스는 수분을 제거하기 위하여 수분제거설비(dehydration unit)로 이송
③	추후 가스정 압력이 떨어질 것을 고려하여 가스수분제거설비 전에 수송용 압축기설치
④	순환되는 글리콜(glycol)로 수분을 제거한 가스는 계량하여 해저파이프를 통해 육상으로 이송
⑤	분리된 컨덴세이트는 액체 중 수분제거설비(coalescer)로 수분 제거
⑥	수분이 제거된 컨덴세이트는 계량하여 출하가스에 혼합
⑦	해저 파이프라인으로 공급된 가스는 컨덴세이트를 제거하기 위하여 슬러그캐쳐로 이송
⑧	파이프형 슬러그캐쳐 및 탄화수소 이슬점 처리시설(hydrocarbon dew point control system)을 거치면서 분리된 가스는 이슬점을 낮추기 위하여 수분제거설비로 이송
⑨	분자체(molecular sieve) 흡착탑에서 수분을 제거하여 이슬점 사양을 맞춘 가스는 가열과 부취제 주입을 통해 수요자 사양 충족
⑩	최종 사양을 맞춘 판매가스는 계량 후 수요처로 공급
⑪	슬러그캐쳐 및 탄화수소이슬점 처리시설에서 분리된 컨덴세이트는 안정화 탑에서 수요자 사양에 맞추도록 저비점 물질을 분리
⑫	최종 사양을 맞춘 컨덴세이트는 계량 후 탱크로 이송

동해-1 가스전 전체 시설 설치도는 아래와 같다(그림 6.10).

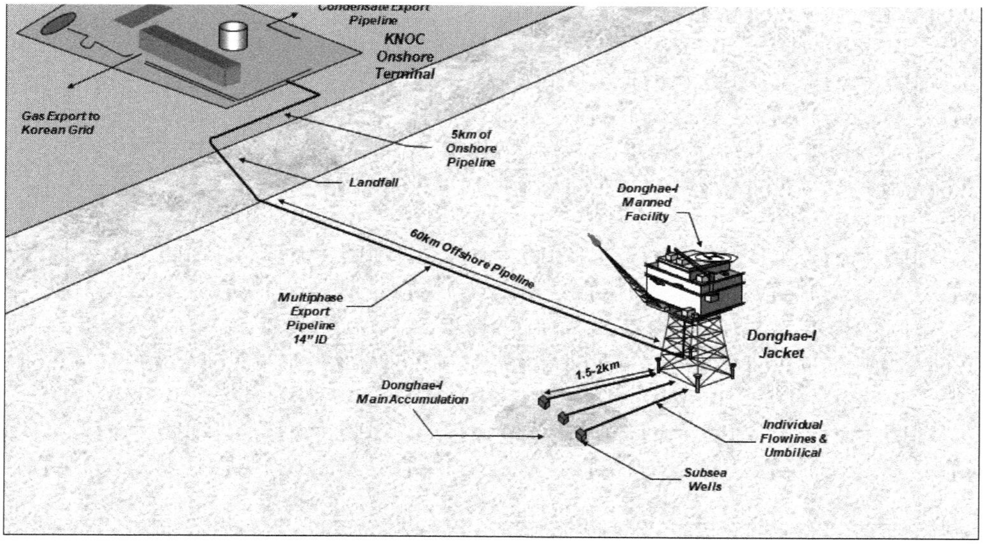

그림 6.10 동해-1 시설 설치도 (출처: 동해-1 Basis of design)

작성된 FEED 결과물은 EPCIC를 위한 입찰자료로 사용되어 국내기업인 삼성엔지니어링 및 현대중공업이 참여하여 상세설계-구매-제작-설치-시운전을 성공적으로 마무리하였고, 최종적으로 2004년에 동해-1 가스전의 생산이 개시되었다. 초반 생산개시 이후, 생산량 및 유동압력들에 대한 모니터링을 지속적으로 수행하였다. 이를 통해, 저류층 및 생산거동 예측 불확실성을 감소시킬 수 있었고, 또한, 개발계획에 따른 추가 생산정 시추 및 2009년 생산운영의 참고자료로 활용할 수 있었다. 동해-1 가스전은 2009년 이후부터는 4개의 생산정으로 운영되었으며, 2021년 말 최종적으로 가스공급을 중단하였다. 한국을 95번째 산유국 대열에 합류시킨 동해-1 가스전의 양질의 가스를 약 18년간 울산경남지역에 천연가스를 공급하였다. 또한 고급 유종인 청정 컨덴세이트는 S-Oil로 판매되어 원유와 혼합 및 연료유, 화학원료로 사용되었다. 또한, 동해-1 가스전의 생산시설과 운영 경험은, 인근 중소규모의 단독개발이 경제적으로 매우 어려운 저류층 개발에도 유용하게 활용될 수 있었다. 실제로, 기발견된 구조의 저류층의 가스를 동해-1 시설에 연결(tie-in)하여 생산운영한 사례가 동해-2 가스전이다. 동해-2 가스전은 2016년 생산정 시추 및 생산운영을 개시하였고, 2021년 8월 생산종료 시까지 충분한 양의 가스와 컨덴세이트를 생산 및 판매하였다.

참고문헌 Reference

기세일, 백승영, 배경근, 김주형, 장태헌, 김도현, 서정규, 권오광, 심재헌, 2022, "동해-1 가스전 개발과 CCS 활용전망," 한국자원공학회지, 59(5) 498-517.

동해-1 Basis of design (2000)

류상수, 2005, "국내대륙붕 제6-1광구 동해-1 가스전 개발연혁," 한국자원공학회지, 42(3) 199-205.

류상수, 선동수, 권오광, 2001, "국내 대륙붕 동해-1 가스전 개발사양선택에 관한 연구," 한국자원공학회지, 38(2): 84-90.

APPENDIX

부록

1. Typical deliverables of “Feasibility study”

1	Technology
1.1	Technology Selection report
2	HSE
2.1	Project HSE Plan
2.2	Environmental Baseline Study report
2.3	HSEIA Screening review
3	General Engineering
3.1	List of Applicable Standards
3.2	Site Survey Report (All disciplines)
4	Process Engineering
4.1	Description of existing & New Facility
4.2	Process Design Basis
4.3	Schematic Flow Diagrams
4.4	Process Calculations, Software input/output files

4.5	Major Equipment Identification
4.6	Process Simulation report
4.7	Preliminary Adequacy check report for existing equipment
5	Civil Engineering
5.1	Civil Engineering Design Basis
5.2	Building/ Structural General Arrangement
6	Structural Engineering
6.1	Structural Design Basis
6.2	Assessment of platforms/ Towers for structural adequacy
6.3	Preliminary Layout drawings
7	Mechanical-Piping
7.1	Preliminary Plot Plan
7.2	Piping Design Basis (Common)
7.3	Preliminary Material Take-Off
7.4	Chemical injection study report
8	Pipeline (Onshore & Offshore)
8.1	Drawings
8.1.1	Pipeline field layout Drawings
8.1.2	Pipeline Route Drawings
8.2	Specifications / Reports
8.2.1	Pipeline Route Selection Report
8.2.2	Pipeline Design Basis
8.2.3	Pipeline Expansion Analysis
9	Instrumentation & Control
9.1	Philosophy
9.1.1	Instrumentation & Control Philosophy
9.1.2	ESD Philosophy
9.1.3	F & G Detection Philosophy
9.1.4	System Interface Philosophy
10	Electrical
10.1	General

10.1.1	Electrical design basis
10.1.2	Electrical feasibility report
10.1.3	Preliminary Material Take-Off
10.1.4	Electrical Equipment list (Major)
10.2	Other Relevant Documents
10.2.1	Tie-in Identification
10.2.2	Layout
10.2.3	Equipment Layout (High level)
10.3	Drawings
10.3.1	SLD (Overall, General)
11	Pipeline Submarine
11.1	General
11.1.1	Offshore Pipeline Design Basis
11.2	Specifications / Reports
11.2.1	Comparative techno-economic study on optional items(flexible vs rigid pipe etc.)
11.2.2	Pipeline Material Selection & Corrosion Study
11.2.3	Pipeline Route Selection Report
11.2.4	Preliminary MTO for line pipes, Bends, Scrappers Traps, Anodes, Flanges etc

2. Typical deliverables of "Conceptual design"

1	Project Management
1.1	Interface Management Plan
1.2	Project Co-ordination procedure
1.3	Project Quality Plan
1.4	Project Schedule - SELECT Stage
1.5	Project Controls Close-out Procedure
1.6	Project Control Procedure
1.7	Progress Measurement Procedure
1.8	Management of Change Procedure
1.9	Project Report Procedure
1.1	QA Plan& ITP (vendor, sub-contractors, manufacture etc.)
1.11	Project Planning Package
1.12	Pre FEED Interface Report
2	Maintenance & Integrity
2.1	Project Integrity Management Plan
3	Technology
3.1	Technology Selection Report
4	HSE
4.1	Project HSE Philosophy
4.2	HSEIA
4.3	Risk Register
4.4	HAZID - Report
4.5	HAZOP- Report
4.6	PHSER Report
4.7	QRA-Quantitative Risk Assessment Report
5	General Engineering
5.1	Basis of Design
5.2	List of Applicable Standards
5.3	List of computer programs to be used
5.4	Operating, maintenance & Integrity (OMI) Philosophy

5.5	Value Engineering Report & other studies
5.6	Life cycle Cost Benefit Analysis Report
5.7	Bidders' List for contractors / consultants' for next Design stage
5.8	Material Selection Report
5.9	Engineering Close out report
5.1	Site Visit Report (All disciplines)
6	Process Engineering
6.1	Description of Existing & New Facility
6.2	Process Design Basis
6.3	Process Flow Diagrams, heat and material balance
6.4	Utility flow diagrams, heat and material balance
6.5	Process Calculations, Software input/output files
6.6	Preliminary P & I Diagrams (Construction & Demolition)
6.7	Marked up P&I diagram
6.8	Option selection / screening Report
6.9	Equipment List
6.1	Line List
6.11	Equipment Datasheets
6.12	Process datasheets for Instruments
6.13	Flare relief & Blowdown Philosophy
6.14	Vent & Drain philosophy
6.15	Overpressure protection Philosophy
6.16	Shutdown & Isolation Philosophy
6.17	HIPPS Study Report
6.18	Operating Control & Shutdown Philosophy
6.19	Hydraulic study report
6.2	Process Simulation Report
6.21	Layout Study report
6.22	Material Take-Off
6.23	Gas Dispersion Modeling Study Report
6.24	Heat Radiation Dispersion Study Report

6.25	Fire water system hydraulic calculation report
6.26	Reliability & Availability modelling report
6.27	Pipeline Pigging Philosophy & provisions
7	Civil Engineering
7.1	Civil Engineering Design Basis
7.2	Civil Layout
7.3	Soil Investigation Specification
7.4	Building/ Structural General Arrangement
7.5	Roads/ Bridges/ General Layout
7.6	General Arrangement and details of blast proof buildings/ control rooms
7.7	Preliminary Material Take-off
7.8	Material Take-Off (MTO)
7.9	Global Inplace Analysis for platforms and Towers
7.1	Weight Control Model requirement for next stage
7.11	List of applicable standards
8	Architectural Engineering
8.1	Architectural Design Basis
8.2	Architectural Layout Drawings for Buildings, Control Rooms, Switchgear Rooms, etc.
9	Structural Engineering
9.1	Structural Design Basis
9.2	Structural Basic Design Data
9.3	Assessment of Platforms/Towers for structural adequacy
9.4	Jacket & Deck Miscellaneous Design
9.5	Jacket Global Inplace Analysis
9.6	Specification for Geotechnical Investigation (for new structures)
9.7	Local Inplace Analysis
9.8	Weight Control Report
10	Structural Drawings
10.1	Jacket Elevation Drawings
10.2	Jacket Horizontal Framing Drawings
11	Mechanical- HVACP

11.1	Basics of Design and philosophies
11.2	Standby/ Redundant operation Philosophy
12	Mechanical – Static Equipment
12.1	Equipment/ Packages Design Basis
12.2	Reports on adequacy of existing equipment
12.3	Mechanical Handling Study Report
13	Mechanical-Rotating Machinery Equipment
13.1	General
13.1.1	Rotating Machinery Design Basis
13.1.2	Rotating Machinery Reliability Study
13.1.3	Equipment and Packages PFD
13.2	Diesel Engines
13.2.1	Diesel Engines Specification
13.3	Gas Turbine
13.3.1	Gas Turbine specifications
13.3.2	Gas Turbine Control System Specification
13.4	Compressor
13.4.1	Compressor Specification
13.4.2	Control System Specification
13.4.3	API Compressor datasheet
13.4.4	Performance Characteristic curve
13.4.5	Compressor's Cross Sectional Drawings
13.4.6	Dry Gas Seal Arrangement Drawing
13.4.7	Dry Gas Seal Control System Diagram & P&ID
13.5	Pump
13.5.1	Pump's Specification
13.5.2	Pump's Process & Mechanical Data Sheets
14	Mechanical - Piping
14.1	Plot Plan Design Criteria
14.2	Plot Plan (construction & demolish)
14.3	Piping Material Classification

14.4	Material Selection Study report
14.5	Corrosion, monitoring Study report
14.6	Pipeline Route Selection Report
14.7	Chemical Injection Study Report
14.8	Preliminary Material Take-Off
14.9	Piping Tie-in Strategy
14.1	Plant layout Study Report
14.11	Safety Escape route Drawings (to be superimposed on the piping GA drawing)
15	Pipeline (Onshore)
15.1	Design Dossier
15.1.1	Onshore Pipeline Design Basis
15.1.2	Pipewall thickness calculation report
15.2	Specification / Reports
15.2.1	Pipeline Route selection report
15.3	Drawings
15.3.1	Pipeline route drawing
16	Pipeline (Submarine)
16.1	General
16.1.1	Offshore Pipeline Design Basis
16.2	Specifications/Reports
16.2.1	Pipeline Route Selection Report
16.2.2	Preliminary MTO for line pipes, Bends, Scrappers Traps, Anodes, Flanges etc
16.2.3	Comparative techno-economic study on optional items (flexible vs rigid pipe etc)
16.2.4	Pipeline Material Selection & Corrosion Study
16.2.5	Pipeline overall Design Summary Report
16.2.6	Pipeline Pigging System Assurance Study Report
16.3	Drawings
16.3.1	Pipeline route drawing
16.3.2	Riser Location Plan Drawings
16.3.3	Pipeline field layout drawings

16.3.4	Platform Approach Drawings
17	Instrumentation & Control
17.1	Philosophy
17.1.1	Instrumentation & Control Philosophy
17.1.2	ESD Philosophy
17.1.3	F & G Detection Philosophy
17.1.4	Systems Interface Philosophy
17.2	Specifications / Reports
17.2.1	I & C Design Basis
17.3	Calculation Sheets
17.3.1	System Architectural Diagram
17.3.2	System Block Diagram
17.3.3	Preliminary Bill of Material
18	Electrical
18.1	Electrical Design Basis
18.2	Electrical Philosophy for Lighting, earthing/ Lightening, Interlocking and Intertripping, Protection control, power management, Load shedding and Synchronising etc.
18.3	Power System Study report
18.3.1	Load Flow
18.3.2	Study report, sizing, calculations, configurations etc. for the following packages/system
18.3.3	Sizing calculations and/or Adequacy reports for all major equipment
18.3.4	Equipment Adequacy
18.3.5	Electrical Load List / Consumers list
18.3.6	UPS (AC/DC) Load List
18.3.7	Electrical Equipment list
18.3.8	Hazardous Area Classification
18.3.9	ECMS & PMS configuration block diagram including instrumentation interface diagram
18.4	Other Relevant Documents
18.4.1	Tie-in Package
18.4.2	Shutdown requirements

18.4.3	Specific important issue / report
18.4.4	Tie-in Identification
18.5	Calculations
18.5.1	All equipment sizing
18.6	Layout
18.6.1	Equipment layout
18.7	Drawings
18.7.1	SLD (Overall, General)
19	Procurement
19.1	Procurement schedule for materials & services
19.2	Preliminary List of Long Lead Items
20	Construction
20.1	Preliminary Construction strategy
20.2	Constructability Review
21	Commissioning
21.1	Preliminary Pre-commissioning & Commissioning Philosophy & Strategy

3. Typical deliverables of FEED

1	Project Management
1.1	Interface management plan
1.2	Project Co-ordination Procedure
1.3	Engineering Plan
1.4	Project Quality Plan
1.5	Project Control Procedure
1.6	Project Controls Close-out Procedure
1.7	Progress Measurement Procedure
1.8	Management of Change Procedure
1.9	Project Report Procedure
1.1	Invoicing Procedure (Part of Project Control Procedure)
1.11	Protection of proprietary information procedure
1.12	Document Control procedure
1.13	Spare Parts Procedure
1.14	Commissioning Strategy & Plan
1.15	Minutes of meeting
1.16	Monthly Project report
1.17	Project Planning Package
1.18	Document status reports
1.19	Material Shipment Plan
1.2	QA Audit Plan (internal vendors, sub contractors, Fabrication, Construction)
1.21	QA Audit reports
1.22	Quality Plan & ITP (Subcontractor, vendor, manufacturer etc)
1.23	Subcontract Plan
2	Technology
2.1	Technology Selection report
2.2	Technology Risk Report
2.3	Technology Qualification report
2.4	Technology Verification & Validation report
3	Maintenance & Integrity

3.1	Project Integrity Management Plan
3.2	Written schemes of examination
3.3	Integrity Verification Scheme
3.4	Integrity Verification Report
3.5	Asset Risk Register
3.6	Anomaly Tracking Register
3.7	Maintenance & Inspection Strategy
3.8	Mechanical handling & maintainability of equipment
3.9	As built Isometrics with inspection points
3.1	Baseline Inspection Data for Pressure Equipment
3.11	CMMS Data
3.12	Integrity Interface Register
3.13	Integrity Interfacing Facility report
4	HSE Critical Equipment Systems (HSECES)
4.1	Scope of IVB
4.2	HSE Critical Equipment / Systems Register
4.3	Criticality Ranking of HSECES
4.4	Performance Standards of HSECES
4.5	Written Scheme of Examinations
4.6	Integrity Verification Scheme
4.7	IVB Project Execution & Coordination Plan
4.8	IVB Project Quality Plan
4.9	IVB Audit Report
4.1	Verification Activity Report
4.11	Anomaly Tracking Register
4.12	Independent Verification Report
4.13	CMMS Data of HSECES
5	Quality Control
5.1	Scope of TPI authority
5.2	Fabrication inspection coordination procedure
5.3	Fabrication Inspection Final Books

5.4	Qualification of inspection personnel
5.5	Test certificates
6	HSE
6.1	Project HSE Philosophy
6.2	Project HSE Plan
6.3	Risk register
6.4	HAZID-Report
6.5	Hazard & Effects Register
6.6	HAZOP- Report
6.7	HSEIA - Final Report
6.8	COMAH-Report
6.9	Environmental impact statement
6.1	PHSER Report
6.11	Fire Hazard Assessment Report
6.12	HSE Critical Equipment/Systems Register
6.13	QRA-Quantitative Risk Assessment Report
6.14	3D Model Review Report
6.15	Noise & Vibration Studies Report
6.16	Formal HSE Close-out Report
6.17	Cause & Effect Charts
6.18	Adequacy of existing Safety Critical Equipment & Systems
6.19	Design and Hazard Analysis Review to API14J
6.2	Environmental Baseline Study report
6.21	Ergonomic study report
6.22	IVB Report
6.23	Criticality Ranking of HSECES
6.24	Performance Standards of HSECES
6.25	Written Scheme of Examinations
6.26	Escape Route, Muster Station & Safety Signs Layout
6.27	Fire Fighting Equipment Specification
6.28	Blast overpressure Assessment Report

6.29	Passive Fire Protection Report
6.3	Smoke and fire damper layout
6.31	Fire Monitor & deluge Area Coverage (Layouts)
6.32	Inert Gas Fire Extinguisher, Fighting Equipment Layout
6.33	Register of Safety Related Devices
6.34	Fire Proofing Specification Report
6.35	Safety Equipment Specification & Layout
6.36	Safety Equipment Plans Drawings
6.37	Fire Protection Description Report (Fire Detection, Fire Fighting)
6.38	Fire Protection Specifications Report
6.39	Fire Protection Equipment Drawings
6.4	Fire Protection Equipment Line List
6.41	Fire Protection Vendor's Instructions
6.42	Fire Protection Vendor's Data and Drawings
6.43	OH Hazard Analysis, Critical control points
6.44	Performance Target Spec. for F&G System
7	Project (General) Engineering
7.1	Basis of Design
7.2	SELECT Endorsement report
7.3	List of Applicable Standards
7.4	Engineering Schedule For All Disciplines
7.5	Document Issue Schedule
7.6	Document Status Register
7.7	Document Identification Procedure
7.8	Design Model Review Procedure
7.9	Operating, maintenance & Integrity (OMI) Philosophy
7.1	CAD Drawings Production Procedure
7.11	Document/Drawing Register
7.12	Project Planning Package
7.13	List of computer programs to be used.
7.14	Design Change records

7.16	Bidders' List for contractors / consultants' for next Design stage
7.17	Technical Queries
7.18	Basic Data specifications
7.19	Value Engineering Report
7.2	Discipline Eng. Design Audits reports
7.21	Document Identification & Numbering Procedure
7.22	Life cycle Cost Benefit Analysis Report
7.23	Material Selection Report
7.24	Engineering Close-out report
7.25	Site visit report (All disciplines)
8	Process Engineering
8.1	Description of existing & New Facility
8.2	Process Design Basis
8.3	Process Flow Diagrams, heat and material balance
8.4	Utility flow diagrams, heat and material balance
8.5	Process Calculations, Software input/output files
8.6	Process P & I Diagrams (Construction & Demolition)
8.7	Utilities P and I Diagrams (Construction & Demolition)
8.8	Equipment List
8.9	Line List
8.1	Equipment Datasheets
8.11	Process vendor datasheets for Instruments
8.12	Process datasheets for Instruments
8.13	Gas Dispersion Modeling Study Report
8.14	Flare Relief & Blowdown Philosophy
8.15	Vent & Drain philosophy
8.16	Overpressure protection Philosophy
8.17	Shutdown & Isolation Philosophy
8.18	HIPPS study report
8.19	Operating Control & Shutdown philosophy
8.2	Start-up, Normal Operation, Normal and Emergency Shutdown Procedure

8.21	Hydraulic Study report
8.22	Process Simulation report
8.23	Layout study report
8.24	HP/LP Interface study Report
8.25	Flare relief & Blowdown design report
8.26	Adequacy check report for exisiting systems & equipment
8.27	Safe Charts as per API 14 C
8.28	Safe Charts as per API 14J
8.29	Fire water system hydraulic calculation report
8.3	CFD Calculation
8.31	Heat Radiation Dispersion Study Report
8.32	Flare sterile area study report & layout
8.33	Pipeline pigging philosophy and provisions
8.34	Utilities and Chemicals Consumption List
8.35	Pipeline Pigging Systems Assurance Study Report
8.36	Major Equipment Identification
8.37	Marked up P&I diagram
8.38	Option selection / screening Report
8.39	Preliminary Adequacy check report for existing equipment
8.4	Preliminary P & I Diagrams (Construction & Demolition)
8.41	Reliability & Availability modelling report
8.42	Schematic Flow Diagrams
9	Civil Engineering
9.1	Civil Engineering Design Basis
9.2	Building Material Specification
9.3	Reinforcing Steel Specification
9.4	Concrete Specification
9.5	Soil Investigation Specification
9.6	Soil Improvement Specification
9.7	Fire Proofing Specification
9.8	List of Applicable Standards

9.9	Architectural Layout Drawings for Buildings, Control Rooms, Switchgear Rooms, etc.
9.1	Fire Proofing design for buildings/ structures
9.11	Building/ Structural General Arrangement & detail Drawings
9.12	Building / Machine foundation design calculations
9.13	Building/ Structural framing design calculations
9.14	Building / Machine foundation drawings
9.15	Roads/ Bridges/ Culverts design calculations
9.16	Roads/ Bridges/ Culverts Layout & detail drawings
9.17	Industrial Steel Sheds design calculations
9.18	Industrial Steel Sheds detail drawings
9.19	Liquid Retaining structures design calculations
9.2	Liquid Retaining structures detail drawings
9.21	Retaining Walls/ Embankments design calculations
9.22	Retaining Walls/ Embankments detail drawings
9.23	Blast proof design of buildings/ control rooms
9.24	General Arrangement and details of blast proof buildings/ control rooms
9.25	Jetty/ Marine structures design calculations
9.26	Jetty/ Marine structures detail Drawings
9.27	Fire Proofing detail drawings
9.28	Drainage and Water Supply network design calculations
9.29	Drainage and Water Supply network detail drawings
9.3	Pipe Racks/ Support frame design calculations
9.31	Pipe Racks/ Support frame detail drawings
9.32	Bill of Materials/Material Take-Off
9.33	Reinforcement Detail Drawings
9.34	Bar-bending Schedule
9.35	Jacket Elevation Drawings
9.36	Preliminary Material Take-Off
9.37	Material Take-Off (MTO)
9.39	Weight Control Model requirement for next stage
10	Architectural Engineering

10.1	Architectural Design Basis
10.2	Architectural Specification
10.3	Passive Fire Protection
10.4	Philosophy / Specification
10.5	Noise / Acoustic Requirements Specification
10.6	Specification for Structural Steel Material
10.7	Architectural Layout Drawings for Buildings, Control Rooms, Switchgear Rooms, etc.
10.8	Elevation Drawings
10.9	Isometric Drawings
10.1	False Flooring and False Ceiling detail drawings
10.11	Wall Panels Layout & details
10.12	Furniture Plan Layout
10.13	Passive Fire Proofing Drawings
10.14	Walls, Floors & Ceiling Finishes Schedule
10.15	Door's & Window's Schedule
10.16	Loose & Fitted Furniture Schedule
11	Structural Engineering
11.1	Structural Design Basis / Report
11.2	Structural Basic Design Data
11.3	Specification for Geotechnical Investigation
11.4	Conceptual Study Report for Structure
11.5	Boat landing Design Basis report
11.6	Specification of Anodes for Cathodic Protection of Substructure
11.7	Specification for Gratings, Stair treads and Handrails
11.8	Specification for Safety Nets
11.9	Specification for Bolts & Nuts
11.1	Specification for Miscellaneous Material (Cement, Timber, Rubber Products, etc.)
11.11	Specification for Equipment Skids
11.12	Specification for Fabrication of Structure
11.13	Specification for Painting of Structure
11.14	Specifications for Load-out & Sea fastening

11.15	Specification for Transportation
11.16	Specification for Installation
11.17	Assessment of platforms/ Towers for structural adequacy
11.18	Specification for Pile Monitoring
11.19	Specification for Grouting
11.2	Weight Control Procedure
11.21	List of Applicable Standards
11.22	Drawing List & General Notes
11.23	Local Inplace Analysis
11.24	Weight Control Report
11.25	Material Take-Off (MTO)
11.26	Deck Global Inplace Analysis
11.27	Jacket Global Inplace Analysis
11.28	Bridge Global Inplace Analysis
11.29	Platform Spectral Fatigue Analysis
11.3	Platform Pushover Analysis
11.31	Wind Spectral Fatigue Analysis for New Bridges
11.32	Cathodic Protection Design of Jackets
11.33	Boat Landing Design
11.34	Jacket & Deck Miscellaneous Design
11.35	Preliminary Pre-Service Analyses (Lift, Transportation Load out, On-bottom Stability Analysis)
11.36	Helideck Design Basis Report
11.37	Detail Pre-Service Analyses (Load out, Transportation, Lift/Launch) on Bottom Stability Analysis
11.38	Specification for Geotechnical Investigation(for new structures)
11.39	Specification for Structural Steel Material
12	Structural Drawings
12.1	Deck Framing Plan Drawings
12.2	Standard Welding Details
12.3	Standard Stair Details
12.4	Standard Handrail Details
12.5	Standard Ladder Details

12.6	Standard Connection Details
12.7	Jacket Elevation Drawings
12.8	Jacket Horizontal Framing Drawings
12.9	Pile Make-up details
12.1	Mudmat GA and details
12.11	Jacket Anode Drawings
12.12	Jacket Pile connection details
12.13	Boat landing / Fender Drawings
12.14	Riser Protector details
12.15	J-Tube GA and details
12.16	Riser clamps and J-Tube clamps details
12.17	Monorail Arrangement and detail Drawings
12.18	Deck Truss/Elevation Drawings
12.19	Bridge Plan & Elevation Drawings
12.2	Bridge Sections & Details
12.21	Helideck Framing Drawings
12.22	Helideck Layout / Marking Drawings
12.23	Helideck Trusses
12.24	Staircase Drawings
12.25	Grating, Plating & Handrail Layout Drawings
12.26	Details of Crane Pedestal
12.27	Crane Boom Rest Drawings
12.28	JIN Pole Support Arrangement
12.29	Monorail Drawings
12.3	Miscellaneous Deck Drawings (hatches, deck joints, etc.)
12.31	Helideck Design Basis report
12.32	Boat landing Design Basis Report
12.33	Solar Panel Platform Drawings
12.34	Safety Net Layout & details Drawings
12.35	Access platform Drawings
12.36	System Legends & Symbols

12.37	Structural framing drawings for Switchgear Rooms & other Building Modules
12.38	Lifting Padeyes/ Trunnions Drawings
12.39	Load-out, Transportation & Installation Drawings
12.4	Sea Fastening Drawings
13	Mechanical-HVACP
13.1	Basis of Design and philosophies
13.2	Standby / redundant operation philosophy
13.3	Control System Specification
13.4	System ducting and instrument diagram
13.5	HVACP Control philosophy and automatic operation
13.6	Piping and instrument diagram
13.7	Heating / Cooling load
13.8	Equipment sizing calculation
13.9	Pressurization calculation if required
13.1	Ducts/Pipe sizing Calculation
13.11	Equipment De-rating Analysis Report
13.12	Vibration & Noise Control Study Report
13.13	General Arrangement Layout/Drawings
13.14	Equipment & Instrument Specifications
13.15	Equipment & Instrument Datasheet
13.17	HVACP Electrical & Control Protection System
13.18	HVACP Drain System
13.19	HVACP Maintainability
14	Mechanical-Static Equipment
14.1	Equipment / Packages Design Basis
14.2	Static Equipment General Specifications
14.3	Equipment Data Sheets
14.4	Long Lead Items (LLI) Purchase Request
14.5	Insurance Spare Parts List
14.6	Responsibility Matrix for Field Erected Items.
14.7	LLI Technical Bid Analysis & Tabulation

14.8	Specifications for refurbishment of equipment
14.9	Reports on adequacy of existing equipment
14.1	Equipment De-rating Analysis Report
14.11	Performance Characteristic Curves
14.12	Baseline Inspection Procedure
14.13	Complete Internal Details Drawings
14.14	Hydrostatic Test Procedures
14.15	Baseline Inspection Reports
14.16	Mechanical Handling Study Report
14.17	NDT requirements/procedure & records
14.18	WPS's & PQR's
15	Mechanical-Rotating Machinery Equipment
15.1	Rotating Machinery Design Basis
15.2	Equipment and Packages PFD and P&ID
15.3	Skid General Arrangement
15.4	Vendor's schematic Drawings Data
15.5	Vendor's Instrument Specifications and Data
15.6	Material Handling & Accessibility Study Report
15.7	Vibration and Temperature Schematics
15.8	Operating Procedure & Maintenance Manual and inspection report
16	Gas Turbine
16.1	Gas Turbine specifications
16.2	Gas Turbine Control System Spec.
16.3	Gas Turbines Data Sheets
16.4	Gas Turbine Performance Curves
17	Compressor
17.1	Compressor 's Specifications
17.2	Compressor Control System Spec.
17.3	API Compressor's Data sheet
17.4	Compressor's Cross-sectional Drawings
17.5	Performance Characteristic Curves

17.6	Dry Gas Seal Arrangement Drawing
17.7	Dry Gas Seal Control System Diagram & P&ID
17.8	Turbo compressor Torsional and Lateral Analyses
18	Pump
18.1	Pump's specification
18.2	Pump's Process & Mechanical Data Sheets
18.3	Performance Characteristic Curves (Capacity with Head, Power, NPSHRr, Efficacy, different speeds, impeller diameters and operation limits)
18.4	Pump's General Arrangement and Outline Diagrams
18.5	Pump's Cross Sectional Drawings
18.6	Pump's Mechanical Seal Flashing System P&ID
18.7	Mechanical Seal Arrangement Drawing
19	Diesel Engine
19.1	Diesel Engines Specifications
19.2	Diesel Engine Datasheet
19.3	Diesel Engine Performance Curves
20	Fan
20.1	Fan Specifications
20.2	Fan Datasheets
20.3	Fan Performance Curves
21	Gearboxes
21.1	Gearboxes specifications
21.2	Gearboxes Datasheet
21.3	Gearboxes General Arrangement and Outline Drawings and Diagrams
21.4	Dimensional Cross Sectional Drawing
22	Mechanical-Piping
22.1	Plot Plan Design Criteria
22.2	Plot Plan (construction & demolish)
22.3	Design Model (PDMS Model)
22.4	Design Model Photos
22.5	Piping Design Basis

22.6	Accessibility report to inspection & corrosion monitoring locations.
22.7	Material Handling Study report & Drawings
22.8	Specification for Stress Analysis
22.9	Piping Stress calculation Reports
22.1	Piping Specifications
22.11	Valve specification & datasheets
22.12	Piping Material Classification
22.13	Piping Arrangement Drawings (construction & demolish)
22.14	Piping Detail
22.15	Engineered Isometrics with BOM for construction
22.16	Underground Piping Drawings
22.17	Material Take-Off
22.18	Stream Trap Schedule
22.19	Hot Tapping Specification for Tie-In
22.2	Tie-In Schedule & demolish sketches
22.21	Pre-Fabrication Specification
22.22	Construction Specification
22.23	Hydrostatic Test Specifications
22.24	Piping Welding Specifications
22.25	Pipewall thickness calculation
22.26	Piping support Specifications
22.27	Piping Support Drawings
22.28	Safety & Escape Route Drawings (to be superimposed on the piping GA drawing)
22.29	Piping Specialty List & Data Sheets, Vendor drawings
22.3	Material Selection Study Report
22.31	Corrosion Risk Analysis
22.32	Corrosion, monitoring study report
22.33	Corrosion Management and Monitoring
22.34	Piping Tie-in Strategy
22.35	Coating specification
22.36	Material Requisition for all items delivery greater than 6 months

22.37	Baseline inspection procedure
22.38	Baseline inspection report
22.39	Baseline Inspection Isometric Drawing
22.4	Corrosion Control Manual
22.41	Corrosion Allowance Calculation
22.42	Chemical Injection Study Report
22.43	Pipeline Route Selection Report
22.44	Plant layout Study Report
23	Pipeline (Onshore)
23.1	Design Dossier
23.1.1	Onshore pipeline Design Basis report
23.1.2	Pipewall thickness calculation report
23.1.3	Pipeline Stress Analysis
23.1.4	Pipeline Expansion Analysis
23.1.5	Pipeline Upheaval Buckling Analysis
23.1.6	Baseline Inspection Specification
23.1.7	Baseline Inspection Procedure
23.1.8	Baseline Inspection Reports
23.1.9	Onshore Pipeline Design Basis
23.1.10	Pipeline Pigging Assurance Report
23.1.11	Cathodic Protection Design Calculations
23.1.12	Road Crossing Design
23.1.13	Pipeline Support Design Calculations
23.1.14	Anchor Block Design Calculations
23.1.15	Flange Design Calculations
23.1.16	Pipeline Route Selection Report
23.1.17	Spec for Line pipe
23.1.18	Spec for Hot Induction Bends
23.1.19	Spec for Barred Tee
23.1.20	Spec for Flanges
23.1.21	Spec for Monoblock Insulating Joint

23.1.22	Spec for Scrapper trap
23.1.23	Spec for Pipeline Welding
23.1.24	Spec for Pipeline Route Survey
23.1.25	Spec for As-Built Survey
23.1.26	Spec for Cathodic Protection
23.1.27	Spec for Onshore Trenching
23.1.28	Spec for Pipeline Supports
23.1.29	Spec for Onshore Pipeline Installation
23.1.30	Spec for Pig Trap
23.1.31	Spec for Anti-corrosion Coating
23.1.32	Spec for Flushing, Cleaning, Flooding & preservation
23.1.33	Spec for Pigging & Hydro-testing
23.1.34	Spec for Caliper Pigging
23.2	Drawings
23.2.1	Pipeline route drawing
23.2.2	Pipeline Alignment Drawings
23.2.3	Road Crossing Drawings
23.2.4	Anchor Block Drawings
23.2.5	Pipeline CP drawings
23.2.6	Isometrics Drawings
23.2.7	Plot Plan Drawings
23.2.8	Scrapper Trap Drawings
24	Pipeline (Submarine)
24.1	Offshore Pipeline Design Basis report
24.2	Pipe wall thickness calculation
24.3	Local Buckling Analysis
24.4	Global (lateral or Upheaval) Buckling Analysis
24.5	Pipeline Stress Analysis
24.6	Pipeline Expansion Analysis
24.7	Baseline Inspection Specification
24.8	Baseline Inspection Procedure

24.9	Baseline Inspection Reports
24.1	Offshore Pipeline Design Basis
24.11	On-bottom Stability Analysis
24.12	Cathodic Protection Design/Anode Calculation
24.13	Crossing Design Analysis
24.14	Crossing Sleeper Design Calculations
24.15	Spec for Pipeline Welding
24.16	Dynamic & Static Span Analysis
24.17	Riser Design Report
24.18	Shore Approach Design Report
24.19	Shore Pull Analysis
24.2	David Lift & Riser Spool Installation Analysis
24.21	Pipeline Installation Analysis
24.22	Dropped Object and Impact Analysis Study
24.23	Pipeline Route Risk Assessment & Analysis
25	Specification / Reports
25.1	Pipeline Route Selection Report
25.2	Spec for Line pipe
25.3	Spec for Hot Induction Bends
25.4	Spec for the Barred Tee
25.5	Comparative techno-economic study on optional items (flexible vs rigid pipe, HIPPS vs WHSIP design etc)
25.6	Pipeline Pigging System Assurance Study Report
25.7	Preliminary MTO for line pipes, Bends, Scrappers Traps, Anodes, Flanges etc
25.8	Spec for Pigging & Hydrostesting
25.9	Spec for Pipeline Route
25.1	Spec for Pipeline Welding
25.11	Spec of Neoprene Coating for Riser , spool & bends
25.12	Spec for Mattresses
25.13	Stabilization / protection Mattress Drawings
25.14	Spec for Hanger Flange & Subsea Flange
25.15	Spec for Monoblock Insulating Joint

25.16	Spec for Scrapper Traps
25.17	Spec for As-Built / As laid Survey
25.18	Spec for Cathodic Protection & Sacrificial Anodes
25.19	Spec for Offshore Trenching & Backfilling
25.2	Spec for Crossings
25.21	Spec for Shore Approach
25.22	Spec for Anti-Corrosion Coating
25.23	Spec for Concrete Coating & Anode Installation
25.24	Spec for Field Joint Coating
25.25	Spec for Additional Stabilization
25.26	Spec for Offshore Pipeline & Riser Installation
25.27	Spec for Flushing, Cleaning, Flooding & preservation
25.28	Spec for Caliper Pigging
25.29	Spec for Pipeline Route Selection & Approach
25.3	Spec for Pre-Construction Survey
25.31	Spec for Pipeline Protection
25.32	Constructability Study Report
25.33	Pipeline overall Design Summary Report
25.34	Scope of Work & tender Package for Pre-Engineering Pipeline Route Survey
25.35	Pipeline Material Selection & Corrosion Study
25.36	MTO for line pipes, Bends, Scrappers Traps, Anodes, Flanges
25.37	Spec for Flanges
25.38	Spec for Onshore Pipeline Installation
25.39	Spec for Pipeline Supports
26	Drawings
26.1	Pipeline Route Drawing
26.2	Pipeline Alignment Drawings
26.3	Pipeline Field layout drawings
26.4	Platform Approach Drawings
26.5	Riser Location Plan Drawings
26.6	Pipeline CP drawings

26.7	Pipeline Supports Drawings
26.8	Plot Plan Drawings
26.9	Road Crossing Drawings
26.1	Scrapper Trap Drawings
26.11	Riser Make-up Drawings
26.12	Crossing Drawings
26.13	Hanger flange Drawings
26.14	Closing Sleeper Drawings
26.15	Pipeline Anode Drawings
26.16	Shore Approach Drawings
26.17	P&IDs
26.18	Anchor Pattern Drawings
27	Instrumentation & Control
27.1	Philosophies
27.1.1	Instrumentation & Control Philosophy
27.1.2	ESD System Philosophy
27.1.3	F & G Philosophy
27.1.4	Systems Interface Philosophy
27.1.5	System Changeover Philosophy
27.1.6	ESD Philosophy
27.1.7	F & G Detection Philosophy
27.2	Specifications
27.2.1	I & C Design Basis
27.2.2	Functional Design Specification
27.2.3	DCS System Specification
27.2.4	ESD System Specification
27.2.5	SCADA/RTU System Specifications
27.2.6	F &G System Specification
27.2.7	Hydraulic Safety Shutdown System Specification
27.2.8	Performance Target Specificaiton for F&G System
27.2.9	Graphic / HMI Specification

27.2.10	Itemized Instrument Specification
27.2.11	Cable Specification
27.2.12	Instrument Specification for Packaged Items
27.2.13	Instrumentation Specification for Bulk material
27.2.14	Instrumentation Installation Specification
27.2.15	DCS/ESD/F&G/SCADA & Other System Modification Specifications
27.2.16	Material Requisition (LLI)
27.3	Datasheets
27.3.1	Equipment / Instrument Datasheet
27.3.2	System Hardware Datasheet
27.3.3	Cable Datasheet
27.3.4	Bulk Material Datasheet
27.4	Calculation Sheets
27.4.1	Instrument Sizing & Calculation (Orifice Meter, Control Valve etc..)
27.4.2	Hydraulic Safety Shutdown System
27.4.3	Cable sizing (Cables associated to Instrument power)
27.4.4	Power and Heat calculation for the equipment / adequacy verification
27.4.5	Utility Consumption / Adequacy verification
27.5	Drawings / Documents
27.5.1	System Architectural Diagram
27.5.2	System Block Diagram
27.5.3	Junction Boxes/Marchalling Box Schedule
27.5.4	Control room equipment layout
27.5.5	Field Instrument/Equipment Layout
27.5.6	Field Instrument Cable Routing
27.5.7	Cable Tray / Trench Routing (including section details)
27.5.8	Instrument Loop Drawings-Typical
27.5.9	Bill of Material
27.5.10	Tie-in Drawings
27.5.11	Earthing Layout
27.5.12	Instrument Hook-up Drawings (Process, Pneumatic & Hydraulic)

27.5.13	Instrument index
27.5.14	Equipment Schedule
27.5.15	Analyzer List
27.5.16	Instrument Cable Schedule
27.5.17	Instrument Tube Schedule
27.5.18	Instrument Associated Power Cable Schedule
27.5.19	I/O List
27.5.20	I/O Database (SPI Format)
27.5.21	Alarm & Trip Index
27.5.22	Fire proofing requirement (associated to instrumentation)
27.5.23	DCS / ESD / F&G / SCADA & other Systems Modification scope of work
27.5.24	System Changeover Procedure
27.5.28	Material requisition
27.6	Reports
27.6.1	Site Survey Report
27.6.2	Instrument Adequacy Report
27.6.3	Instrument / Equipment Technical Bid Evaluation Report
27.6.4	SIL Assessment Report
27.6.5	Site Visit Report
28	Electrical
28.1	General
28.1.1	Site survey (assessment) reports
28.1.2	Electrical Design Basis
28.1.3	Electrical feasibility report
28.1.4	Electrical Load/List consumers list
28.1.5	Electrical Philosophy for Lighting, earthing Interlocking and Intertripping, Protection control, power management, Load shedding and Synchronising etc.
28.2	Power System Study report
28.2.1	Load Flow Study Report
28.2.2	Motor starting Study Report
28.2.3	Short circuit Study Report

28.2.4	Transient Stability (as required) Study Report
28.2.5	Harmonic Analysis (as required) Study Report
28.2.6	Electric protection study report & relay setting schedule
28.2.7	Study report, sizing, calculations, configuration, etc. for Heat Tracing (Electric), Solar System, and Subsea Cable
28.2.8	Equipment Adequacy
28.2.9	Normal and Emergency Power Availability and adequacy (including EDG and/or Black start DG set adequacy) reports
28.2.10	Power availability and adequacy report
28.2.12	Cable Schedule
28.2.13	Material Take-Off
28.2.14	Electrical Load / consumers list
28.2.15	UPS (AC/DC) Load List
28.2.16	Electrical Equipment list
28.2.18	ECMS & PMS configuration block diagram including I/O List & Instrumentation interface diagram
28.2.19	Cathodic protection: Current impressed
28.3	Other relevant documents
28.3.1	Project Specific technical reports
28.3.2	Tie-in package
28.3.3	Shutdown requirements
28.3.4	Specific important issue /report
28.3.5	Inspection, testing, pre-commissioning and commissioning check list, procedures and test formats
28.3.6	Data Sheets & Specifications
28.3.7	Tie-in Identification
28.4	Calculations
28.4.1	Cable sizing
28.4.2	Earthing & Lightening Protection Calculations
28.4.3	Lighting Calculation
28.4.4	All equipment sizing
28.4.5	Voltage drop calculation
28.4.6	Motor starting
28.5	Layout

28.5.1	Earthing & Lightening Protection Layout
28.5.2	Equipment Layout
28.5.3	Cable Routing & Sections
28.5.4	Hazardous Area Classification layouts & sections
28.6	Drawings
28.6.1	SLD (Overall, General)
28.6.2	SLD (Complete with Protection, Metering & Control)
28.6.3	Independent Equipment drawings
28.6.4	Typical arrangement schematics + installation / Design standards for Power, Earthing, Lighting etc
28.6.5	Demolition Drawings
28.6.6	Material Requests (and Inspection & test plans)
28.7	Datasheet & Specification
28.7.1	Datasheets for all equipment
28.7.2	Specifications for all equipment
28.7.3	Specifications for bulk material, package equipment, installation etc
28.7.4	Vendors Data Books
28.7.5	FAT & SAT Procedures
28.7.6	Technical bid evaluation report
29	Marine Facilities and Operations
29.1	Life Saving Equipment Specifications
29.2	Mooring Facilities Specification
29.3	Oceanographic and Bathymetric survey
29.4	Load Out Studies and Calculations
29.5	Launching Studies and Calculations
30	Procurement
30.1	Procurement Schedule For Material
30.2	Procurement Schedule For Services
30.3	Proposed vendor List
30.4	Request For Quotations
30.5	List of Long Lead Items
30.6	Spare Part and Part Lists

30.7	Technical Correspondence With Vendors
30.8	Minutes of Meeting With Vendors and subcontractors
30.9	Purchase Order General conditions
30.1	Procurement procedure to add new vendors
30.11	Deviation from Specifications
31	Construction
31.1	Construction strategy
31.2	Constructability Review
31.3	Lifting / Installation Plan
32	Commissioning
32.1	Pre-commissioning & Commissioning Philosophy
32.2	Pre-commissioning, Commissioning Procedure
32.3	Close Out Report
32.4	Commissioning Check List
32.5	Commissioning Reports
32.6	Preservation Procedure
32.7	Project Quality Report

4. Typical deliverables of EPCIC

1	Project Management
1.1	Interface Management plan
1.2	Project Co-ordination Procedure
1.3	Project Control Procedure
1.4	Project Controls Close-out Procedure
1.5	Progress Measurement Procedure
1.6	Management of Change procedure
1.7	Project Report Procedure
1.8	Project Quality Plan
1.9	Quality Plan & ITP (Subcontractor, vendor, manufacturer etc)
1.1	Invoicing Procedure (Part of Project Control Procedure)
1.11	Insurance Plan
1.12	Engineering Plan
1.13	Procurement Plan
1.14	Construction Plan
1.15	Yard Fabrication Plan
1.16	Protection of proprietary information procedure
1.17	QA Audit Plan (internal vendors, sub-contractors, Fabrication, Construction)
1.18	Document Control Procedure
1.2	Material Management & Control Procedure
1.21	Spare parts procedure
1.22	Commissioning Strategy & Plan
1.23	Transport Plan
1.24	Minutes of meeting
1.25	Document status reports
1.26	Material Status reports
1.27	Subcontract Plan
1.28	QA Audit Reports
1.29	Insurance Claim Reports
1.3	Material Shipment Plan

1.31	Monthly Project report
1.32	Project Planning Package
2	Maintenance & Integrity
2.1	Project Integrity Management Plan
2.2	Integrity Interface Register
2.3	Written schemes of examination
2.4	Integrity Verification Scheme
2.5	Integrity Interfacing Facility report
2.6	Integrity Verification Report
2.7	Asset Risk Register
2.8	Anamoly Tracking Register
2.9	As built Isometrics with inspection points
2.1	Maintenance & Inspection Strategy
2.11	Baseline Inspection Data for Pressure Equipment
2.12	CMMS Data
2.13	Mechanical handling & maintainability of equipment
3	HSE Critical Equipment Systems (HSECES)
3.1	Scope of IVB
3.2	HSE Critical Equipment / Systems Register
3.3	Criticality Ranking of HSECES
3.4	Performance Standards of HSECES
3.5	Written Scheme of Examinations
3.6	Integrity Verification Scheme
3.7	IVB Project Execution & Coordination Plan
3.8	IVB Project Quality Plan
3.9	IVB Audit Report
3.1	Verification Activity Report
3.11	Anomaly Tracking Register
3.12	Independent Verification Report
3.13	CMMS Data of HSECES
4	Quality Control

4.1	Shop Inspection Plan
4.2	Shop Inspection Checklist
4.3	Shop Inspection Coordination Procedure
4.4	Fabrication QC Plan
4.5	Fabrication inspection coordination procedure
4.6	Fabrication QC Checklist
4.7	Construction QC Plan
4.8	Construction QC Checklist
4.9	Construction inspection coordination procedure
4.1	Notice of Inspection
4.11	Test certificates
4.12	Inspection reports
4.13	Non Conformance Report
4.14	Non Conformance Register
4.15	Vendor's / Subcontractor's QC Plans
4.16	Vendor's Inspection Final Book
4.17	Construction Inspection Final Books
4.18	Fabrication Inspection Final Books
4.19	Qualification of inspection personnel
4.2	Scope of TPI authority
4.21	Material Traceability Reports
5	HSE
5.1	Project HSE Philosophy
5.2	HSE Impact Assessment - HSEIA
5.3	Project HSE Plan
5.4	Risk register
5.5	HAZID-Report
5.6	Hazard & Effects Register
5.7	Health Risk Assessment Report
5.8	Adequacy of existing Safety Critical Equipment & Systems
5.9	HAZOP- Report

5.1	Emergency response plan
5.11	HSEIA - Final Report
5.12	COMAH-Report
5.13	Environmental impact statement
5.14	PHSER Report
5.15	Fire Hazard Assessment Report
5.16	HSE Critical Equipment/Systems Register
5.17	IVB Report
5.18	QRA-Quantitative Risk Assessment Report
5.19	3D Model Review Report
5.2	Waste Management Plan
5.21	Noise & Vibration Studies Report
5.22	Ergonomic study report
5.23	Construction HSE Plan
5.24	Contractor camp design HSE plan
5.25	Post mobilization HSE audit report
5.26	Formal HSE Close-out Report
5.27	Construction risk assessment
5.28	Cause & Effect Charts
5.29	Escape Route, Muster Station & Safety Signs Layout
5.3	Emergency Lighting Report
5.31	Fire Fighting Equipment Specification
5.32	Blast overpressure Assessment Report
5.33	Passive Fire Protection Report
5.34	Smoke and fire damper layout
5.35	Fire Monitor & deluge Area Coverage (Layouts)
5.36	Inert Gas Fire Extinguisher, Fighting Equipment Layout
5.37	Fire Extinguisher, Fighting Equip Layout
5.38	High Noise Hazard Area Layout
5.39	Register of Safety Related Devices
5.4	Environmental Aspect & Impact Register

5.41	Environmental Management Programme (EMP) Document
5.42	HSE Training Program
5.43	OH-Hazard Analysis, Critical Control Points Report
5.44	OH-Hazard Analysis, Critical Control Points
5.45	Contract HSE Kick-off meeting Report
5.46	Monthly Safety Returns Report
5.47	Near Miss and Follow-up Reports
5.48	Accident/HiPo Near Miss Report
5.49	List of PPE Stock & Maintenance Report
5.5	COSHH Reports
5.51	Waste Disposal Contracts/Agreements
5.52	Fire Proofing Specification Report
5.53	Safety Equipment Specification & Layout
5.54	Safety Equipment Plans Drawings
5.55	Fire Protection Description Report (Fire Detection, Fire Fighting)
5.56	Fire Protection Specifications Report
5.57	Fire Protection Equipment Drawings
5.58	Fire Protection Equipment Line List
5.59	Fire Protection Vendor's Data and Drawings
5.6	Fire Protection Vendor's Instruction Document
5.61	Design and Hazard Analysis Review to API14J
5.62	Performance Target Specification for F&G System
6	Project (General) Engineering
6.1	FEED Endorsement report
6.2	List of Applicable Standards
6.3	Engineering Schedule For All Disciplines
6.4	Document Issue Schedule
6.5	Document Status Register
6.6	Control of Vendor's Document Procedure
6.7	Design Model Review Procedure
6.8	Operating, maintenance & Integrity (OMI) Philosophy

6.9	CAD Drawings Production Procedure
6.1	Document / Drawing Register
6.11	Project Planning Package
6.12	List of computer programs to be used.
6.13	Basic Data specifications
6.14	Material Selection Report
6.15	Design Change records
6.16	Bidders' List for contractors / consultants' for next stage
6.17	Document Identification & Numbering Procedure
6.18	Technical Queries
6.19	Discipline Eng. Design Audits reports
6.2	Engineering Close-out report
6.21	Site visit report (All disciplines)
7	Process Engineering
7.1	Description of existing & New Facility
7.2	Process Design Basis
7.3	Process Flow Diagrams, heat and material balance
7.4	Utility flow diagrams, heat and material balance
7.5	Process Calculations, Software input/output files
7.6	Process CFD & Dispersion Calculation
7.7	Vendor Equipment Sizing
7.8	Marked-up P&I diagram
7.9	Process P & I Diagrams (Construction & Demolition)
7.1	Utilities P and I Diagrams (Construction & Demolition)
7.11	Line List
7.12	Equipment List
7.13	Gas Dispersion Modeling Study Report
7.14	Heat Radiation Dispersion Study Report
7.15	Equipment Datasheets
7.16	Process datasheets for Instruments
7.17	Flare relief & Blowdown Philosophy

7.18	Vent & Drain Philosophy
7.19	Overpressure Protection Philosophy
7.2	Fire water system hydraulic calculation report
7.21	Shutdown & Isolation Philosophy
7.22	HIPPS study report
7.23	Operating Control & Shutdown Philosophy
7.24	Operating Manual
7.25	Start-up, Normal Operation, Normal and Emergency Shutdown Procedure
7.26	Hydraulic study report
7.27	Process simulation report
7.28	Layout study report
7.29	HP/LP Interface study Report
7.3	Flare relief & Blowdown design report
7.31	Adequacy check report for new equipment & system vs existing equipment & sytems
7.32	Safe Charts as per API 14C
7.33	Major Equipment Identification
7.34	Flare sterile area study report & layout
7.35	Utilities and Chemicals Consumption List
7.36	Pipeline Pigging Philosophy & provisions
7.37	Preliminary P & I Diagrams (Construction & Demolition)
7.38	Process vendor datasheets for Instruments
8	Civil Engineering
8.1	Civil Engineering Design Basis
8.2	Building Material Specification
8.3	Reinforcing Steel Specification
8.4	Concrete Specification
8.5	Soil Investigation Specification
8.6	Soil Improvement Specification
8.7	Fire Proofing Specification
8.8	List of Applicable Standards
8.9	Building/ Structural framing design calculations

8.1	Building/ Structural General Arrangement & detail Drawings
8.11	Drainage and Water Supply network design calculations
8.12	Building / Machine foundation drawings
8.13	Building / Machine foundation design calculations
8.14	Roads/ Bridges/ Culverts design calculations
8.15	Roads/ Bridges/ Culverts Layout & detail drawings
8.16	Industrial Steel Sheds design calculations
8.17	Industrial Steel Sheds detail drawings
8.18	Liquid Retaining structures design calculations
8.19	Liquid Retaining structures detail drawings
8.2	Retaining Walls/ Embankments design calculations
8.21	Retaining Walls/ Embankments detail drawings
8.22	Blast proof design of buildings/ control rooms
8.23	General Arrangement and details of blast proof buildings/ control rooms
8.24	Jetty/ Marine structures design calculations
8.25	Jetty/ Marine structures detail Drawings
8.26	Fire Proofing design for buildings/ structures
8.27	Fire Proofing detail drawings
8.28	Drainage and Water Supply network detail drawings
8.29	Pipe Racks/ Support frame design calculations
8.3	Pipe Racks/ Support frame detail drawings
8.31	Bill of Materials/Material Take-Off
8.32	Reinforcement detail Drawings
8.33	Bar-bending Schedule
8.34	Architectural Layout Drawings for Buildings, Control Rooms, Switchgear Rooms, etc.
8.35	Global Inplace Analysis for platforms and Towers
8.36	Jacket Elevation Drawings
8.37	Preliminary Material Take-Off
8.38	Material Take-Off (MTO)
9	Architectural Engineering
9.1	Architectural Design Basis

9.2	Architectural Specification
9.3	Passive Fire Protection
9.4	Noise / Acoustic Requirements Specification
9.6	Architectural Layout Drawings for Buildings, Control Rooms, Switchgear Rooms, etc.
9.7	Elevation Drawings
9.8	Isometric Drawings
9.9	False Flooring and False Ceiling detail drawings
9.1	Wall Panels Layout & details
9.11	Furniture Plan Layout
9.12	Passive Fire Proofing Drawings
9.13	Walls, Floors & Ceiling Finishes Schedule
9.14	Door's & Window's Schedule
9.15	Loose & Fitted Furniture Schedule
10	Structural Engineering
10.1	Structural Design Basis
10.2	Structural Basic Design Data
10.3	Helideck Design Basis Report
10.4	Boat landing Design Basis report
10.5	Specification for Geotechnical Investigation
10.6	Specification for Structural Steel Material
10.7	Specification of Anodes for Cathodic Protection of Substructure
10.8	Specification for Gratings, Stair treads and Handrails
10.9	Specification for Safety Nets
10.1	Specification for Bolts & Nuts
10.11	Specification for Miscellaneous Material (Cement, Timber, Rubber Products, etc)
10.12	Specification for Equipment Skids
10.13	Specification for Fabrication of Structure
10.14	Specification for Painting of Structure
10.15	Specifications for Load-out & Sea fastening
10.16	Specification for Transportation
10.17	Specification for Installation

10.18	Specification for Pile Monitoring
10.19	Specification for Grouting
10.2	Weight Control Procedure
10.22	Conceptual Study Report for Structure
10.23	Assessment of platforms/ Towers for structural adequacy
10.24	Drawing List & General Notes
10.25	Local Inplace Analysis
10.26	Specification for Geotechnical Investigation(for new structures)
10.27	Weight Control Report
10.28	Material Take-Off (MTO)
10.29	Deck Global Inplace Analysis
10.3	Jacket Global Inplace Analysis
10.31	Bridge Global Inplace Analysis
10.32	Platform Spectral Fatigue Analysis
10.33	Platform Pushover Analysis
10.34	Wind Spectral Fatigue Analysis for New Bridges
10.35	Cathodic Protection Design of Jackets
10.36	Boat Landing Design
10.37	Jacket & Deck Miscellaneous Design
10.38	Detail Pre-Service Analyses (Load out, Transportation, Lift/Launch) on Bottom Stability Analysis
10.39	Load out Procedure
10.4	Installation Procedure
11	Structural Drawings
11.1	Standard Stair Details
11.2	Standard Welding Details
11.3	Deck Truss/Elevation Drawings
11.4	Boat landing / Fender Drawings
11.5	Boat landing Design Basis Report
11.6	Bridge Plan & Elevation Drawings
11.7	Bridge Sections & Details
11.8	Deck Framing Plan Drawings

11.9	Helideck Design Basis report
11.1	Helideck Framing Drawings
11.11	Helideck Layout / Marking Drawings
11.12	Helideck Trusses
11.13	Jacket Elevation Drawings
11.14	Jacket Horizontal Framing Drawings
11.15	Standard Handrail Details
11.16	Standard Ladder Details
11.17	Standard Connection Details
11.18	Pile Make-up details
11.19	Mudmat GA and details
11.2	Jacket Anode Drawings
11.21	Jacket Pile connection details
11.22	Riser Protector details
11.23	J-Tube GA and details
11.24	Safety Net Layout & details Drawings
11.25	Riser clamps and J-Tube clamps details
11.26	Grating, Plating & Handrail Layout Drawings
11.27	Details of Crane Pedestal
11.28	Crane Boom Rest Drawings
11.29	JIN Pole Support Arrangement
11.3	Monorail Drawings
11.31	Miscellaneous Deck Drawings (hatches, deck joints, etc.)
11.32	Solar Panel Platform Drawings
11.33	Pressurization calculation if required.
11.34	Access platform Drawings
11.35	Monorail Arrangement and detail Drawings
11.36	Staircase Drawings
11.37	Structural framing drawings for Switchgear Rooms & other Building Modules
11.38	Lifting Padeyes/ Trunnions Drawings
11.39	Load-out, Transportation & Installation Drawings

11.4	Sea fastening Drawings
12	Mechanical-HVACP
12.1	Basis of Design and Philosophies
12.2	Standby / redundant operation philosophy
12.3	System ducting and instrument diagram
12.4	HVACP Control philosophy and automatic operation
12.5	Control System Specification
12.6	Piping and instrument diagram
12.7	Heating / cooling load
12.8	Equipment sizing calculation
12.9	Long Lead Items (LLI) Purchase Request
12.1	Ducts/Pipe sizing Calculation
12.11	System Legends & Symbols
12.12	Vibration & Noise Control Study Report
12.13	General Arrangement Layout / Drawings
12.14	LLI Technical Bid Analysis & Tabulation
12.15	Equipment & Instrument Specifications
12.16	Equipment & Instrument Datasheet
12.17	Consumables & spare parts lists & sources of replacements
12.18	Testing & Commissioning Results & Records
12.19	System Operating & Maintenance Instruction Manual
12.2	Typical Installation Details
12.21	HVACP Maintainability
13	Mechanical-Static Equipment
13.1	Equipment / Packages Design Basis
13.2	Static Equipment General Specifications
13.3	Equipment Data Sheets
13.4	Skid Water Cooling System P&ID
13.5	Equipment / Package Purchase Request
13.6	Insurance Spare Parts List
13.7	Responsibility Matrix for Field Erected Items.

13.8	Operation & Maintenance manual
13.9	Equipment/Packages Technical Bid Analysis & Tabulation
13.1	Equipment/Packages Outline Drawings including Platforms & Ladders
13.11	Complete Fabrication Drawings
13.12	Mechanical Handling Study Report
13.13	Performance Characteristic Curves
13.14	Complete Internal Details Drawings
13.15	Complete Mechanical Calculations
13.16	WPS's & PQR's
13.17	NDT requirements/procedure & records
13.18	Hydrostatic Test Procedures
13.19	FAT & SAT Procedures
13.2	FAT & SAT Test Reports Dossiers
13.21	Spare Parts List
13.22	Lifting & Transportation Lay-outs
13.23	Lifting & Transportation Analysis
13.24	Specifications for refurbishment of equipment
13.25	Reports on adequacy of existing equipment
13.26	Equipment De-rating Analysis Report
13.27	Baseline Inspection Procedure
13.28	Baseline Inspection Reports
13.29	Modified Equipment Assessment Report
13.3	Modified Equipment Datasheets
14	Mechanical - Rotating Machinery Equipment
14.1	General
14.2	Rotating Machinery Design Basis
14.3	Equipment and Packages PFD and P&ID
14.4	Skid General Arrangement
14.5	Skid Air / Water Cooling System P&ID
14.6	Lube Oil Console P&ID
14.7	Acoustic System Diagram

14.8	Material Handling & Accessibility Study Report
14.9	Skid Bill of Material and List of Equipment
14.1	Vendor's assembly Drawings
14.11	Vendor's details Drawings
14.12	Vendor's schematic Drawings Data
14.13	Vendor's Packing Schedule
14.14	Vendor's Lubricant Schedule
14.15	Vendor's Instructions
14.16	Vendor's Part List
14.17	Auxiliary Piping Drawings
14.18	Rotating Machinery Reliability Study
14.19	Spare Parts Recommended List (two years)
14.2	Vendors' Instrument List
14.21	Vendor's Instrument Specifications and Data
14.22	Operating Procedure & Maintenance Manual and inspection report template
14.23	Equipment Calculation Notes
14.24	FAT & SAT Procedures
14.25	FAT & SAT Dossiers
14.26	Commissioning Spare Parts
14.27	Equipment Constructability Report, and Quality, Manufacturing & Fabrication Procedures and Plan
14.28	Equipment TPA ITP
14.29	Vibration and Temperature Schematics
15	Gas Turbine
15.1	Gas Turbine Specifications
15.2	Gas Turbine Control System Specification
15.3	Gas Turbines Data Sheets
15.4	Gas Turbine Performance Curves
15.5	Gas Turbine General Arrangement and Outline Drawings
15.6	Air Inlet Filtrations System P&ID
15.7	Pump's Process & Mechanical Data Sheets
15.8	Fuel Gas System P&ID

15.9	Instrument Air System P&ID
16	Compressor
16.1	Compressor 's Specifications
16.2	Compressor Control System Specification
16.3	API Compressor's Data sheet
16.4	Performance Characteristic Curves
16.5	Compressor 's General Arrangement drawing and outline
16.6	Compressor's Cross Sectional Drawings
16.7	Dry Gas Seal Arrangement Drawing
16.8	Dry Gas Seal Control System Diagram & P&ID
16.9	Control System Specification
16.1	Dry Gas seal System Phase Envelop Diagram
16.11	Pulsation Study Report for Reciprocating Compressor
16.12	Turbo compressor Torsional and Lateral Analyses
17	Pump
17.1	Mechanical Seal Arrangement Drawing
17.2	Performance Characteristic Curves (Capacity with Head, Power, NPSHR, Efficiency, different speeds, impeller diameters and operation limits)
17.3	Pump's Cross Sectional Drawings
17.4	Pump's General Arrangement and Outline Diagrams
17.5	Pump's Mechanical Seal Flashing System P&ID
17.6	Pump's Process & Mechanical Data Sheets
17.7	Pump's Specification
17.8	Pump's specification
17.9	Pumps process and mechanical datasheets
17.1	Pump's General Arrangement and Outline Diagrams.
17.11	Hydraulics calculation report
18	Diesel Engine
18.1	Diesel Engines Specifications
18.2	Diesel Engine Datasheet
18.3	Diesel Engine Performance Curves

18.4	Diesel Engine General Arrangement and Outline Diagrams
18.5	Auxiliaries P&ID
19	Fan
19.1	Fan Specifications
19.2	Fan Datasheets
19.3	Fan Performance Curves.
19.4	Fan General Arrangement and Outline drawing and diagram
19.5	Fan Dimensional Cross Section drawings
20	Gearboxes
20.1	Gearboxes specifications
20.2	Gearboxes Datasheet
20.3	Gearboxes General Arrangement and Outline Drawings and Diagrams
20.4	Dimensional Cross Sectional Drawing
20.5	Lube Oil P&ID
21	Mechanical-Piping
21.1	Plot Plan Design Criteria
21.2	Plot Plan (construction & demolish)
21.3	Design Model (PDMS Model)
21.4	Design Model Photos
21.5	Piping Design Basis
21.6	Accessibility report to inspection & corrosion monitoring locations.
21.7	Material Handling Study report & Drawings
21.8	Specification for Stress Analysis
21.9	Piping Stress calculation Reports
21.1	Piping Specifications
21.11	Valve specification & datasheets
21.12	Piping Material Classification
21.13	Piping Arrangement Drawings (construction & demolish)
21.14	Piping Detail
21.15	Engineered Isometrics with BOM for construction
21.16	Underground Piping Drawings

21.17	Material Take-Off
21.18	Corrosion, monitoring Study report
21.19	Chemical Injection Study Report
21.2	Hot Tapping Specification for Tie-In
21.21	Stream Trap Schedule
21.22	Tie-In Schedule & demolish sketches
21.23	Pre-Fabrication Specification
21.24	Construction Specification
21.25	Hydrostatic Test Specifications
21.26	Piping Welding Specifications
21.27	Piping Support Specifications
21.28	Piping Support Drawings
21.29	Safety & Escape Route Drawings (to be superimposed on the piping GA drawing)
21.3	Piping Specialty List & Data Sheets, Vendor drawings
21.31	Piping Thickness Calculation
21.32	Piping Tie-in strategy
21.33	Baseline inspection procedure
21.34	Baseline inspection report
21.35	Coating specification
21.36	Baseline Inspection Isometric Drawing
21.37	Corrosion Management and Monitoring
21.38	Material Selection Report
21.39	Corrosion Control Manual
21.4	Corrosion Risk Analysis
21.41	Corrosion Allowance Calculation
21.42	Material Requisition for all items delivery greater than 6 months
21.43	Material Selection Study report
21.44	Pipeline Route Selection Report
21.45	Plant layout Study Report
21.46	Tie-In sketches
22	Pipeline (Onshore)

22.1	Design Dossier
22.1.1	Onshore Pipeline Design Basis Report
22.1.2	Pipewall thickness calculation report
22.1.3	Pipeline Stress Analysis
22.1.4	Pipeline Expansion Analysis
22.1.5	Pipeline Upheaval Buckling Analysis
22.1.6	Cathodic Protection Design Calculations
22.1.7	Road Crossing Design
22.1.8	Pipeline Support Design Calculations
22.1.9	Pipeline Piggability Assurance Report
22.1.10	Anchor Block Design Calculations
22.1.11	Flange Design Calculations
22.1.12	Baseline Inspection Specification
22.1.13	Baseline Inspection Procedure
22.1.14	Baseline Inspection Reports
22.1.15	Onshore Pipeline Design Basis
22.1.16	Pipeline Route Selection Report
22.1.17	Spec for Anti-corrosion Coating
22.1.18	Spec for As-Built Survey
22.1.19	Spec for Barred Tee
22.1.20	Spec for Caliper Pigging
22.1.21	Spec for Cathodic Protection
22.1.22	Spec for Flushing Cleaning, Flooding& preservation
22.1.23	Spec for Hot Induction Bends
22.1.24	Spec for Line pipe
22.1.25	Spec for Onshore Trenching
22.1.26	Spec for Pigging & Hydro-testing
22.1.27	Spec for Pipeline Supports
22.1.28	Spec for Pipeline Welding
22.1.29	Spec for Pig Trap
23	Specifications/Reports

23.1	Pipeline Route Selection Report
23.2	Spec for Line pipe
23.3	Spec for Hot Induction Bends
23.4	Spec for Barred Tee
23.5	Spec for Flanges
23.6	Spec for Mono-block Insulating Joint
23.7	Spec for Scrapper trap
23.8	Spec for Pipeline Welding
23.9	Spec for Pipeline Route Survey
23.1	Spec for As-Built Survey
23.11	Spec for Cathodic Protection & Sacrificial Anodes
23.12	Spec for Onshore Trenching
23.13	Spec for Pipeline Supports
23.14	Spec for Onshore Pipeline Installation
23.15	Spec for Anti-corrosion Coating
23.16	Spec for Flushing Cleaning & Flooding
23.17	Spec for Pigging & Hydro-testing
23.18	Spec for Caliper Pigging
24	Drawings
24.1	Pipeline Route drawing
24.2	Pipeline Alignment Drawings
24.3	Road Crossing Drawings
24.4	Anchor Block Drawings
24.5	Pipeline Supports Drawings
24.6	Pipeline field layout drawings
24.7	Pipeline CP drawings
24.8	Isometrics Drawings
24.9	Plot Plan Drawings
24.1	Scrapper Trap Drawings
25	Pipeline (Submarine)
25.1	Offshore Pipeline Design Basis report

25.2	Pipe wall thickness calculation
25.3	Local Buckling Analysis
25.4	Global (lateral or Upheaval) Buckling Analysis
25.5	Pipeline Stress Analysis
25.6	Pipeline Expansion Analysis
25.7	On-bottom Stability Analysis
25.8	Cathodic Protection Design / Anode Calculation
25.9	Crossing Design Analysis
25.1	Spec for Hot Induction Bends
25.11	Crossing Sleeper Design Calculations
25.12	Dynamic & Static Span Analysis
25.13	Riser Design Report
25.14	Shore Approach Design Report
25.15	Shore Pull Analysis
25.16	Baseline Inspection Specification
25.17	Baseline Inspection Procedure
25.18	Baseline Inspection Reports
25.19	Offshore Pipeline Design Basis
25.2	Lift & Riser Spool Installation Analysis
25.21	Pipeline Installation Analysis
25.22	Mooring Analysis
25.23	Subsea Flange / Hanger Flange Design Calculations
25.24	Dropped Object and Impact Analysis Study
25.25	Riser Hanger / Guide Clamps Design
25.26	Pipeline Route Risk Analysis
25.27	Sea-fastening & Transportation Analysis
25.28	Comparative techno-economic study on optional items (flexible vs rigid pipe, HIPPS vs WHSIP design etc.)
25.29	Spec for Line pipe
25.3	Spec for Flushing, Cleaning , Flooding & preservation
25.31	Spec for Barred Tee
25.32	Spec for Hanger Flange & Subsea Flange

25.33	Spec for Mono-block Insulating Joint
25.34	Spec for Scrapper Traps
25.35	Spec for Pipeline Welding
25.36	Spec for Cathodic Protection & Sacrificial Anodes
25.37	Spec for Offshore Trenching & Backfilling
25.38	Spec for Crossings
25.39	Spec for Shore Approach
25.4	Spec for Anti-Corrosion Coating
25.41	Spec for concrete Coating & Anode Installation
25.42	MTO for line pipes, Bends, Scrappers Traps, Anodes, Flanges
25.43	Spec of Neoprene Coating for Riser , spool & bends
25.44	Spec for Field Joint Coating
25.45	Spec for Additional Stabilization
25.46	Spec for Offshore Pipeline & Riser Installation
25.47	Spec for Pigging & Hydro testing
25.48	Spec for Caliper Pigging
25.49	Spec for Pipeline Route
25.5	Spec for As-Laid Survey
25.51	Spec for As-Built Survey
25.52	Spec for Pre-Construction Survey
25.53	Pipeline Route Selection Report
25.54	Preliminary MTO for line pipes, Bends, Scrappers Traps, Anodes, Flanges etc
25.55	Spec for Mattresses
25.56	Spec for Pipeline Protection
25.57	Constructability Study Report
25.58	Pipeline Overall Design Summary Report
25.59	Scope of Work & tender Package for Pre-Engineering Pipeline Route Survey
25.6	Pipeline Material Selection & Corrosion Study
25.61	Stabilization / protection Mattress Drawings
25.62	Pipeline Pigging System Assurance Study Report
26	Drawings

26.1	Pipeline Route drawing
26.2	Pipeline Alignment Drawings
26.3	Pipeline Field Layout Drawings
26.4	Platform Approach Drawings
26.5	Riser Location Plan Drwaings
26.6	Riser Make-up Drawings
26.7	Crossing Drawings
26.8	Hanger flange Drawings
26.9	Closing Sleeper Drawings
26.1	Pipeline Anode Drawings
26.11	Shore Approach Drawings
26.12	Mono-block Insulating Joint Drawing
26.13	Scrapper Trap Drawings
26.14	Riser Guide Clamp Drawings
26.15	Riser Hanger Clamp Drawings
26.16	P&IDs
26.17	Anchor Pattern Drawings
26.18	Platform Approach Drawings
27	Instrumentation & Control
27.1	Philosophy
27.1.1	Instrumentation & Control Philosophy
27.1.2	ESD Philosophy
27.1.3	F&G Philosophy
27.1.4	Systems Interface Philosophy - Update
27.2	Specifications
27.2.1	I&C Design Basis - Update
27.2.2	Functional Design Specification
27.2.3	DCS System Specification
27.2.4	ESD System Specification
27.2.5	SCADA / RTU System Specifications
27.2.6	F & G System Specification

27.2.7	Hydraulic Safety Shutdown System Specification
27.2.8	Performance Target Specification for F & G System
27.2.9	Graphic/HMI Specification
27.2.10	Itemized Instrument Specification
27.2.11	Cable Specification
27.2.12	Instrument Specification for Packaged Items
27.2.13	Instrumentation Specification for Bulk material
27.2.14	Instrumentation Installation Specification
27.2.15	DCS/ESD/F&G/SCADA & Other System Modification Specifications
27.3	Datasheets
27.3.1	Equipment/Instrument datasheet
27.3.2	System Hardware datasheet
27.3.3	Cable datasheet
27.3.4	Bulk Material datasheet
27.4	Calculation Sheets
27.4.1	Instrument Sizing & Calculation (Orifice Meter , Control Valve etc..)
27.4.2	Hydraulic Safety Shutdown System
27.4.3	Cable sizing (Cables associated to Instrument power)
27.4.4	Power and Heat calculation for the equipment / adequacy verification
27.4.5	Utility Consumption / Adequacy verification
27.5	Drawings / Documents
27.5.1	System Architectural Diagram
27.5.2	System Block Diagram
27.5.3	Cable Block Diagram
27.5.4	Control room equipment layout
27.5.5	Field Instrument Cable Routing
27.5.6	Field Instrument/Equipment Layout
27.5.7	Cable Tray / trench Routing (including section details)
27.5.8	Instrument Wiring Diagram
27.5.9	Termination Drawings for Panels/Cabinets
27.5.10	Instrument Power Distribution Drawings

27.5.11	Instrument Loop Drawings
27.5.12	Tie-in Drawings
27.5.13	Earthing Layout
27.5.14	Instrument Hook-up drawings (Process, Pneumatic & Hydraulic)
27.5.15	Instrument Pneumatic distribution Schematic & Layout
27.5.16	Instrument Steam Tracing Drawings
27.5.17	Instrument Electric Tracing Drawings
27.5.18	Equipment/Instrument mounting support drawings
27.5.19	Temperature Sketches for piping
27.5.20	Level sketches for piping
27.5.21	Piping Isometrics associated with Instrument Installation
27.5.22	Instrument index
27.5.23	Equipment schedule
27.5.24	Analyzer List
27.5.25	Instrument Cable Schedule
27.5.26	Instrument Tube Schedule
27.5.27	Instrument Associated Power Cable Schedule
27.5.28	Junction Boxes/Marchalling Box Schedule
27.5.29	I/O List
27.5.30	I/O Database (AVEVA Instrumentation format)
27.5.31	System Programming Document
27.5.32	Alarm & Trip Index
27.5.33	Instrument Label List & Format
27.5.34	Fire proofing requirement (associated to instrumentation)
27.5.35	System Configuration Documents
27.5.36	DCS/ESD/F&G/SCADA & Other Systems Modification scope of work
27.5.37	Control System Logic Diagram
27.5.38	Material requisition
27.5.39	Purchase requisition
27.5.40	Vendor Drawings
27.5.41	Analyzer Vendor's Drawings

27.5.42	FAT / SAT Procedures
27.5.43	Changeover procedure
27.5.44	Pre-com & Com Dossiers
27.5.45	Bill of Material
27.5.46	Demolition Drawings
27.6	Report
27.6.1	Instrument Adequacy Report
27.6.2	Instrument / Equipment Technical Bid Evaluation report
27.6.3	SIL Assessment Report
27.6.4	SIL Verification & Validation Report
27.6.5	FAT/SAT sFinal Reports
27.6.6	Vendor Data Book Template
27.6.7	Control Panel Vendor's drawings
27.6.8	Test certificates for Instruments
27.6.9	Vendor's Instructions
27.6.10	Vendor Training Manual
27.6.11	Commissioning Spares
27.6.12	2 year Recommended Spare Parts
28	Electrical
28.1	General
28.1.1	Site survey reports
28.1.2	Electrical Design Basis
28.1.3	Protection & Metering
28.1.4	Electrical Load/List consumers list
28.1.5	Electrical Philosophy for Lighting, earthing Interlocking and Intertripping, Protection control, power management, Load shedding and Synchronising etc.
28.2	Power System Study report
28.2.1	Load Flow
28.2.2	Motor starting
28.2.3	Short circuit
28.2.4	Transient Stability (as required)

28.2.5	Harmonic Analysis (as required)
28.2.6	Electric protection study report & relay setting schedule
28.2.7	Study report, sizing, calculations, configurations etc. for Cathodic Protection: Current impressed, Heat tracing (Electric), Solar System, and Subsea cable
28.2.8	Normal and Emergency Power Availability and adequacy (including EDG and/or Black start DG Set adequacy)
28.2.9	Power availability and adequacy report
28.2.10	Equipment adequacy
28.2.11	Spare parts list
28.2.12	Cable, JB & MCT Schedule
28.2.13	Material Take-Off
28.2.14	Electrical Load / consumers list
28.2.15	UPS (AC/DC) Load List
28.2.16	Electrical Equipment list
28.2.17	Hazardous Area Schedule
28.2.18	ECMS & PMS configuration block diagram including I/O List & Instrumentation interface diagram
28.3	Other Relevant Documents
28.3.1	Project Specific technical reports
28.3.2	Tie-in package
28.3.3	Shutdown requirements
28.3.4	Specific important issue /report
28.3.5	Inspection, testing, pre-commissioning and commissioning check list, procedures and test formats
28.3.6	Data Sheets & Specifications
28.3.7	Tie-in Identification
28.4	Calculations
28.4.1	Cable sizing
28.4.2	Earthing & Lightening Protection Calculations
28.4.3	Lighting Calculation
28.4.4	All equipment sizing
28.4.5	Voltage drop calculation
28.4.6	Motor starting

28.5	Layout
28.5.1	Earthing & Lightening Protection Layout
28.5.2	Lighting & Small power Layout
28.5.3	Equipment Layouts
28.5.4	Cable Routing & Sections & MCT Layouts
28.5.5	Hazardous Area Classification layouts & sections
28.6	Drawings
28.6.1	SLD (Overall/General)
28.6.2	SLD (Complete with Protection, Metering & Control)
28.6.3	Independent equipment drawings
28.6.4	Typical arrangement schematics, installation/Design standards for Power, Earthing, Lighting etc
28.6.5	Trouble shooting & interconnection diagrams
28.6.6	Demolition Drawings
28.6.7	Material Request (& Inspection & test plan)
28.7	Data Sheets & Specifications
28.7.1	Datasheets for all equipment
28.7.2	Specifications for all equipment
28.7.3	Specifications for bulk material, package Equipment, installation etc
28.7.4	Vendors Data Books
28.7.5	FAT & SAT Procedures
28.7.6	Type and routine test certificates including Hazardous area conformity certificates.
28.7.7	Electrical Start-up procedure
29	Marine Facilities and Operations
29.1	Life Saving Equipment Specifications
29.2	Mooring Facilities Specification
29.3	Mooring Facilities Drawings
29.4	Oceanographic and Bathymetric survey
29.5	Sea fastening Specification
29.6	Load Out Studies and calculations
29.7	Launching Studies and Calculations
30	Procurement

30.1	Procurement Schedule for Material
30.2	Procurement Schedule for Services
30.3	Proposed Vendor list
30.4	Final vendor list
30.5	Purchase Order General Conditions
30.6	Documentation And References for selected Vendors / Subcontractors
30.7	Request for Quotations
30.8	Subcontractors / vendors Quotation (Technical)
30.9	List of Long Lead Items
30.1	Purchase Orders / Subcontract
30.11	Change Orders to Vendors
30.12	Expediting Reports
30.13	Spare Part and Part Lists
30.14	Technical Correspondence With Vendors
30.15	Minutes of Meeting with Vendors and subcontractors
30.16	Vendor's construction schedules
30.17	Subcontract General Conditions
30.18	Technical Evaluation Reports
30.19	Commercial Evaluation Reports
30.2	Substitutions of Materials
30.21	Deviation from Specifications
31	Construction
31.1	Construction Schedules
31.2	Construction Strategy
31.3	Construction Weekly Schedules
31.4	Construction Equipment Schedules
31.5	Construction Mobilization Schedule
31.6	Minutes of Construction Meetings
31.7	Safety Program and manual
31.8	Monthly Construction Progress Report
31.9	Construction Site Temporary Facilities Drawings and Specifications

31.1	Site Document Control Procedure
31.11	Site material Control Procedure
31.12	Construction Coordination Procedure
31.13	Subcontractor Reports
31.14	Vendor Representative
31.15	Mooring Analysis
31.16	Stability Analysis
31.17	Installation Procedure
31.18	Constructability Review
31.19	Lifting & Transportation Plan
31.2	Towing Arrangement
31.21	Loading Arrangement & Sea fastening Details
32	Commissioning
32.1	Pre-commissioning & Commissioning Philosophy & Strategy
32.2	Pre-commissioning Check List
32.3	Commissioning Check List
32.4	Performance Test Specification
32.5	Commissioning Reports
32.6	Performance Test Report
32.7	Commissioning Coordination Procedure
32.8	Preservation Procedure
32.9	Project Quality Report
32.1	Close Out Report
32.11	Pre-commissioning, Commissioning Procedure

INDEX
찾아보기

저자소개

기 세 일

1996~2000: 서울대학교 자원공학과 (공학사)

2000~2002: 서울대학교 자원공학과 (공학석사)

2002~2007: 서울대학교 자원공학과 (공학박사)

2007~2008: 서울대학교 공학연구소

2008~현재: 한국석유공사

이 근 상

1984~1988: 서울대학교 자원공학과 (공학사)

1988~1990: 서울대학교 자원공학과 (공학석사)

1990~1995: University of Texas at Austin 석유공학과 (공학박사)

1995~1998: 금호 전임연구원

1998~2011: 경기대학교 환경에너지공학과 교수

2005~2006: Michigan State University 겸임교수

2011~현재: 한양대학교 자원환경공학과 교수

2022~현재: Institut Teknologi Bandung 명예교수

Author introduction

최 종 근

1984~1988: 서울대학교 자원공학과 (공학사)

1988~1990: 서울대학교 자원공학과 (공학석사)

1990~1995: Texas A&M University 석유공학과 (공학박사)

1996~1998: Texas A&M University 방문교수/연구공학자

1998~현재: 서울대학교 에너지자원공학과 교수

천 영 호

1988~1992: 서울대학교 자원공학과 (공학사)

1992~1994: 서울대학교 자원공학과 (공학석사)

1994~2000: 서울대학교 자원공학과 (공학박사)

1995~2001: 대성산업 석유사업개발부

2002~2003: 서울도시가스 해외자원개발부

2004~2012: GS칼텍스 자원개발팀

2013~2015: GS에너지 자원개발부문

2016~2018: UAE Al Dhafra 파견근무

2019~현재: GS에너지 E&P 사업팀, Upstream사업팀 부장

광구개발 실무 정가 23,000원

저자 : 기세일 · 이근상 · 천영호 · 최종근

발행인 : 임해진
발행처 : 도서출판 구미서관

인쇄 : 2023년 2월 15일
발행 : 2023년 2월 20일

등록 : 1979년 6월 29일 No.9-6호

주소 : 서울시 마포구 신촌로2길 5-15
전화 : 02-333-1101
팩스 : 02-335-2201
http://www.goomibook.com

ISBN 979-11-6257-244-3 (93530)